工程量清单计价实务教程系列

工程量清单计价实务教程

——市政工程

刘志兵　主编

中国建材工业出版社

图书在版编目(CIP)数据

市政工程/刘志兵主编．—北京：中国建材工业出版社，2014.3

工程量清单计价实务教程系列

ISBN 978-7-5160-0745-7

Ⅰ.①市… Ⅱ.①刘… Ⅲ.①市政工程-工程造价-教材 Ⅳ.①TU723.3

中国版本图书馆 CIP 数据核字（2014）第 020059 号

工程量清单计价实务教程——市政工程

刘志兵 主编

出版发行：中国建材工业出版社

地　　址：北京市西城区车公庄大街 6 号

邮　　编：100044

经　　销：全国各地新华书店

印　　刷：北京紫瑞利印刷有限公司

开　　本：710mm×1000mm 1/16

印　　张：18.5

字　　数：394 千字

版　　次：2014 年 3 月第 1 版

印　　次：2014 年 3 月第 1 次

定　　价：50.00 元

本社网址：www.jccbs.com.cn　　**微信公众号**：zgjcgycbs

本书如出现印装质量问题，由我社营销部负责调换。电话：(010)88386906

对本书内容有任何疑问及建议，请与本书责编联系。邮箱：dayi51@sina.com

内 容 提 要

本书根据《建设工程工程量清单计价规范》（GB 50500—2013）和《市政工程工程量计算规范》（GB 50857—2013）进行编写，详细阐述了市政工程工程量清单及其计价编制方法。本书主要内容包括市政工程工程量清单计价基础知识、土石方工程工程量清单编制、道路工程工程量清单编制、桥涵工程工程量清单编制、隧道工程工程量清单编制、管网工程工程量清单编制、水处理工程工程量清单编制、生活垃圾处理工程工程量清单编制、路灯工程工程量清单编制、钢筋与拆除工程工程量清单编制、市政工程措施项目工程量清单编制、市政工程工程量清单投标报价编制等。

本书内容翔实、结构清晰、编撰体例新颖，可供市政工程设计、施工、建设、造价咨询、造价审计、造价管理等专业人员使用，也可供高等院校相关专业师生学习时参考。

前　言

2012年12月25日，住房和城乡建设部发布了《建设工程工程量清单计价规范》(GB 50500—2013)，及《房屋建筑与装饰工程工程量计算规范》(GB 50854—2013）等9本工程量计算规范。这10本规范是在《建设工程工程量清单计价规范》(GB 50500—2008）的基础上，以原建设部发布的工程基础定额、消耗量定额、预算定额以及各省、自治区、直辖市或行业建设主管部门发布的工程计价定额为参考，以工程计价相关的国家或行业的技术标准、规范、规程为依据，收集近年来新的施工技术、工艺和新材料的项目资料，经过整理，在全国广泛征求意见后编制而成的，于2013年7月1日起正式实施。

2013版清单计价规范进一步确立了工程计价标准体系的形成，为下一步工程计价标准的制订打下了坚实的基础。较之以前的版本，2013版清单计价规范扩大了计价计量规范的适用范围，深化了工程造价运行机制的改革，强化了工程计价计量的强制性规定，注重了与施工合同的衔接，明确了工程计价风险分担的范围，完善了招标控制价制度，规范了不同合同形式的计量与价款支付，统一了合同价款调整的分类内容，确立了施工全过程计价控制与工程结算的原则，提供了合同价款争议解决的方法，增加了工程造价鉴定的专门规定，细化了措施项目计价的规定，增强了规范的可操作性和保持了规范的先进性。

为使广大建设工程造价工作者能更好地理解2013版清单计价规范和相关专业工程国家计量规范的内容，更好地掌握建标［2013］44号文件的精神，我们组织工程造价领域有着丰富工作经验的专家学者，编写这套《工程量清单计价实务教程系列》丛书。本套丛书共包括下列分册：

1. 工程量清单计价实务教程——房屋建筑工程
2. 工程量清单计价实务教程——建筑安装工程
3. 工程量清单计价实务教程——装饰装修工程
4. 工程量清单计价实务教程——园林绿化工程
5. 工程量清单计价实务教程——仿古建筑工程
6. 工程量清单计价实务教程——市政工程

本系列丛书以《建设工程工程量清单计价规范》（GB 50500—2013）为基础，配合各专业工程量计算规范进行编写，具有很强的实用价值，对帮助广大建设工程造价人员更好地履行职责，以适应市场经济条件下工程造价工作的需要，更好地理解工程量清单计价与定额计价的内容与区别提供了力所能及的帮助。丛书编写时以实用性为主，突出了清单计价实务的主题，对工程量清单计价的相关理论知识只进行了简单介绍，而是直接以各专业工程清单计价具体应用为主题，详细阐述了各专业工程清单项目设置、项目特征描述要求、工程量计算规则等工程量清单计价的实用知识，具有较强的实用价值，方便广大读者在工作中随时查阅学习。

丛书内容翔实、结构清晰、编撰体例新颖，在理论与实例相结合的基础上，注重应用理解，以更大限度地满足造价工作者实际工作的需要，增加了图书的适用性和使用范围，提高了使用效果。丛书在编写过程中，参考或引用了有关部门、单位和个人的资料，参阅了国内同行多部著作，得到了相关部门及工程咨询单位的大力支持与帮助，在此一并表示衷心感谢。丛书在编写过程中，虽经推敲核证，但限于编者的专业水平和实践经验，仍难免有疏漏或不妥之处，恳请广大读者指正。

编　者

目　录

第一章　市政工程工程量清单计价基础知识

第一节　工程量清单计价

一、工程量清单计价的基本概念

工程量清单计价是建设工程招标投标中，按照国家统一的工程量清单计价规范，由招标人提供工程数量，投标人自主报价，经评审低价中标的工程造价计价模式。采用工程量清单计价能反映工程个别成本，有利于企业自主报价和公平竞争。

二、工程量清单计价程序

市政工程工程量清单计价一般程序如图 1-1 所示。

(1)了解施工现场、熟悉施工图纸及相关技术资料。为了正确地编制工程量清单，在编制工程量清单之前，必须先到施工现场了解现场的实际情况，再熟悉施工图纸，以及进行图纸答疑与地质勘查报告。同时需要熟悉相关资料，便于列制分部分项工程项目名称等。

(2)编制工程量清单。市政工程量清单包括总说明、分部分项工程量清单、措施项目清单、其他项目清单四部分。市政工程量清单是由招标人或其委托人根据施工图纸、招标文件、计价规范，以及现场的实际情况经过精心计算编制而成。市政工程量是工程计价的基础，必须仔细、认真地进行计算。

(3)组合综合单价。这是招标编制人(指招标人或其委托人)或标价编制人(指投标人)根据市政工程的工程量清单、招标文件、消耗量定额或企业定额、施工组织设计、施工图纸、材料预算价格等资料计算组合的分项工程单价。综合单价的主要内容包括人工费、材料费、机械费、管理费和利润。

(4)计算分部分项工程费。当组合综合单价完成之后，根据工程量清单及综合单价，按单位工程计算分部分项工程费用，其计算公式为：

$$分部分项工程费=\sum(工程量\times综合单价)$$

(5)计算措施项目费。主要包括脚手架费、模板费、垂直运输机械费、大型机械进出场及安拆费、临时设施费、施工排水降水费、安全施工费、文明施工费、夜间施工费、二次搬运费等内容，根据工程量清单提供的项目内容并结合本市政工程的实际进行具体计算。

(6)计算其他项目费。其他项目费主要由招标人部分和投标人部分两个部分的内容组成，根据工程量清单列出的内容计算。

(7)计算单位工程费。当上述各项内容计算完成之后，把整个单位市政工程费包括的所有内容汇总起来，形成整个单位市政工程费。在汇总单位市政工程费之前，要计算各种规费及该单位市政工程的税金。

(8)计算单项工程费。当各单位市政工程费计算完成之后，将属同一单项市政工程的各单位工程费汇总，形成该单项工程的总费用。

(9)计算工程项目总价。各单项工程费计算完成之后，将各单项市政工程费汇总，形成整个项目的总价。

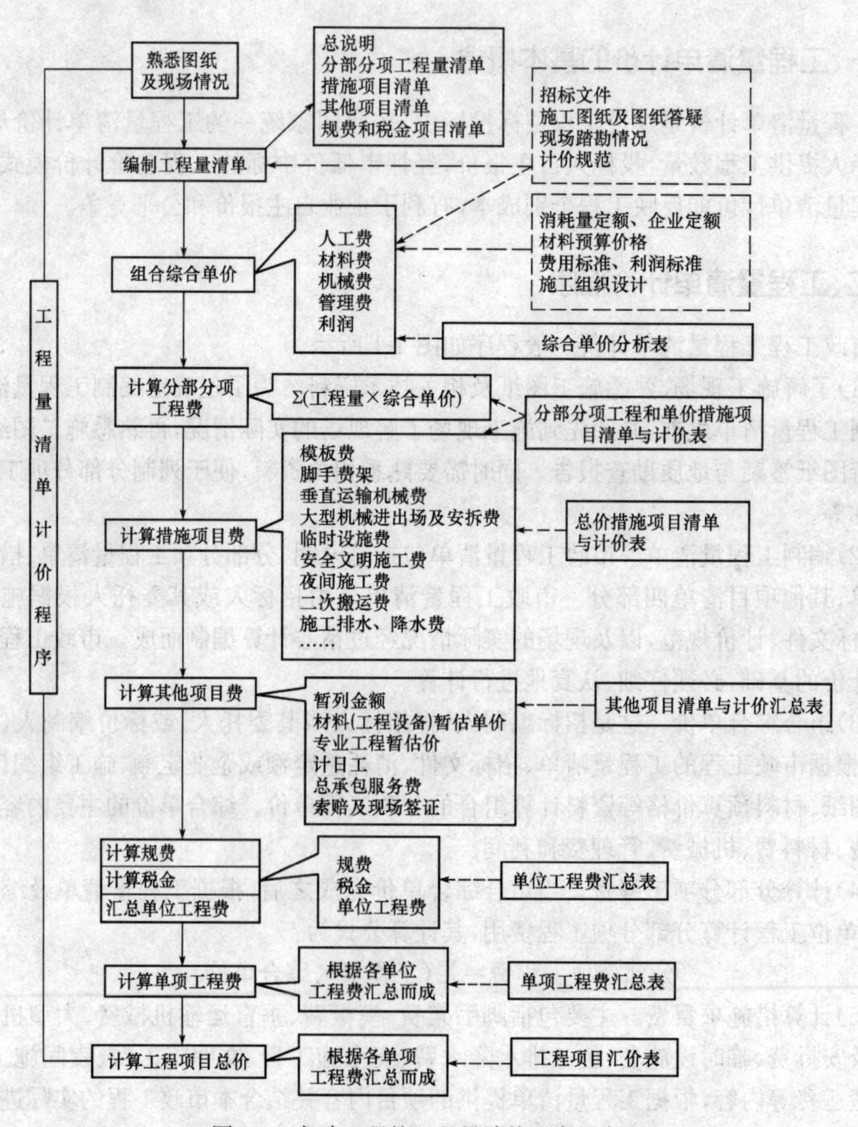

图 1-1　市政工程的工程量计价程序示意图

三、工程量清单计价方式

(1)使用国有资金投资的建设工程发承包，必须采用工程量清单计价。

(2)非国有资金投资的建设工程，宜采用工程量清单计价。

(3)不采用工程量清单计价的建设工程，应执行《建设工程工程量清单计价规范》(GB 50500—2013)除工程量清单等专门性规定外的其他规定。

(4)工程量清单应采用综合单价计价。

(5)措施项目中的安全文明施工费必须按国家或省级、行业建设主管部门的规定计算，不得作为竞争性费用。

(6)规费和税金必须按国家或省级、行业建设主管部门的规定计算，不得作为竞争性费用。

第二节　建筑安装工程费用项目组成与计价程序

一、建筑安装工程费用项目组成

(一)按费用构成要素划分

建筑安装工程费按照费用构成要素划分，由人工费、材料(包含工程设备，下同)费、施工机具使用费、企业管理费、利润、规费和税金组成。其中人工费、材料费、施工机具使用费、企业管理费和利润包含在分部分项工程费、措施项目费、其他项目费中，如图 1-2 所示。

1. 人工费

人工费是指按工资总额构成规定，支付给从事建筑安装工程施工的生产工人和附属生产单位工人的各项费用。内容包括：

(1)计时工资或计件工资：是指按计时工资标准和工作时间或对已做工作按计件单价支付给个人的劳动报酬。

(2)奖金：是指对超额劳动和增收节支支付给个人的劳动报酬。如节约奖、劳动竞赛奖等。

(3)津贴补贴：是指为了补偿职工特殊或额外的劳动消耗和因其他特殊原因支付给个人的津贴，以及为了保证职工工资水平不受物价影响支付给个人的物价补贴。如流动施工津贴、特殊地区施工津贴、高温(寒)作业临时津贴、高空津贴等。

(4)加班加点工资：是指按规定支付的在法定节假日工作的加班工资和在法定日工作时间外延时工作的加点工资。

(5)特殊情况下支付的工资：是指根据国家法律、法规和政策规定，因病、工伤、产假、计划生育假、婚丧假、事假、探亲假、定期休假、停工学习、执行国家或社会义务等原因按计时工资标准或计时工资标准的一定比例支付的工资。

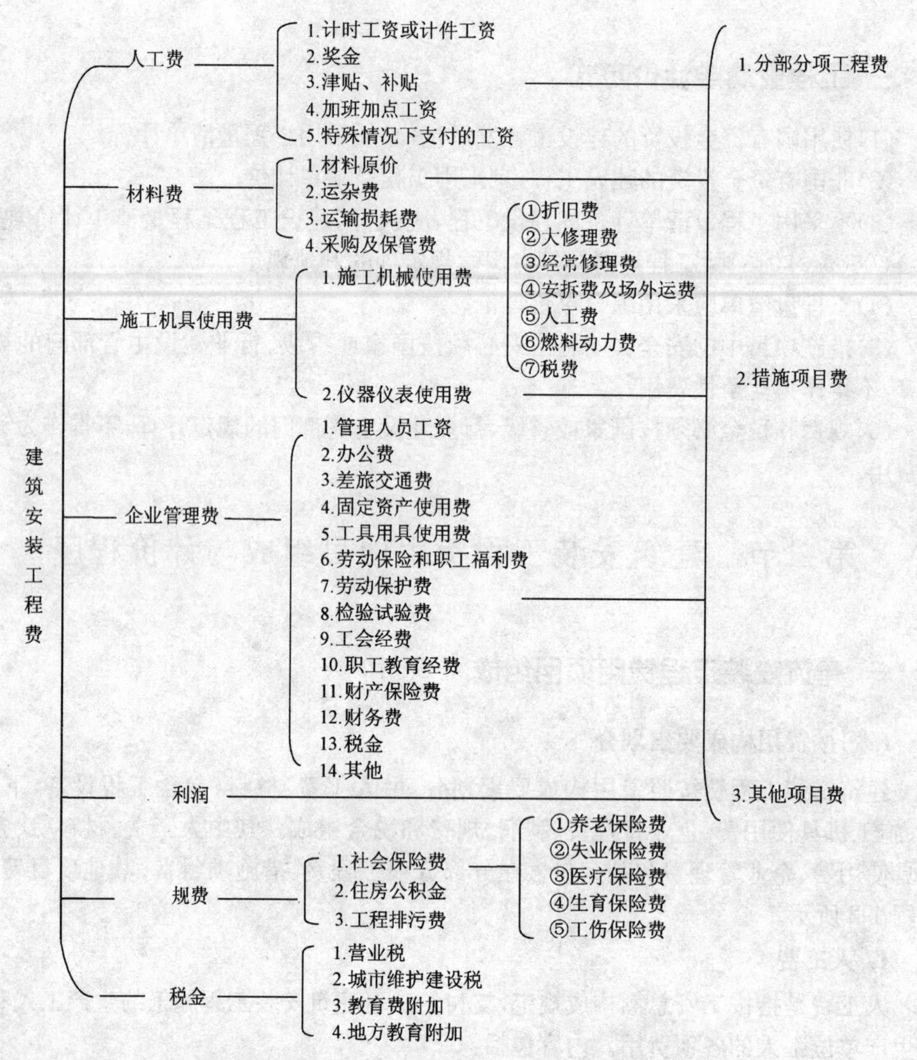

图 1-2 建筑安装工程费用项目组成(按费用构成要素划分)

2. 材料费

材料费是指施工过程中耗费的原材料、辅助材料、构配件、零件、半成品或成品、工程设备的费用。内容包括:

(1)材料原价:是指材料、工程设备的出厂价格或商家供应价格。

(2)运杂费:是指材料、工程设备自来源地运至工地仓库或指定堆放地点所发生的全部费用。

(3)运输损耗费:是指材料在运输装卸过程中不可避免的损耗。

(4)采购及保管费:是指为组织采购、供应和保管材料、工程设备的过程中所需要的各项费用。包括采购费、仓储费、工地保管费、仓储损耗。

工程设备是指构成或计划构成永久工程一部分的机电设备、金属结构设备、仪器装置及其他类似的设备和装置。

3. 施工机具使用费

施工机具使用费是指施工作业所发生的施工机械、仪器仪表使用费或其租赁费。

(1)施工机械使用费。施工机械使用费以施工机械台班耗用量乘以施工机械台班单价表示,施工机械台班单价应由下列七项费用组成:

1)折旧费:指施工机械在规定的使用年限内,陆续收回其原值的费用。

2)大修理费:指施工机械按规定的大修理间隔台班进行必要的大修理,以恢复其正常功能所需的费用。

3)经常修理费:指施工机械除大修理以外的各级保养和临时故障排除所需的费用。包括为保障机械正常运转所需替换设备与随机配备工具附具的摊销和维护费用,机械运转中日常保养所需润滑与擦拭的材料费用及机械停滞期间的维护和保养费用等。

4)安拆费及场外运费:安拆费指施工机械(大型机械除外)在现场进行安装与拆卸所需的人工、材料、机械和试运转费用以及机械辅助设施的折旧、搭设、拆除等费用;场外运费指施工机械整体或分体自停放地点运至施工现场或由一施工地点运至另一施工地点的运输、装卸、辅助材料及架线等费用。

5)人工费:指机上司机(司炉)和其他操作人员的人工费。

6)燃料动力费:指施工机械在运转作业中所消耗的各种燃料及水、电等。

7)税费:指施工机械按照国家规定应缴纳的车船使用税、保险费及年检费等。

(2)仪器仪表使用费。仪器仪表使用费是指工程施工所需使用的仪器仪表的摊销及维修费用。

4. 企业管理费

企业管理费是指建筑安装企业组织施工生产和经营管理所需的费用。内容包括:

(1)管理人员工资:是指按规定支付给管理人员的计时工资、奖金、津贴补贴、加班加点工资及特殊情况下支付的工资等。

(2)办公费:是指企业管理办公用的文具、纸张、账表、印刷、邮电、书报、办公软件、现场监控、会议、水电、烧水和集体取暖降温(包括现场临时宿舍取暖降温)等费用。

(3)差旅交通费:是指职工因公出差、调动工作的差旅费、住勤补助费,市内交通费和误餐补助费,职工探亲路费,劳动力招募费,职工退休、退职一次性路费,工伤人员就医路费,工地转移费以及管理部门使用的交通工具的油料、燃料等费用。

(4)固定资产使用费:是指管理和试验部门及附属生产单位使用的属于固定资产的房屋、设备、仪器等的折旧、大修、维修或租赁费。

(5)工具用具使用费:是指企业施工生产和管理使用的不属于固定资产的工具、器具、家具、交通工具和检验、试验、测绘、消防用具等的购置、维修和摊销费。

(6)劳动保险和职工福利费:是指由企业支付的职工退职金、按规定支付给离休干部的经费,集体福利费、夏季防暑降温、冬季取暖补贴、上下班交通补贴等。

(7)劳动保护费：是企业按规定发放的劳动保护用品的支出。如工作服、手套、防暑降温饮料以及在有碍身体健康的环境中施工的保健费用等。

(8)检验试验费：是指施工企业按照有关标准规定，对建筑以及材料、构件和建筑安装物进行一般鉴定、检查所发生的费用，包括自设试验室进行试验所耗用的材料等费用。不包括新结构、新材料的试验费，对构件做破坏性试验及其他特殊要求检验试验的费用和建设单位委托检测机构进行检测的费用，对此类检测发生的费用，由建设单位在工程建设其他费用中列支。但对施工企业提供的具有合格证明的材料进行检测不合格的，该检测费用由施工企业支付。

(9)工会经费：是指企业按《工会法》规定的全部职工工资总额比例计提的工会经费。

(10)职工教育经费：是指按职工工资总额的规定比例计提，企业为职工进行专业技术和职业技能培训，专业技术人员继续教育、职工职业技能鉴定、职业资格认定以及根据需要对职工进行各类文化教育所发生的费用。

(11)财产保险费：是指施工管理用财产、车辆等的保险费用。

(12)财务费：是指企业为施工生产筹集资金或提供预付款担保、履约担保、职工工资支付担保等所发生的各种费用。

(13)税金：是指企业按规定缴纳的房产税、车船使用税、土地使用税、印花税等。

(14)其他：包括技术转让费、技术开发费、投标费、业务招待费、绿化费、广告费、公证费、法律顾问费、审计费、咨询费、保险费等。

5. 利润

利润是指施工企业完成所承包工程获得的盈利。

6. 规费

规费是指按国家法律、法规规定，由省级政府和省级有关权力部门规定必须缴纳或计取的费用。包括：

(1)社会保险费：

1)养老保险费：是指企业按照规定标准为职工缴纳的基本养老保险费。

2)失业保险费：是指企业按照规定标准为职工缴纳的失业保险费。

3)医疗保险费：是指企业按照规定标准为职工缴纳的基本医疗保险费。

4)生育保险费：是指企业按照规定标准为职工缴纳的生育保险费。

5)工伤保险费：是指企业按照规定标准为职工缴纳的工伤保险费。

(2)住房公积金：是指企业按规定标准为职工缴纳的住房公积金。

(3)工程排污费：是指按规定缴纳的施工现场工程排污费。

其他应列而未列入的规费，按实际发生计取。

7. 税金

税金是指国家税法规定的应计入建筑安装工程造价内的营业税、城市维护建设税、教育费附加以及地方教育附加。

(二)按造价形成划分

建筑安装工程费按照工程造价形成由分部分项工程费、措施项目费、其他项目费、规费、税金组成，分部分项工程费、措施项目费、其他项目费包含人工费、材料费、施工机具使用费、企业管理费和利润，如图 1-3 所示。

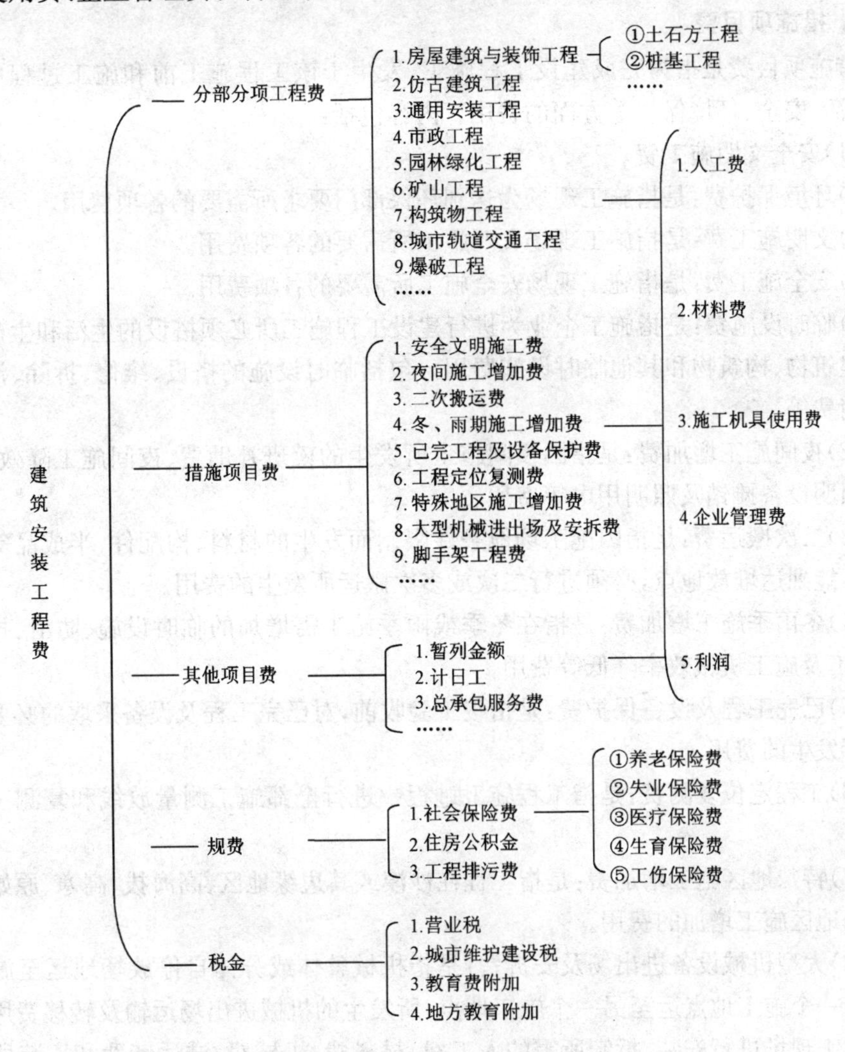

图 1-3　建筑安装工程费用项目组成(按造价形成划分)

1. 分部分项工程费

分部分项工程费是指各专业工程的分部分项工程应予列支的各项费用。

(1)专业工程：是指按现行国家计量规范划分的房屋建筑与装饰工程、仿古建筑工程、通用安装工程、市政工程、园林绿化工程、矿山工程、构筑物工程、城市轨道交通工程、爆破工程等各类工程。

(2)分部分项工程:指按现行国家计量规范对各专业工程划分的项目。如房屋建筑与装饰工程划分的土石方工程、地基处理与桩基工程、砌筑工程、钢筋及钢筋混凝土工程等。

各类专业工程的分部分项工程划分见现行国家或行业计量规范。

2. 措施项目费

措施项目费是指为完成建设工程施工,发生于该工程施工前和施工过程中的技术、生活、安全、环境保护等方面的费用。内容包括:

(1)安全文明施工费

1)环境保护费:是指施工现场为达到环保部门要求所需要的各项费用。

2)文明施工费:是指施工现场文明施工所需要的各项费用。

3)安全施工费:是指施工现场安全施工所需要的各项费用。

4)临时设施费:是指施工企业为进行建设工程施工所必须搭设的生活和生产用的临时建筑物、构筑物和其他临时设施费用。包括临时设施的搭设、维修、拆除、清理费或摊销费等。

(2)夜间施工增加费:是指因夜间施工所发生的夜班补助费、夜间施工降效、夜间施工照明设备摊销及照明用电等费用。

(3)二次搬运费:是指因施工场地条件限制而发生的材料、构配件、半成品等一次运输不能到达堆放地点,必须进行二次或多次搬运所发生的费用。

(4)冬雨季施工增加费:是指在冬季或雨季施工需增加的临时设施、防滑、排除雨雪,人工及施工机械效率降低等费用。

(5)已完工程及设备保护费:是指竣工验收前,对已完工程及设备采取的必要保护措施所发生的费用。

(6)工程定位复测费:是指工程施工过程中进行全部施工测量放线和复测工作的费用。

(7)特殊地区施工增加费:是指工程在沙漠或其边缘地区、高海拔、高寒、原始森林等特殊地区施工增加的费用。

(8)大型机械设备进出场及安拆费:是指机械整体或分体自停放场地运至施工现场或由一个施工地点运至另一个施工地点,所发生的机械进出场运输及转移费用及机械在施工现场进行安装、拆卸所需的人工费、材料费、机械费、试运转费和安装所需的辅助设施的费用。

(9)脚手架工程费:是指施工需要的各种脚手架搭、拆、运输费用以及脚手架购置费的摊销(或租赁)费用。

措施项目及其包含的内容详见各类专业工程的现行国家或行业计量规范。

3. 其他项目费

(1)暂列金额:是指建设单位在工程量清单中暂定并包括在工程合同价款中的一笔款项。用于施工合同签订时尚未确定或者不可预见的所需材料、工程设备、服务的采购，施工中可能发生的工程变更、合同约定调整因素出现时的工程价款调整以及发生的索赔、现场签证确认等的费用。

(2)计日工：是指在施工过程中，施工企业完成建设单位提出的施工图纸以外的零星项目或工作所需的费用。

(3)总承包服务费：是指总承包人为配合、协调建设单位进行的专业工程发包，对建设单位自行采购的材料、工程设备等进行保管以及施工现场管理、竣工资料汇总整理等服务所需的费用。

4. 规费

建筑安装工程费用项目组成按造价形成划分时，规费的定义与按费用构成要素划分时相同。

5. 税金

建筑安装工程费用项目组成按造价形成划分时，税金的定义与按费用构成要素划分时相同。

二、建筑安装工程费用参考计算方法

(一)各费用构成要素参考计算方法

1. 人工费

公式1：

$$人工费=\sum(工日消耗量\times日工资单价)$$

$$日工资单价=\frac{生产工人平均月工资(计时计件)+平均月(奖金+津贴补贴+特殊情况下支付的工资)}{年平均每月法定工作日}$$

注：公式1主要适用于施工企业投标报价时自主确定人工费，也是工程造价管理机构编制计价定额确定定额人工单价或发布人工成本信息的参考依据。

公式2：

$$人工费=\sum(工程工日消耗量\times日工资单价)$$

工资单价是指施工企业平均技术熟练程度的生产工人在每工作日(国家法定工作时间内)按规定从事施工作业应得的日工资总额。

工程造价管理机构确定日工资单价应通过市场调查，根据工程项目的技术要求，参考实物工程量人工单价综合分析确定，最低日工资单价不得低于工程所在地人力资源和社会保障部门所发布的最低工资标准的：普工1.3倍、一般技工2倍、高级技工3倍。

计价定额不可只列一个综合工日单价，应根据工程项目技术要求和工种差别适当划分多种日人工单价，确保各分部工程人工费的合理构成。

注：公式2适用于工程造价管理机构编制计价定额时确定定额人工费，是施工企业投标报价的参考依据。

2. 材料费

(1)材料费

$$材料费=\sum(材料消耗量\times材料单价)$$

$$材料单价=[(材料原价+运杂费)\times(1+运输损耗率(\%)]\times[1+采购保管费率(\%)]$$

(2)工程设备费

$$工程设备费=\sum(工程设备量\times工程设备单价)$$

$$工程设备单价=(设备原价+运杂费)\times[1+采购保管费率(\%)]$$

3. 施工机具使用费

(1)施工机械使用费

$$施工机械使用费=\sum(施工机械台班消耗量\times机械台班单价)$$

$$机械台班单价=台班折旧费+台班大修费+台班经常修理费+台班安拆费及场外运费+台班人工费+台班燃料动力费+台班车船税费$$

注:工程造价管理机构在确定计价定额中的施工机械使用费时,应根据《建筑施工机械台班费用计算规则》结合市场调查编制施工机械台班单价。施工企业可以参考工程造价管理机构发布的台班单价,自主确定施工机械使用费的报价,如租赁施工机械,公式为:施工机械使用费$=\sum$(施工机械台班消耗量×机械台班租赁单价)。

(2)仪器仪表使用费

$$仪器仪表使用费=工程使用的仪器仪表摊销费+维修费$$

4. 企业管理费费率

(1)以分部分项工程费为计算基础

$$企业管理费费率(\%)=\frac{生产工人年平均管理费}{年有效施工天数\times人工单价}\times人工费占分部分项工程费比例(\%)$$

(2)以人工费和机械费合计为计算基础

$$企业管理费费率(\%)=\frac{生产工人年平均管理费}{年有效施工天数\times(人工单价+每一工日机械使用费)}\times100\%$$

(3)以人工费为计算基础

$$企业管理费费率(\%)=\frac{生产工人年平均管理费}{年有效施工天数\times人工单价}\times100\%$$

注:上述公式适用于施工企业投标报价时自主确定管理费,是工程造价管理机构编制计价定额确定企业管理费的参考依据。

工程造价管理机构在确定计价定额中企业管理费时,应以定额人工费或定额人工费+定额机械费作为计算基数,其费率根据历年工程造价积累的资料,辅以调查数据确定,列入分部分项工程和措施项目中。

5. 利润

(1)施工企业根据企业自身需求并结合建筑市场实际自主确定,列入报价中。

(2)工程造价管理机构在确定计价定额中利润时，应以定额人工费或定额人工费＋定额机械费作为计算基数，其费率根据历年工程造价积累的资料，并结合建筑市场实际确定，以单位(单项)工程测算，利润在税前建筑安装工程费的比重可按不低于5％且不高于7％的费率计算。利润应列入分部分项工程和措施项目中。

6. 规费

(1)社会保险费和住房公积金。社会保险费和住房公积金应以定额人工费为计算基础，根据工程所在地省、自治区、直辖市或行业建设主管部门规定费率计算。

社会保险费和住房公积金＝∑(工程定额人工费×社会保险费和住房公积金费率)

式中：社会保险费和住房公积金费率可以每万元发承包价的生产工人人工费和管理人员工资含量与工程所在地规定的缴纳标准综合分析取定。

(2)工程排污费。工程排污费等其他应列而未列入的规费应按工程所在地环境保护等部门规定的标准缴纳，按实计取列入。

7. 税金

税金计算公式：

$$\text{税金}=\text{税前造价}\times\text{综合税率}(\%)$$

综合税率：

(1)纳税地点在市区的企业：

$$\text{综合税率}(\%)=\frac{1}{1-3\%-3\%\times7\%-3\%\times3\%-3\%\times2\%}-1$$

(2)纳税地点在县城、镇的企业：

$$\text{综合税率}(\%)=\frac{1}{1-3\%-3\%\times5\%-3\%\times3\%-3\%\times2\%}-1$$

(3)纳税地点不在市区、县城、镇的企业：

$$\text{综合税率}(\%)=\frac{1}{1-3\%-3\%\times1\%-3\%\times3\%-3\%\times2\%}-1$$

(4)实行营业税改增值税的，按纳税地点现行税率计算。

(二)建筑安装工程计价参考公式

1. 分部分项工程费

$$\text{分部分项工程费}=\sum(\text{分部分项工程量}\times\text{综合单价})$$

式中：综合单价包括人工费、材料费、施工机具使用费、企业管理费和利润以及一定范围的风险费用(下同)。

2. 措施项目费

(1)国家计量规范规定应予计量的措施项目，其计算公式为：

$$\text{措施项目费}=\sum(\text{措施项目工程量}\times\text{综合单价})$$

(2)国家计量规范规定不宜计量的措施项目计算方法如下：

1)安全文明施工费

$$\text{安全文明施工费}=\text{计算基数}\times\text{安全文明施工费费率}(\%)$$

计算基数应为定额基价(定额分部分项工程费＋定额中可以计量的措施项目费)、定额人工费或定额人工费＋定额机械费,其费率由工程造价管理机构根据各专业工程的特点综合确定。

2)夜间施工增加费

夜间施工增加费＝计算基数×夜间施工增加费费率(%)

3)二次搬运费

二次搬运费＝计算基数×二次搬运费费率(%)

4)冬雨季施工增加费

冬雨季施工增加费＝计算基数×冬雨季施工增加费费率(%)

5)已完工程及设备保护费

已完工程及设备保护费＝计算基数×已完工程及设备保护费费率(%)

上述2)～5)项措施项目的计费基数应为定额人工费或定额人工费＋定额机械费,其费率由工程造价管理机构根据各专业工程特点和调查资料综合分析后确定。

3. 其他项目费

(1)暂列金额由建设单位根据工程特点,按有关计价规定估算,施工过程中由建设单位掌握使用、扣除合同价款调整后如有余额,归建设单位。

(2)计日工由建设单位和施工企业按施工过程中的签证计价。

(3)总承包服务费由建设单位在招标控制价中根据总包服务范围和有关计价规定编制,施工企业投标时自主报价,施工过程中按签约合同价执行。

4. 规费和税金

建设单位和施工企业均应按照省、自治区、直辖市或行业建设主管部门发布的标准计算规费和税金,不得作为竞争性费用。

(三)相关问题的说明

(1)各专业工程计价定额的使用周期原则上为5年。

(2)工程造价管理机构在定额使用周期内,应及时发布人工、材料、机械台班价格信息,实行工程造价动态管理,如遇国家法律、法规、规章或相关政策变化以及建筑市场物价波动较大时,应适时调整定额人工费、定额机械费以及定额基价或规费费率,使建筑安装工程费能反映建筑市场实际。

(3)建设单位在编制招标控制价时,应按照各专业工程的计量规范和计价定额以及工程造价信息编制。

(4)施工企业在使用计价定额时除不可竞争费用外,其余仅作参考,由施工企业投标时自主报价。

三、建筑安装工程计价程序

1. 建设单位工程招标控制价计价程序

建设单位工程招标控制价计价程序见表1-1。

表 1-1　　建设单位工程招标控制价计价程序

工程名称：　　　　　　标段：

序号	内容	计算方法	金额/元
1	分部分项工程费	按计价规定计算	
1.1			
1.2			
1.3			
1.4			
1.5			
2	措施项目费	按计价规定计算	
2.1	其中:安全文明施工费	按规定标准计算	
3	其他项目费		
3.1	其中:暂列金额	按计价规定估算	
3.2	其中:专业工程暂估价	按计价规定估算	
3.3	其中:计日工	按计价规定估算	
3.4	其中:总承包服务费	按计价规定估算	
4	规费	按规定标准计算	
5	税金(扣除不列入计税范围的工程设备金额)	(1+2+3+4)×规定税率	
招标控制价合计=1+2+3+4+5			

2. 施工企业工程投标报价计价程序

施工企业工程投标报价计价程序见表 1-2 。

表 1-2　　施工企业工程投标报价计价程序

工程名称：　　　　　　标段：

序号	内容	计算方法	金额/元
1	分部分项工程费	自主报价	
1.1			
1.2			
1.3			

续表

序号	内容	计算方法	金额/元
1.4			
1.5			
2	措施项目费	自主报价	
2.1	其中:安全文明施工费	按规定标准计算	
3	其他项目费		
3.1	其中:暂列金额	按招标文件提供金额计列	
3.2	其中:专业工程暂估价	按招标文件提供金额计列	
3.3	其中:计日工	自主报价	
3.4	其中:总承包服务费	自主报价	
4	规费	按规定标准计算	
5	税金(扣除不列入计税范围的工程设备金额)	(1+2+3+4)×规定税率	
投标报价合计=1+2+3+4+5			

3. 竣工结算计价程序

竣工结算计价程序见表1-3 。

表1-3　　竣工结算计价程序

工程名称：　　　　标段：

序号	内容	计算方法	金额/元
1	分部分项工程费	按合同约定计算	
1.1			
1.2			
1.3			
1.4			
1.5			
2	措施项目	按合同约定计算	

续表

序号	内容	计算方法	金额/元
2.1	其中:安全文明施工费	按规定标准计算	
3	其他项目		
3.1	其中:专业工程结算价	按合同约定计算	
3.2	其中:计日工	按计日工签证计算	
3.3	其中:总承包服务费	按合同约定计算	
3.4	索赔与现场签证	按发承包双方确认数额计算	
4	规费	按规定标准计算	
5	税金(扣除不列入计税范围的工程设备金额)	(1+2+3+4)×规定税率	
竣工结算总价合计=1+2+3+4+5			

第二章 土石方工程工程量清单编制

第一节 土石方工程概述

在市政工程建设中，土石方工程通常是道路、桥涵、隧道、市政管网工程施工的组成部分。土石方工程包括道路路基填挖、堤防填挖、管网开槽及回填、桥涵基坑开挖回填，以及施工现场的土方平整。充分了解工程的地形、地貌、地质及施工环境等情况，以便于确定施工方法，确定工程量并计算劳动力、施工机具以作为工程量清单计价的依据。

一、土石方工程分类

土石方工程有永久性(修路基、堤防)和临时性(开挖基坑、沟槽)两种。土石方工程按照施工方法可分为：

(1)人工土石方：采用镐、锄、铲等工具或小型机具施工的方法。其适用于量小、运输近、缺乏土石方机械或不宜机械施工的土石方。

(2)机械土石方：采用推土机、挖掘机、铲运机、压路机、平地机、凿岩机等工程机械，根据现场施工条件、土质、石质、土石方量大小，综合选用进行施工的土石方。

二、土石方工程工程量计算方法

1. 大型土石方工程量方格网计算法

土石方工程量的计算公式可参照表2-1。如遇陡坡等突然变化起伏地段，由于高低悬殊，视具体情况另行补充计算。

表2-1　　方格网点常用计算公式

序号	图示	计算公式
1	a a h_1 h_2 h_3 h_4	方格网内，四角全为挖方或填方。 $V=\frac{a^2}{4}(h_1+h_2+h_3+h_4)$
2	a a h_1 h_2 h_3	方格网内，三角全为挖方或填方。 $F=\frac{a^2}{2}$；$V=\frac{a^2}{6}(h_1+h_2+h_3)$

续表

序号	图　示	计　算　公　式
3	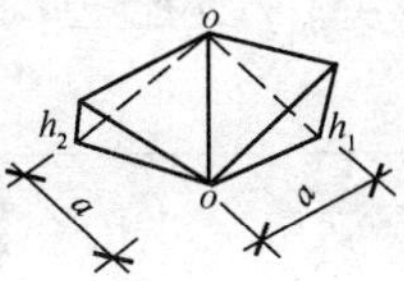	方格网内，一对角线为零线，另两角点一个为挖方，一个为填方。 $F_{挖}=F_{填}=\frac{a^2}{2}$ $V_{挖}=\frac{a^2}{6}h_1$；$V_{填}=\frac{a^2}{6}h_2$
4	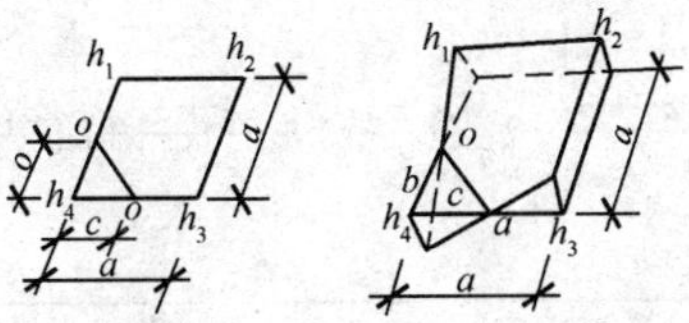	方格网内，三角为挖(填)方，一角为填(挖)方。 $b=\frac{ah_4}{h_1+h_4}$；$c=\frac{ah_4}{h_3+h_4}$ $F_{填}=\frac{1}{2}bc$；$F_{挖}=a^2-\frac{1}{2}bc$ $V_{填}=\frac{h_4}{6}bc=\frac{a^2h_4^3}{6(h_1+h_4)(h_3+h_4)}$ $V_{挖}=\frac{a^2}{6}(2h_1+h_2+2h_3-h_4)+V_{填}$
5	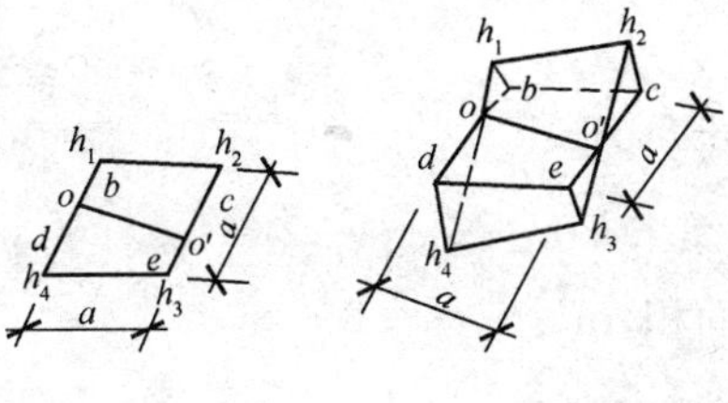	方格网内，两角为挖方，两角为填方。 $b=\frac{ah_1}{h_1+h_4}$；$c=\frac{ah_2}{h_2+h_3}$　$d=a-b$；$c=a-d$ $F_{挖}=\frac{1}{2}(b+c)a$；　$F_{填}=\frac{1}{2}(d+e)a$ $V_{挖}=\frac{a}{4}(h_1+h_2)\frac{b+c}{2}$ $=\frac{a}{8}(b+c)(h_1+h_2)$ $V_{填}=\frac{a}{4}(h_3+h_4)\frac{d+e}{2}$ $=\frac{a}{8}(d+e)(h_3+h_4)$

将挖方区、填方区所有方格计算出的工程量列表汇总，即得该建筑场地的土石方挖、填方工程总量。

2. 大型土石方工程量横截面计算法

按表 2-2 的面积计算公式，计算每个截面的填方或挖方截面面积。

表 2-2　　常用横截面计算公式

图　示	面积计算公式
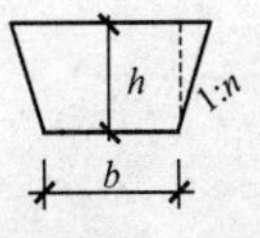	$F=h(b+nh)$

续表

图　　示	面积计算公式
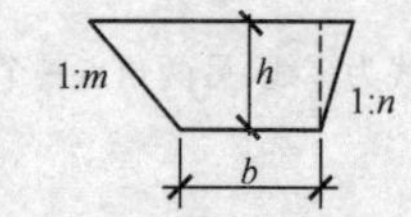 1:m　h　1:n　b	$F=h[b+\frac{h(m+n)}{2}]$
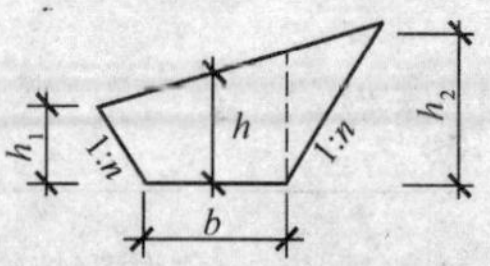 h_1　1:n　h　1:n　h_2　b	$F=b\frac{h_1+h_2}{2}+nh_1h_2$
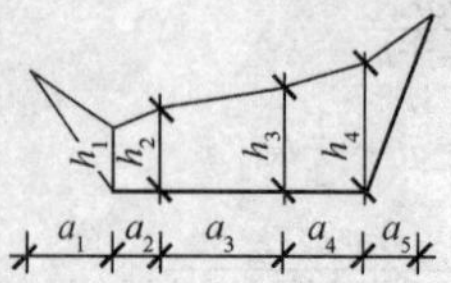 h_1 h_2 h_3 h_4　a_1 a_2 a_3 a_4 a_5	$F=h_1\frac{a_1+a_2}{2}+h_2\frac{a_2+a_3}{2}+h_3\frac{a_3+a_4}{2}+h_4\frac{a_4+a_5}{2}$
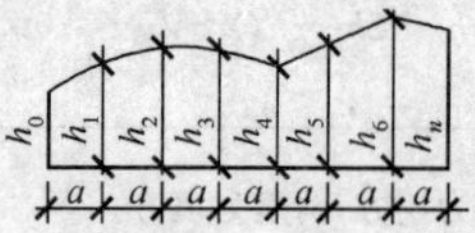 h_0 h_1 h_2 h_3 h_4 h_5 h_6 h_n　a a a a a a a	$F=\frac{1}{2}a(h_0+2h+h_n)$ $h=h_1+h_2+h_3+\cdots+h_n$

根据截面面积计算土方量，计算公式为：

$$V=\frac{1}{2}(F_1+F_2)L$$

式中　　V——相邻两截面间的土方量，m^3；

F_1、F_2——相邻两截面的挖（填）方截面面积，m^2；

L——相邻截面间的间距，m。

3. 沟槽土石方工程量计算方法

外墙沟槽：$V_{挖}=S_{断}\ L_{外中}$

内墙沟槽：$V_{挖}=S_{断}\ L_{基底净长}$

管道沟槽：$V_{挖}=S_{断}\ L_{中}$

其中沟槽断面有如下形式：

(1)钢筋混凝土基础有垫层时。

1)两面放坡如图 2-1(a)所示。

$$S_{断}=(b+2c+mh)h+(b'+2\times0.1)h'$$

2)不放坡无挡土板如图 2-1(b)所示。

$$S_{断}=(b+2c)h+(b'+2\times0.1)h'$$

3)不放坡加两面挡土板如图 2-1(c)所示。

$$S_{断}=(b+2c+2\times0.1)h+(b'+2\times0.1)h'$$

4)一面放坡一面挡土板如图 2-1(d)所示。

$$S_{断}=(b+2\times0.3+0.1+0.5mh)h+(b'+2\times0.1)h'$$

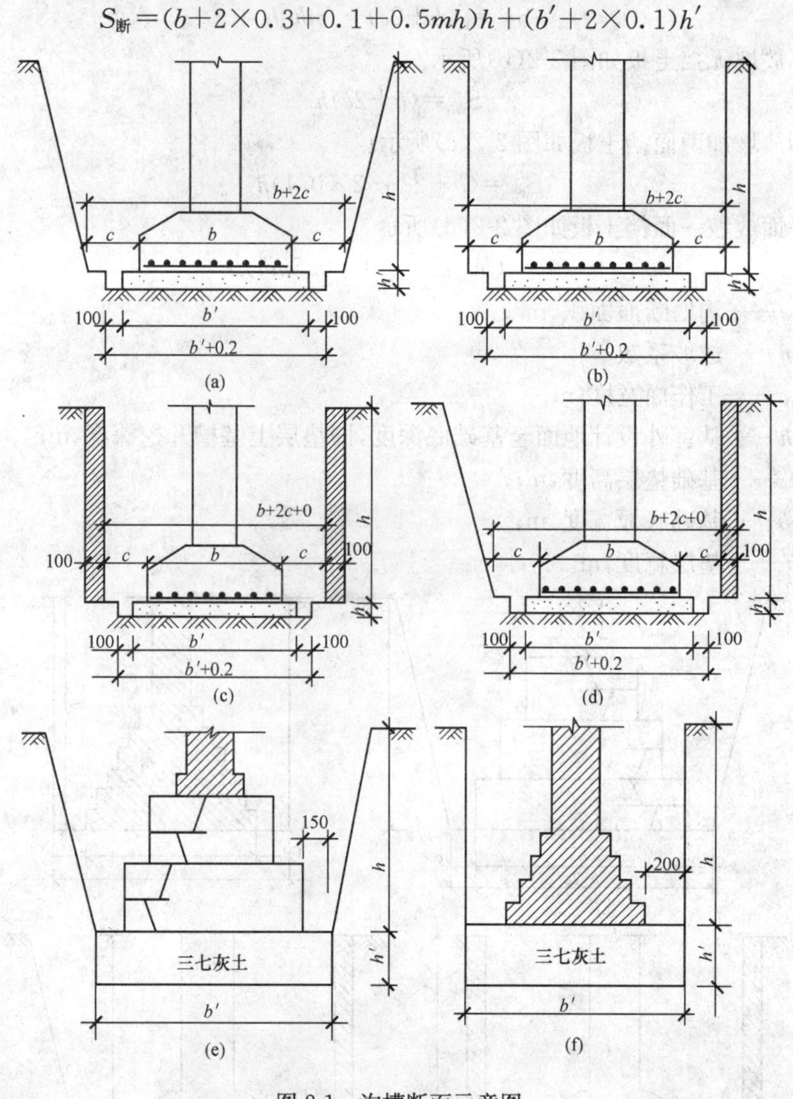

图 2-1　沟槽断面示意图

(a)两面放坡；(b)不放坡无挡土板；(c)不放坡加两面挡土板；(d)一面放坡一面挡土板；(e)两面放坡；(f)不放坡无挡土坡

(2)基础有其他垫层时。

1)两面放坡如图 2-1(e)所示。

$$S_{断}=[(b'+mh)h+b'h']$$

2)不放坡无挡土板如图 2-1(f)所示。

$$S_{断}=b'(h+h')$$

(3)基础无垫层时。

1)两面放坡如图 2-2(a)所示。

$$S_{断}=[(b+2c)+mh]h$$

2)不放坡无挡土板如图 2-2(b)所示。

$$S_{断}=(b+2c)h$$

3)不放坡加两面挡土板如图 2-2(c)所示。

$$S_{断}=(b+2c+2\times0.1)h$$

4)一面放坡一面挡土板如图 2-2(d)所示。

$$S_{断}=(b+2c+0.1+0.5mh)h$$

式中　$S_{断}$——沟槽断面面积,m^2;

m——放坡系数;

c——工作面宽度,m;

h——从室外设计地面至基础底深度,即垫层上基槽开挖深度,m;

h'——基础垫层高度,m;

b——基础底面宽度,m;

b'——垫层宽度,m。

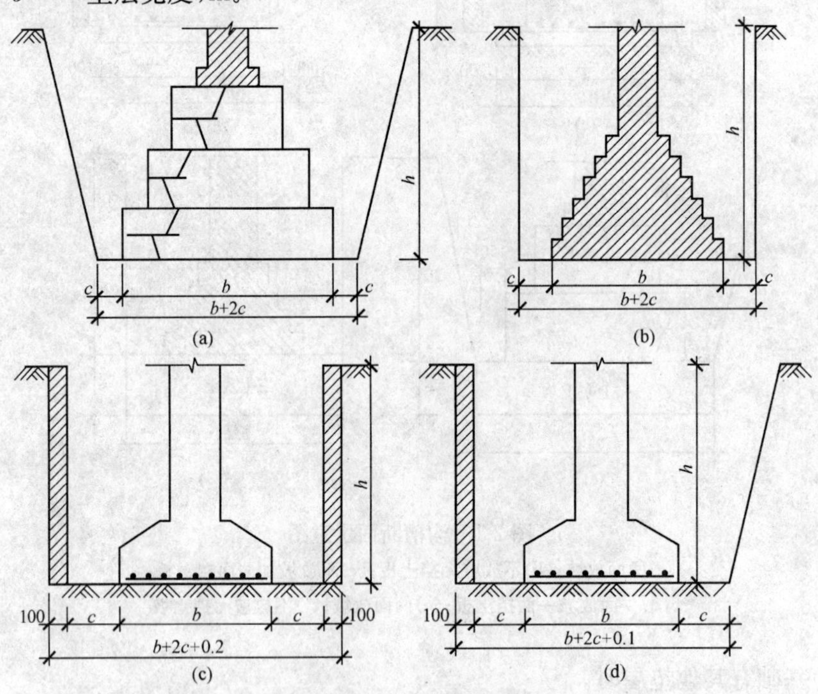

图 2-2　沟槽断面示意图

(a)两面放坡;(b)不放坡无挡土板;(c)不放坡加两面挡土板;(d)一面放坡一面挡土板

4. 基坑土石方工程量计算方法

基坑挖土石方体积应按图 2-3 所示尺寸为底面积,再加上工作面,以 m^3 为单位计算。

(1)方形不放坡基坑。方形不放坡基坑计算公式为：

$$V=abH$$

(2)方形放坡基坑。方形放坡基坑计算公式为：

$$V=(a+2c+kH)(b+2c+kH)H+\frac{1}{3}k^2H^3$$

式中　V——方形基坑挖土体积，m^3；

a——方形基坑底面长度，m；

b——方形基坑底面宽度，m；

H——方形基坑深度，m；

k——基坑土壤放坡系数。

其中，$\frac{1}{3}k^2H^3$ 为四个角锥体积，在许多工具书中可直接查表得到，挖基坑工程量系数参考见表 2-3。基坑放坡时四角的角锥体积见表 2-4。

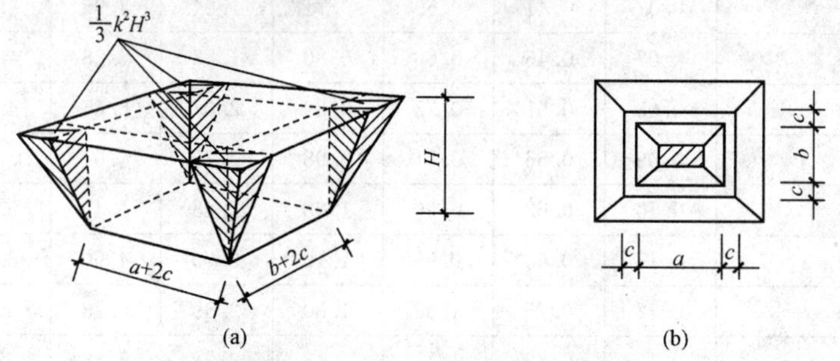

图 2-3　放坡基坑示意图

(a)放坡基坑透视图；(b)放坡基坑平面图

表 2-3　挖基坑工程量系数参考　(单位：m^3)

工程量	一、二类土	三、四类土
1000 以内	2.00	1.25
1000 以上	1.20	1.30

注：1. 挖基坑坑底面积在 $20m^2$ 以内按挖地坑计算。

2. 按建筑物、构筑物挖基坑部分的外围体积乘上系数，适用于概算、估算中。

表 2-4　基坑放坡时四角的角锥体积　(单位：m^3)

放坡系数 k / 坑深/m	0.10	0.25	0.30	0.33	0.50	0.67	0.75	1.00
1.20	0.01	0.04	0.05	0.06	0.14	0.26	0.32	0.58
1.30	0.01	0.05	0.07	0.08	0.18	0.33	0.41	0.73
1.40	0.01	0.06	0.08	0.10	0.23	0.41	0.51	0.91
1.50	0.01	0.07	0.10	0.12	0.28	0.51	0.63	1.13
1.60	0.01	0.09	0.12	0.15	0.34	0.61	0.77	1.37
1.70	0.02	0.10	0.15	0.18	0.41	0.74	0.92	1.64

续表

坑深/m \ 放坡系数 k	0.10	0.25	0.30	0.33	0.50	0.67	0.75	1.00
1.80	0.02	0.12	0.17	0.21	0.49	0.87	1.09	1.94
1.90	0.02	0.14	0.21	0.25	0.57	1.03	1.29	2.29
2.00	0.03	0.17	0.24	0.29	0.67	1.20	1.50	2.67
2.10	0.03	0.19	0.28	0.34	0.77	1.39	1.74	3.09
2.20	0.04	0.22	0.32	0.39	0.89	1.59	2.00	3.55
2.30	0.04	0.25	0.67	0.44	1.04	1.82	2.28	4.06
2.40	0.05	0.29	0.41	0.50	1.15	2.07	2.59	4.61
2.50	0.05	0.33	0.47	0.57	1.30	2.34	2.93	5.21
2.60	0.06	0.37	0.53	0.64	1.46	2.63	3.30	5.86
2.70	0.07	0.41	0.59	0.71	1.64	2.95	3.69	6.56
2.80	0.07	0.46	0.66	0.80	1.83	3.28	4.12	7.31
2.90	0.08	0.51	0.73	0.89	2.03	6.65	4.57	8.13
3.00	0.09	0.56	0.81	0.98	2.25	4.04	5.06	9.00
3.10	0.10	0.62	0.90	1.08	2.48	4.46	5.59	9.93
3.20	0.11	0.68	0.98	1.19	2.70	4.90	6.14	10.92
3.30	0.12	0.75	1.08	1.30	2.99	5.38	6.74	11.98
3.40	0.13	0.82	1.18	1.43	3.28	5.88	7.37	13.10
3.50	0.14	0.90	1.29	1.56	3.57	6.42	8.04	14.29
3.60	0.16	0.97	1.40	1.69	3.89	6.98	8.75	15.55
3.70	0.17	1.06	1.52	1.84	4.22	7.58	9.50	16.88
3.80	0.18	1.14	1.65	1.99	4.57	8.21	10.29	18.20
3.90	0.20	1.24	1.78	2.15	4.94	8.88	11.12	19.77
4.00	0.21	1.33	1.92	2.32	5.33	9.58	12.00	21.33
4.10	0.23	1.44	2.07	2.50	5.74	10.31	12.92	22.97
4.20	0.25	1.54	2.22	2.69	6.17	11.09	13.89	24.69
4.30	0.27	1.66	2.39	2.89	6.63	11.90	14.91	26.50
4.40	0.28	1.78	2.56	3.09	7.10	12.75	15.97	28.39
4.50	0.30	1.90	2.73	3.31	7.59	13.64	17.09	30.38
4.60	0.32	2.03	2.92	3.53	8.11	14.56	18.25	32.45
4.70	0.35	2.16	3.11	3.77	8.65	15.54	19.47	34.61
4.80	0.37	2.30	3.32	4.01	9.22	16.55	20.74	36.86
4.90	0.39	2.45	3.53	4.27	9.80	17.60	22.06	39.21
5.00	0.42	2.60	3.75	4.54	10.42	18.70	23.44	41.67

第二节　土方工程工程量清单编制

一、土方工程清单项目设置

《市政工程工程量清单计价规范》附录 A.1 中土方工程共有 5 个清单项目。各清单项目设置的具体内容见表 2-5。

表 2-5　　土方工程清单项目设置

项目编码	项目名称	项目特征	计量单位	工作内容
040101001	挖一般土方	1. 土壤类别 2. 挖土深度	m^3	1. 排地表水 2. 土方开挖 3. 围护(挡土板)及拆除 4. 基底钎探 5. 场内运输
040101002	挖沟槽土方			
040101003	挖基坑土方			
040101004	暗挖土方	1. 土壤类别 2. 平洞、斜洞(坡度) 3. 运距		1. 排地表水 2. 土方开挖 3. 场内运输
040101005	挖淤泥、流砂	1. 挖掘深度 2. 运距		1. 开挖 2. 运输

注:1. 沟槽、基坑、一般土方的划分为:底宽≤7m 且底长＞3 倍底宽为沟槽,底长≤3 倍底宽且底面积≤150m^2为基坑。超出上述范围则为一般土方。

2. 土壤的分类应按表 2-6 确定。

3. 如土壤类别不能准确划分时,招标人可注明为综合,由投标人根据地勘报告决定报价。

4. 土方体积应按挖掘前的天然密实体积计算。

5. 挖沟槽、基坑土方中的挖土深度,一般指原地面标高至槽、坑底的平均高度。

6. 挖沟槽、基坑、一般土方因工作面和放坡增加的工程量,是否并入各土方工程量中,按各省、自治区、直辖市或行业建设主管部门的规定实施。如并入各土方工程量中,编制工程量清单时,可按表 2-7、表 2-8规定计算;办理工程结算时,按经发包人认可的施工组织设计规定计算。

7. 挖沟槽、基坑、一般土方和暗挖土方清单项目的工作内容中仅包括了土方场内平衡所需的运输费用,如需土方外运时,按 040103002“余方弃置”项目编码列项。

8. 挖方出现流砂、淤泥时,如设计未明确,在编制工程量清单时,其工程数量可为暂估值。结算时,应根据实际情况由发包人与承包人双方现场签证确认工程量。

9. 挖淤泥、流砂的运距可以不描述,但应注明由投标人根据施工现场实际情况自行考虑决定报价。

表 2-6 土壤分类表

土壤分类	土壤名称	开挖方法
一、二类土	粉土、砂土(粉砂、细砂、中砂、粗砂、砾砂)、粉质黏土、弱中盐渍土、软土(淤泥质土、泥炭、泥炭质土)、软塑红黏土、冲填土	用锹,少许用镐、条锄开挖。机械能全部直接铲挖满载者
三类土	黏土、碎石土(圆砾、角砾)、混合土、可塑红黏土、硬塑红黏土、强盐渍土、素填土、压实填土	主要用镐、条锄,少许用锹开挖。机械需部分刨松方能铲挖满载者或可直接铲挖但不能满载者
四类土	碎石土(卵石、碎石、漂石、块石)、坚硬红黏土、超盐渍土、杂填土	全部用镐、条锄挖掘,少许用撬棍挖掘。机械需普遍刨松方能铲挖满载者

注:本表土的名称及其含义按现行国家标准《岩土工程勘察规范》(GB 50021—2001)(2009 年局部修订版)定义。

表 2-7 放坡系数表

土类别	放坡起点/m	人工挖土	机械挖土		
			在沟槽、坑内作业	在沟槽侧、坑边上作业	顺沟槽方向坑上作业
一、二类土	1.20	1∶0.50	1∶0.33	1∶0.75	1∶0.50
三类土	1.50	1∶0.33	1∶0.25	1∶0.67	1∶0.33
四类土	2.00	1∶0.25	1∶0.10	1∶0.33	1∶0.25

注:1. 沟槽、基坑中土类别不同时,分别按其放坡起点、放坡系数,依不同类别厚度加权平均计算。
2. 计算放坡时,在交接处的重复工程量不予扣除,原槽、坑做基础垫层时,放坡自垫层上表面开始计算。
3. 本表按《全国统一市政工程预算定额》(GYD—301—1999)整理,并增加机械挖土顺沟槽方向坑上作业的放坡系数。

表 2-8 管沟施工每侧所需工作面宽度计算表 (单位:mm)

<table>
<tr><th rowspan="2">管道结构宽</th><th rowspan="2">混凝土管道
基础 90°</th><th rowspan="2">混凝土管道
基础＞90°</th><th rowspan="2">金属管道</th><th colspan="2">构筑物</th></tr>
<tr><th>无防潮层</th><th>有防潮层</th></tr>
<tr><td>500 以内</td><td>400</td><td>400</td><td>300</td><td rowspan="4">400</td><td rowspan="4">600</td></tr>
<tr><td>1000 以内</td><td>500</td><td>500</td><td>400</td></tr>
<tr><td>2500 以内</td><td>600</td><td>500</td><td>400</td></tr>
<tr><td>2500 以上</td><td>700</td><td>600</td><td>500</td></tr>
</table>

注:1. 管道结构宽:有管座按管道基础外缘,无管座按管道外径计算;构筑物按基础外缘计算。
2. 本表按《全国统一市政工程预算定额》(GYD—301—1999)整理,并增加管道结构宽 2500mm 以上的工作面宽度值。

二、土方工程清单项目特征描述

1. 挖一般、沟槽、基坑土方

(1)挖一般土方。挖一般土方一般适用于路基挖方和广场挖方。

(2)挖沟槽土方。市政工程施工常见的沟漕断面形式有直槽、梯形槽、混合槽等，当有两条或多条管道共同埋设时，还需采用联合槽。

1)直槽。直槽即沟槽的边坡基本为直坡，一般情况下，开挖断面的边坡坡度小于0.05。直槽断面常用于工期短、深度浅的小管径工程，如地下水位低于槽底，且直槽深度不超过1.5m，如图2-4(a)所示。

2)梯形槽。梯形槽即大开槽，是槽帮具有一定坡度的开挖断面。开挖断面槽帮放坡，不需支撑。当地质条件良好时，纵使槽底在地下水以下，也可以在槽底挖成排水沟，进行表面排水，保证其槽帮土壤的稳定。大开槽断面是应用较多的一种形式，尤其适用于机械开挖的施工方法，如图2-4(b)所示。

3)混合槽。混合槽是由直槽与梯形槽组合而成的多层开挖断面，较深的沟槽宜采用此种混合槽分层开挖断面。混合槽一般多为深槽施工。采取混合槽施工时上部槽尽可能采用机械施工开挖，下部槽的开挖常需同时考虑采用排水及支撑的施工措施，如图2-4(c)所示。

4)联合槽。联合槽是由两条或多条管道共同埋设的沟槽，其断面形式要根据沟槽内埋设管道的位置、数量和各自的特点而定，多是由直槽或梯形槽按照一定的形式组合而成的开挖断面，如图2-4(d)所示。

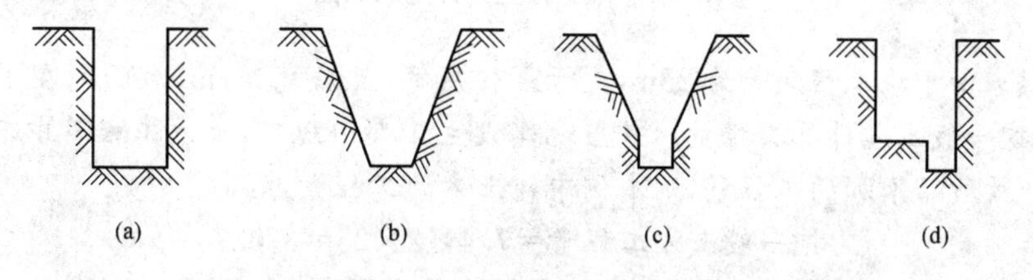

图2-4　沟槽断面形式

(a)直槽；(b)梯形槽；(c)混合槽；(d)联合槽

(3)挖基坑土方。在基坑开挖期间，应设专人检查基坑稳定，发现问题及时上报有关施工负责人员，便于及时处理。

2. 暗挖土方

暗挖土方是指市政隧道工程中的土方开挖以及市政管网采用不开槽方式埋设而进行的土方开挖。

3. 挖淤泥、流砂

淤泥是一种稀软状，不易成形的灰黑色、有臭味、含有半腐朽的植物遗体(占60%以上)，置于水中有动植物残体渣滓浮于水面，并常有气泡由水中冒出的泥土。流砂是土体的一种现象，通常细颗粒、颗粒均匀、松散、饱和的非黏性土容易发生这个现象。流砂的形成是多种多样的，但它对建筑物的安全和正常使用影响极大，可以通过预防等手段制止流砂现象。

设。

三、土方工程清单工程量计算

1. 工程量计算规则

(1)挖一般土方:按设计图示尺寸以体积计算。

(2)挖沟槽、基坑土方:按设计图示尺寸以基础垫层底面积乘以挖土深度计算。

(3)暗挖土方:按设计图示断面乘以长度以体积计算。

(4)挖淤泥、流砂:按设计图示的位置、界限以体积计算。

2. 工程量计算示例

【例 2-1】 某工程土方开挖示意图如图 2-5 所示,已知该工程底长为 25m,采用人工挖土,土质为四类土,试计算该工程挖土方工程量。

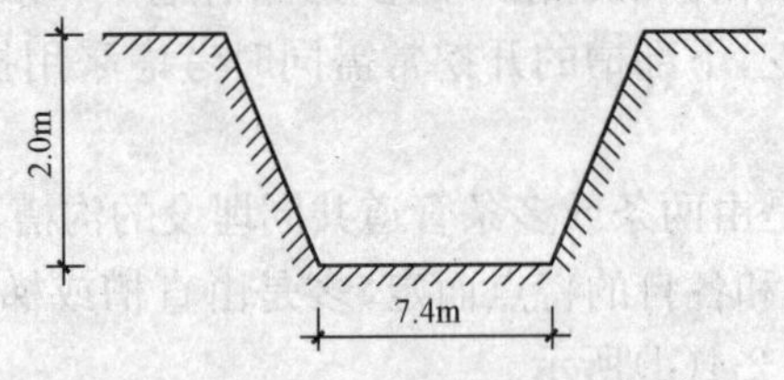

图 2-5 某工程土方开挖示意图

【解】 由于该工程底长为 25m,大于 3 倍底宽,且底宽>7m,底面积在 $150m^2$ 以上,应按挖一般土方计算工程量。若当地建设主管部门规定,土方工程量中不考虑因工作面积放坡而增加的工程量,则本例中挖土方的工程量为:

$$挖一般土方工程量=7.4\times2\times25=370m^3$$

【例 2-2】 某排水工程,需要装设两条排水管道,并埋设在同一沟槽内,土为三类土,沟槽的全长为 400m,图 2-6 所示为沟槽断面示意图,试计算沟槽挖土方工程量。

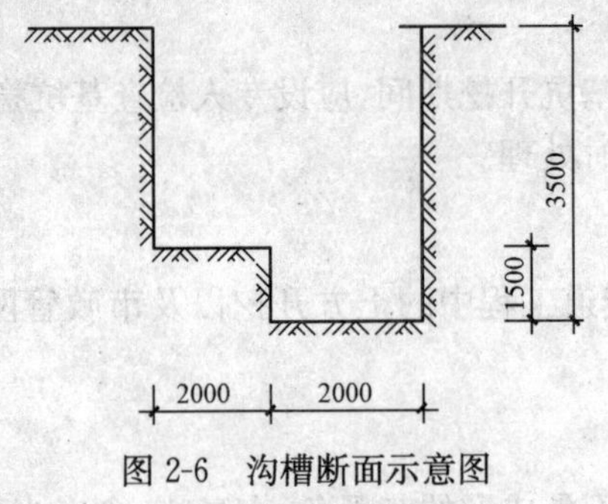

图 2-6 沟槽断面示意图

【解】 由题意可知:

$$挖沟槽土方工程量=2\times3.5\times400+(3.5-1.5)\times2\times400$$
$$=4400m^3$$

【例 2-3】 某工程基础采用满堂基础,基坑不采用支撑,基础长宽方向的外边线尺寸分别为 10m 和 5m,挖深为 3m,采用人工开挖的方法,试计算开挖土方工程量。

【解】 根据表2-5注可知，本例应按挖基坑土方计算工程量。由题意可知：

挖基坑土方工程量＝10×5×3＝150m^3

【例2-4】 某城市隧道工程施工采用暗挖土法施工，该隧道总长600m，采用机械开挖，四类土质，其暗挖截面示意图如图2-7所示，试计算该隧道暗挖土方工程量。

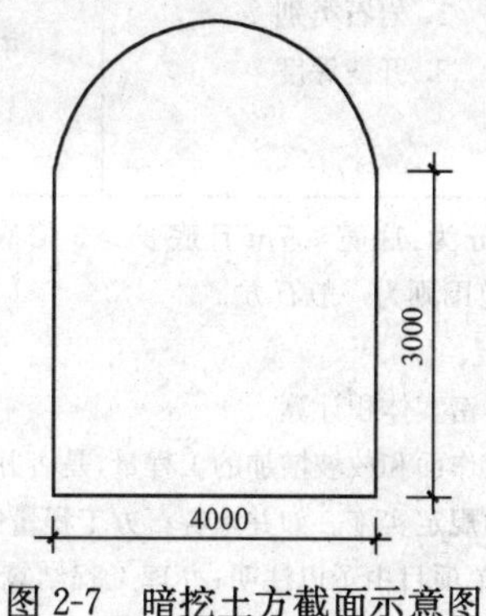

图2-7　暗挖土方截面示意图

【解】 由题意可知：

暗挖土方工程量＝(4×3＋1/2×3.14×2^2)×600＝10968m^3

【例2-5】 某桥梁工程，需要修筑基础，沟槽断面示意图如图2-8所示，全长为200m，地下水位为－1.50m，地下水位下为淤泥，在开挖时采用机械开挖，试计算挖淤泥工程量。

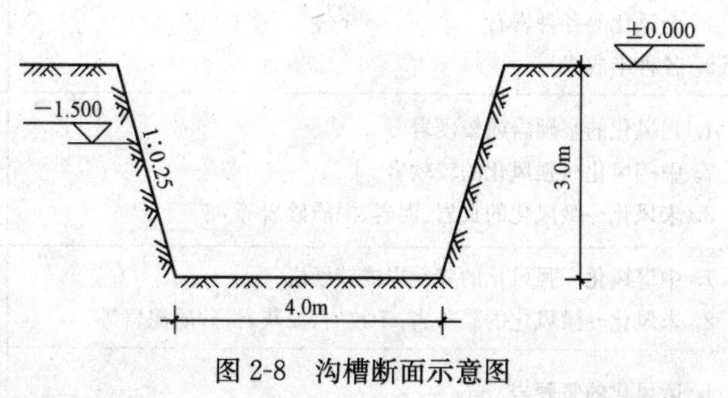

图2-8　沟槽断面示意图

【解】 由题意可知：

挖淤泥工程量＝4.0×1.5×200＝1200m^3

第三节　石方工程工程量清单编制

一、石方工程清单项目设置

《市政工程工程量清单计价规范》附录A.2中石方工程共有3个清单项目。各清单项目设置的具体内容见表2-9。

表 2-9　　石方工程清单项目设置

<table>
<tr><th>项目编码</th><th>项目名称</th><th>项目特征</th><th>计量单位</th><th>工作内容</th></tr>
<tr><td>040102001</td><td>挖一般石方</td><td rowspan="3">1. 岩石类别
2. 开凿深度</td><td rowspan="3">m^3</td><td rowspan="3">1. 排地表水
2. 石方开挖
3. 修整底、边
4. 场内运输</td></tr>
<tr><td>040102002</td><td>挖沟槽石方</td></tr>
<tr><td>040102003</td><td>挖基坑石方</td></tr>
</table>

注：1. 沟槽、基坑、一般石方的划分为：底宽≤7m 且底长＞3 倍底宽为沟槽；底长≤3 倍底宽且底面积≤150m² 为基坑；超出上述范围则为一般石方。

2. 岩石的分类应按表 2-10 确定。

3. 石方体积应按挖掘前的天然密实体积计算。

4. 挖沟槽、基坑、一般石方因工作面和放坡增加的工程量，是否并入各石方工程量中，按各省、自治区、直辖市或行业建设主管部门的规定实施。如并入各石方工程量中，编制工程量清单时，其所需增加的工程数量可为暂估值，且在清单项目中予以注明；办理工程结算时，按经发包人认可的施工组织设计规定计算。

5. 挖沟槽、基坑、一般石方清单项目的工作内容中仅包括了石方场内平衡所需的运输费用，如需石方外运时，按 040103002“余方弃置”项目编码列项。

6. 石方爆破按现行国家标准《爆破工程工程量计算规范》(GB 50862)相关项目编码列项。

表 2-10　　岩石分类表

<table>
<tr><th colspan="2">岩石分类</th><th>代表性岩石</th><th>开挖方法</th></tr>
<tr><td colspan="2">极软岩</td><td>1. 全风化的各种岩石
2. 各种半成岩</td><td>部分用手凿工具、部分用爆破法开挖</td></tr>
<tr><td rowspan="2">软质岩</td><td>软岩</td><td>1. 强风化的坚硬岩或较硬岩
2. 中等风化～强风化的较软岩
3. 未风化～微风化的页岩、泥岩、泥质砂岩等</td><td>用风镐和爆破法开挖</td></tr>
<tr><td>较软岩</td><td>1. 中等风化～强风化的坚硬岩或较硬岩
2. 未风化～微风化的凝灰岩、千枚岩、泥灰岩、砂质泥岩等</td><td rowspan="3">用爆破法开挖</td></tr>
<tr><td rowspan="2">硬质岩</td><td>较硬岩</td><td>1. 微风化的坚硬岩
2. 未风化～微风化的大理岩、板岩、石灰岩、白云岩、钙质砂岩等</td></tr>
<tr><td>坚硬岩</td><td>未风化～微风化的花岗岩、闪长岩、辉绿岩、玄武岩、安山岩、片麻岩、石英岩、石英砂岩、硅质砾岩、硅质石灰岩等</td></tr>
</table>

注：本表依据现行国家标准《工程岩体分级标准》(GB 50218—1994)和《岩土工程勘察规范》(GB 50021—2001)(2009 年局部修订版)整理。

二、石方工程清单项目特征描述

在市政工程施工中，挖一般石方一般是指底宽 7m 以上，底面积在 150m² 以上的挖石项目。挖沟槽石方包括打单面槽子、碎石槽壁打直、底检平、石方运出槽边 1m 以外等内容。

石方工程应明确岩石类别、开凿深度，由投标人自行考虑。

三、石方工程清单工程量计算

1. 工程量计算规则

(1)挖一般石方：按设计图示尺寸以体积计算。

(2)挖沟槽、基坑石方：按设计图示尺寸以基础垫层底面积乘以挖石深度计算。

2. 工程量计算示例

【例 2-6】 某工程施工场地有坚硬石类岩，其断面形状如图 2-9 所示，已知底部尺寸为 40m×41m，上部尺寸为 45m×47m，试计算挖石方工程量。

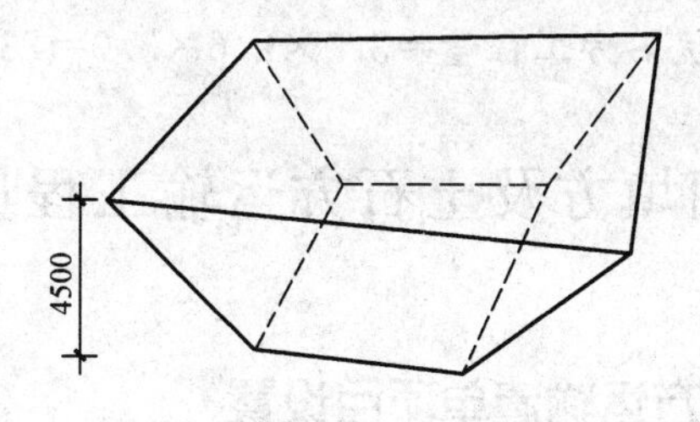

图 2-9　挖石方示意图

【解】 由表 2-9 注可知，本例应按一般挖石方计算工程量。由题意可知：

挖一般石方工程量＝(45×47＋40×41)/2×4.5＝8448.75m^3

【例 2-7】 某工程需要在山脚开挖沟槽，已知沟槽内为中等风化的坚硬岩，开挖长度为 200m，沟槽横断面如图 2-10 所示，试计算该工程挖石方工程量。

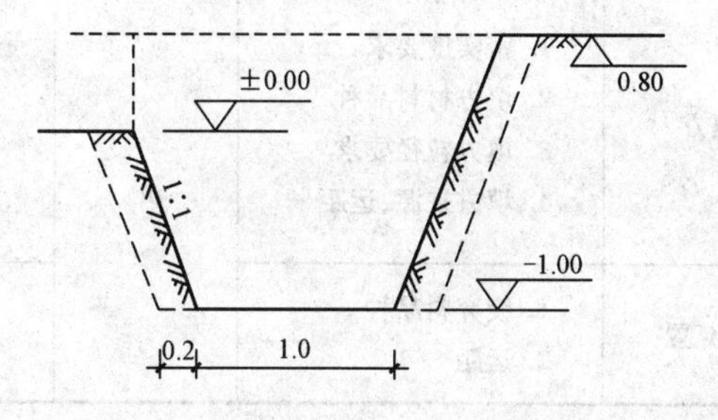

图 2-10　边沟横断面图(单位:m)

【解】由题意可知：

挖沟槽石方工程量＝1.0×1.0×200＝200m^3

【例 2-8】 某基础底面为矩形，基础底面长为 3.0m，宽为 2.6m，基坑深为 3.0m，土质为坚硬玄武岩，两边各留工作面宽度为 0.3m，人工挖方，基坑示意图如图 2-11 所示，试计算其挖石方工程量。

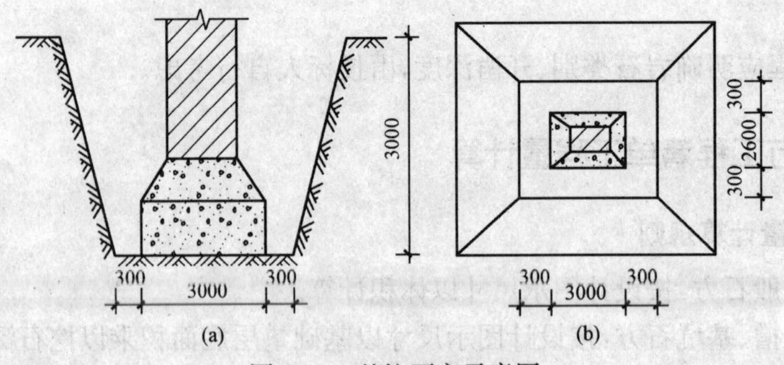

图 2-11 基坑石方示意图

(a)基坑断面图；(b)基坑平面图

【解】 由题意可知：

挖基坑石方工程量＝3.0×2.6×3.0＝23.4m^3

第四节 回填方及土石方运输工程量清单编制

一、回填方及土石方运输清单项目设置

《市政工程工程量清单计价规范》附录 A.2 中回填方及土石方运输共有 2 个清单项目。各清单项目设置的具体内容见表 2-11。

表 2-11　　回填方及土石方运输清单项目设置

项目编码	项目名称	项目特征	计量单位	工作内容
040103001	回填方	1. 密实度要求 2. 填方材料品种 3. 填方粒径要求 4. 填方来源、运距	m^3	1. 运输 2. 回填 3. 压实
040103002	余方弃置	1. 废弃料品种 2. 运距		余方点装料运输至弃置点

注：1. 填方材料品种为土时，可以不描述。

2. 填方粒径，在无特殊要求情况下，项目特征可以不描述。

3. 对于沟、槽坑等开挖后再进行回填方的清单项目，其工程量计算规则按第 1 条确定；场地填方等按第 2 条确定。其中，对工程量计算规则 1，当原地面线高于设计要求标高时，则其体积为负值。

4. 回填方总工程量中若包括场内平衡和缺方内运两部分时，应分别编码列项。

5. 余方弃置和回填方的运距可以不描述，但应注明由投标人根据施工现场实际情况自行考虑决定报价。

6. 回填方如需缺方内运，且填方材料品种为土方时，是否在综合单价中计入购买土方的费用，由投标人根据工程实际情况自行考虑决定报价。

二、回填方及土石方运输清单项目特征描述

1. 回填方

填方材料的土质、粒径、级配、含水量，均应符合设计要求。设计无具体要求时则碎石类土、爆破石渣、砂土均可作填方土料。其中，碎石类土和爆破石渣最大粒径不得大于铺土层厚度的 0.7 倍，且大块料不应集中，不得位于分段接头处和山坡连接处；颗粒均匀的细、粉砂用作填方土料应慎重，并应征得设计单位同意。含水量符合压实要求的黏性土可用作填方土料。有机质含量大于 8%的土、淤泥质土均不得用于填方。如采用两种填方土料时，透水性大的土料宜填筑在下层；透水性小的土料宜填筑在上层。

填方的密实度要求和质量指标通常以压实系数 λ_0 表示，压实系数为土的控制(实际)干土密度 ρ_d 与最大干土密度 ρ_{dmax} 的比值。最大干土密度 ρ_{dmax} 是当最优含水量时，通过标准的击实方法确定的。密实度要求一般由设计单位根据工程结构性质、使用要求以及土的性质确定。

2. 余方弃置

余方是指土方工程在经过挖土、砌筑基础及各种回填方之后，尚有剩余的土石方，需要运出场外。人工土石方运输距离，按单位工程施工中心点至卸土场地中心点的距离计算。

运距是指装土石区重心至卸土石区重心之间的最短距离。

三、回填方及土石方运输清单工程量计算

1. 工程量计算规则

(1)回填方：

1)按挖方清单项目工程量加原地面线至设计要求标高间的体积，减基础、构筑物等埋入体积计算。

2)按设计图示尺寸以体积计算。

(2)余方弃置：按挖方清单项目工程量减利用回填方体积(正数)计算。

2. 工程量计算示例

【例 2-9】 某工程欲挖雨水管道，沟槽长 20m，宽为 3m，槽深 2.5m，无检查井。槽内铺设直径 750mm 铸铁管，管下混凝土基座为 $0.448m^3/m$，基层下碎石垫层 $0.25m^3/m$，密实度为 97%，试计算其回填方工程量。

【解】 根据回填方工程量计算规则，按挖方清单项目工程量加原地面线至设计要求标高间的体积，减基础、构筑物等埋入体积计算。由题意可知：

$$挖方清单项目工程量=20\times3\times2.5=150m^3$$

混凝土基座体积＝0.448×20＝8.96m³

碎石垫层体积＝0.25×20＝5m³

ϕ750 管子外形体积＝3.14×(0.75/2)²×20＝8.83m³

回填方工程量＝150－8.96－5－8.83＝127.21m³

【例 2-10】 某道路路基工程，已知挖土 3600m³，其中可利用回填方为 3000m³，土方运距为 2km，试确定余土外运数量工程量。

【解】 由题意可知：

余方弃置工程量＝3600－3000＝600m³（自然方）

第五节　土石方工程工程量清单编制示例

【例 2-11】 某排水工程，采用钢筋混凝土承插管，管径 ϕ600。管道长度 100m，土方开挖深度平均为 3m，回填至原地面标高，余土外运，如图 2-12 所示。土方类别为三类土，采用人工开挖及回填，回填压实率为 95%。

试根据以下要求列出该管道土方工程的分部分项工程量清单：

(1)沟槽土方因工作面和放坡增加的工程量，并入清单土方工程量中。

(2)本题中暂不考虑检查井等所增加土方的因素。

(3)混凝土管道外径为 ϕ720，管道基础（不含垫层）每米混凝土工程量为 0.227m³。

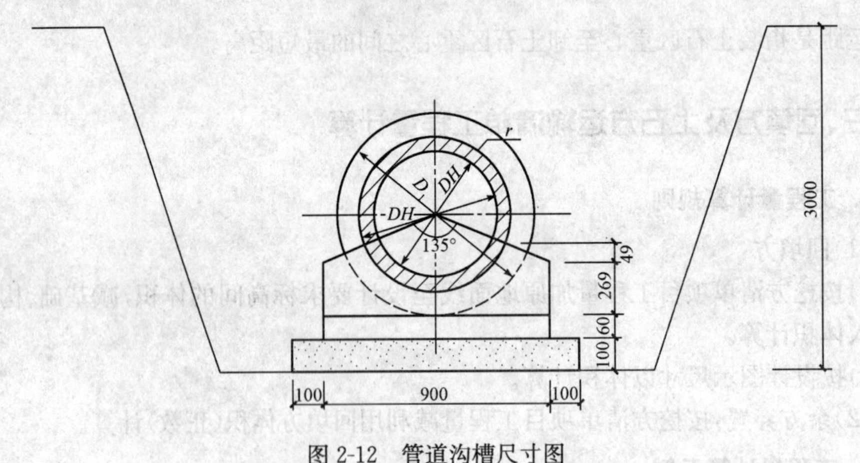

图 2-12　管道沟槽尺寸图

【解】 (1)清单工程量计算。查表 2-7 和表 2-8 可知沟槽放坡系数为 0.33，管沟施工每侧所需工作面宽度为 0.5m。

挖沟槽土方工程量＝(0.9＋0.5×2＋0.33×3)×3×100＝867m³

余方弃置工程量＝(1.1×0.1＋0.227＋3.1416×0.36×0.36)×100＝74.42m³

回填方工程量＝867－74.42＝792.58 m³

清单工程量计算结果见表 2-12。

表 2-12　　工程量计算表

工程名称：某排水工程

序号	项目编码	项目名称	工程量合计	计量单位
1	040101002001	挖沟槽土方	867	m^3
2	040103001001	回填方	792.58	m^3
3	040103002001	余方弃置	74.42	m^3

(2)编制分部分项工程量清单，见表 2-13。

表 2-13　　分部分项工程和单价措施项目清单与计价表

工程名称：某排水工程

序号	项目编码	项目名称	项目特征描述	计量单位	工程量	金额/元	
						综合单价	合计
1	040101002001	挖沟槽土方	1. 土壤类别：三类土 2. 挖土深度：平均 3m	m^3	867		
2	040103001001	回填方	1. 密实度要求：95% 2. 填方材料品种：原土回填 3. 填方来源、运距：就地回填	m^3	792.58		
3	040103002001	余方弃置	1. 废弃料品种：土方 2. 运距：由投标单位自行考虑	m^3	74.42		

第三章　道路工程工程量清单编制

第一节　道路工程概述

一、道路的分类

道路是一种供车辆行驶和行人步行的带状构筑物。根据道路不同的组成和功能特点，可分为公路和城市道路两种。位于城市郊区和城市以外的道路称为公路道路；位于城市范围以内的道路称为城市道路。

城市道路车行道横向布置分为一幅、二幅、三幅、四幅式。根据道路功能、性质可分为快速路、主干路、次干路、支路。

二、道路的组成

城市道路由车行道、人行道、平侧石及附属设施四部分组成。

1. 车行道

车行道即道路的行车部分，主要供各种车辆行驶，分快车道(机动车道)、慢车道(非机动车道)。车道的宽度根据通行车辆的多少及车速而定，一般每条机动车道宽度在3.5～3.75m，每条非机动车道宽度在2～2.5m，一条道路的车行道可由一条或数条机动车道和数条非机动车道组成。

2. 人行道

人行道是供行人步行交通所用，宽度取决于行人交通的数量。人行道每条步行带宽度在0.75～1m，由数条步行带组成，一般宽度在4.5m，但在车站、剧场、商业网点等行人集聚地段的人行道，应考虑行人的滞留、自行车停放等因素，应适当加宽。

3. 平侧石

平侧石位于车行道与人行道的分界位置，也是路面排水设施的一个组成部分，同时，又起着保护道路面层结构边缘部分的作用。

侧石与平石共同构成路面排水边沟，侧石与平石的线形确定了车行道的线形，平石的平面宽度属车行道范围。

4. 附属设施

城市道路附属设施主要有：

(1)排水设施。包括为路面排水的雨水进水井口、检查井、雨水沟管、连接管、污水管的各种检查井等。

(2)交通隔离设施。包括用于交通分离的分车岛、分隔带、隔离墩、护栏和用于导流交通和车辆回旋的交通岛和回车岛等。

(3)绿化。包括行道树、林荫带、绿篱、花坛、街心花园的绿化,为保护绿化设置的隔离设施。

(4)地面上杆线和地下管网。包括污水管道、给水管道、电力电缆、煤气管道等地下管网和电话、电力、热力、照明、公共交通等架空杆线及测量标志等。

第二节 路基处理工程量清单编制

一、路基处理清单项目设置

《市政工程工程量清单计价规范》附录 B.1 中路基处理共有 23 个清单项目。各清单项目设置的具体内容见表 3-1。

表 3-1 路基处理清单项目设置

项目编码	项目名称	项目特征	计量单位	工作内容
040201001	预压地基	1. 排水竖井种类、断面尺寸、排列方式、间距、深度 2. 预压方法 3. 预压荷载、时间 4. 砂垫层厚度		1. 设置排水竖井、盲沟、滤水管 2. 铺设砂垫层、密封膜 3. 堆载、卸载或抽气设备安拆、抽真空 4. 材料运输
040201002	强夯地基	1. 夯击能量 2. 夯击遍数 3. 地耐力要求 4. 夯填材料种类	m^2	1. 铺设夯填材料 2. 强夯 3. 夯实材料运输
040201003	振冲密实(不填料)	1. 地层情况 2. 振密深度 3. 孔距 4. 振冲器功率		1. 振冲加密 2. 泥浆运输
040201004	掺石灰	含灰量		1. 掺石灰 2. 夯实
040201005	掺干土	1. 密实度 2. 掺土率	m^3	1. 掺干土 2. 夯实
040201006	掺石	1. 材料品种、规格 2. 掺石率		1. 掺石 2. 夯实
040201007	抛石挤淤	材料品种、规格		1. 抛石挤淤 2. 填塞垫平、压实

续表

项目编码	项目名称	项目特征	计量单位	工作内容
040201008	袋装砂井	1. 直径 2. 填充材料品种 3. 深度	m	1. 制作砂袋 2. 定位沉管 3. 下砂袋 4. 拔管
040201009	塑料排水板	材料品种、规格		1. 安装排水板 2. 沉管插板 3. 拔管
040201010	振冲桩(填料)	1. 地层情况 2. 空桩长度、桩长 3. 桩径 4. 填充材料种类	1. m 2. m³	1. 振冲成孔、填料、振实 2. 材料运输 3. 泥浆运输
040201011	砂石桩	1. 地层情况 2. 空桩长度、桩长 3. 桩径 4. 成孔方法 5. 材料种类、级配		1. 成孔 2. 填充、振实 3. 材料运输
040201012	水泥粉煤灰碎石桩	1. 地层情况 2. 空桩长度、桩长 3. 桩径 4. 成孔方法 5. 配合料强度等级	m	1. 成孔 2. 混合料制作、灌注、养护 3. 材料运输
040201013	深层水泥搅拌桩	1. 地层情况 2. 空桩长度、桩长 3. 桩截面尺寸 4. 水泥强度等级、掺量		1. 预搅下钻、水泥浆制作、喷浆搅拌提升成桩 2. 材料运输
040201014	粉喷桩	1. 地层情况 2. 空桩长度、桩长 3. 桩径 4. 粉体种类、掺量 5. 水泥强度等级、石灰粉要求		1. 预搅下钻、喷粉搅拌提升成桩 2. 材料运输
040201015	高压水泥旋喷桩	1. 地层情况 2. 空桩长度、桩长 3. 桩截面 4. 旋喷类型、方法 5. 水泥强度等级、掺量		1. 成孔 2. 水泥浆制作、高压旋喷注浆 3. 材料运输

续表

项目编码	项目名称	项目特征	计量单位	工作内容
040201016	石灰桩	1. 地层情况 2. 空桩长度、桩长 3. 桩径 4. 成孔方法 5. 掺合料种类、配合比		1. 成孔 2. 混合料制作、运输、夯填
040201017	灰土(土)挤密桩	1. 地层情况 2. 空桩长度、桩长 3. 桩径 4. 成孔方法 5. 灰土级配	m	1. 成孔 2. 灰土拌和、运输、填充、夯实
040201018	柱锤冲扩桩	1. 地层情况 2. 空桩长度、桩长 3. 桩径 4. 成孔方法 5. 桩体材料种类、配合比		1. 安拔套管 2. 冲孔、填料、夯实 3. 桩体材料制作、运输
040201019	地基注浆	1. 地层情况 2. 成孔深度、间距 3. 浆液种类及配合比 4. 注浆方法 5. 水泥强度等级、用量	1. m 2. m^3	1. 成孔 2. 注浆导管制作、安装 3. 浆液制作、安装 4. 材料运输
040201020	褥垫层	1. 厚度 2. 材料品种、规格及比例	1. m^2 2. m^3	1. 材料拌和、运输 2. 铺设 3. 压实
040201021	土工合成材料	1. 材料品种、规格 2. 搭接方式	m^2	1. 基层整平 2. 铺设 3. 固定
040201022	排水沟、截水沟	1. 断面尺寸 2. 基础、垫层:材料品种、厚度 3. 砌体材料 4. 砂浆强度等级 5. 伸缩缝填塞 6. 盖板材质、规格	m	1. 模板制作、安装、拆除 2. 基础、垫层铺筑 3. 混凝土拌和、运输、浇筑 4. 侧墙浇捣或砌筑 5. 勾缝、抹面 6. 盖板安装
040201023	盲沟	1. 材料品种、规格 2. 断面尺寸		铺筑

注:1. 地层情况按表 2-6 和表 2-10 的规定,并根据岩土工程勘察报告按单位工程各地层所占比例(包括范围值)进行描述。对无法准确描述的地层情况,可注明由投标人根据岩土工程勘察报告自行决定报价。

2. 项目特征中的桩长应包括桩尖,空桩长度=孔深-桩长,孔深为自然地面至设计桩底的深度。

3. 如采用碎石、粉煤灰、砂等作为路基处理的填方材料时,应按《市政工程工程量计算规范》(GB 50857—2013)附录 A 土石方工程中“回填方”项目编码列项。

4. 排水沟、截水沟清单项目中,当侧墙为混凝土时,还应描述侧墙的混凝土强度等级。

二、路基处理清单项目特征描述

1. 预压地基

预压地基是在原状土上加载，使土中水排出，以实现土的预先固结，减少建筑物地基后期沉降和提高地基承载力。按加载方法的不同，分为堆载预压、真空预压、降水预压三种不同方法的预压地基。其中堆载预压竖向排水体的尺寸应符合下列要求：

(1)砂井或塑料排水带直径。砂井直径主要取决于土的固结性和施工期限的要求。砂井分普通砂井和袋装砂井，普通砂井直径可取 300～500mm；袋装砂井直径可取 70～120mm。

(2)砂井或塑料排水带间距。砂井或塑料排水带的间距可根据地基土的固结特性和预定时间内所要求达到的固结度确定。通常砂井的间距可按井径比 n($n=d_e/d_w$，d_e 为砂井的有效排水圆柱体直径，d_w 为砂井直径，对塑料排水带可取 d_w-d_p)确定。普通砂井的间距可按 $n=6\sim8$ 选用；袋装砂井或塑料排水带的间距可按 $n=15\sim22$ 选用。

(3)砂井排列方式。砂井的平面布置可采用等边三角形或正方形排列，如图 3-1 所示。

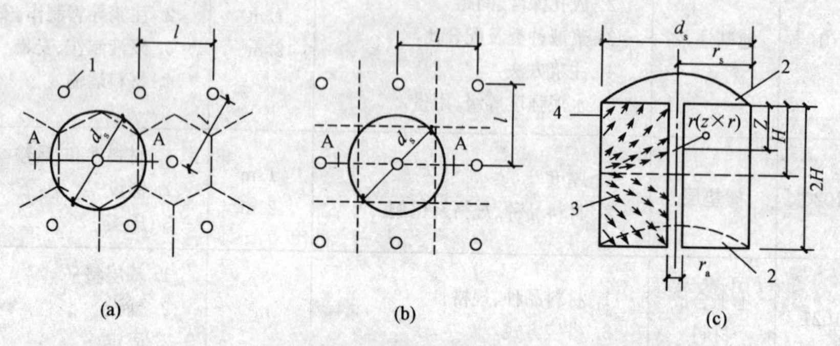

图 3-1 砂井平面布置及影响范围土柱体剖面

(a)等边三角形排列；(b)正方形排列；(c)A—A 剖面

1—砂井；2—排水面；3—水流途径；4—无水流经过此界线

(4)砂井深度。砂井深度应根据建筑物对地基的稳定性和变形要求确定。对以地基抗滑稳定性控制的工程，砂井深度至少应超过最危险滑动面 2.0m。对以沉降控制的建筑物，如压缩土层厚度不大，砂井宜贯穿压缩土层；对深厚的压缩土层，砂井深度应根据在限定的预压时间内消除的变形量确定，若施工设备条件达不到设计深度，则可采用超载预压等方法来满足工程要求。

若软土层厚度不大或软土层含较多的薄粉砂夹层，预计固结速率能满足工期要求时，可不设置竖向排水体。

(5)加载数量。预压荷载的大小，应根据设计要求确定，通常可与建筑物的基底压力大小相同。对于沉降有严格限制的建筑，应采用超载预压法处理地基，超载数量应根据预定时间内要求消除的变形量通过计算确定，并宜使预压荷载下受压土层各点的有效竖向压力等于或大于建筑荷载所引起相应点的附加压力。

(6)水平排水垫层。预压法处理地基时，为了使砂井排水有良好的通道，必须在地表铺设排水砂垫层，其厚度不小于500mm，以连通各砂井将水引到预压区以外。

2. 强夯地基

强夯地基是用起重机械将大吨位夯锤起吊到一定的高度后，自由落下，给路基土以强大的冲击能量的夯击，使土中出现冲击波和很大的冲击应力，迫使土层孔隙压缩，土体局部液化，在夯击点周围产生裂隙，形成良好的排水通道，孔隙水和气体逸出，使土料重新排列，经时效压密达到固结，从而提高路基承载力，降低其压缩性的一种有效路基加固的方法。

夯击遍数应根据地基土的性质确定，一般情况下，可采用点夯2～4遍，再以低能量(为前几遍能量的1/5～1/4，锤击数为2～4击)满夯1～2遍，满夯可采用轻锤或低落距锤多次夯击，锤印搭接。对于渗透性较差的细颗粒土，必要时夯击遍数可适当增加。

3. 掺石灰

掺石灰适用于路基工程中，此方法适用于多雨、地下水位高、蒸发量小、工期要求紧迫及无干土改换地段。其用石灰(干石灰粉)吸收土壤中多余的水分，使土壤达到最佳含水量，满足压实的要求，增加路基稳定性。

含灰量是指灰土在路面不同的部位，不同的石灰剂量起着不同的作用，石灰剂量小于3%～4%时，石灰只使土的密度、强度得到稳定，随着剂量增加，灰土的强度和稳定性均有显著提高，但剂量超过一定限度，过多的石灰在土的空隙中以自由灰存在，反而导致灰土的强度下降。根据这种规律，当灰土强度最大时，含灰量即为最佳剂量。无试验资料时可参考表3-2。

表3-2　　石灰土石灰剂量参考表

土类 / 结构层位	粉性土、黏性土	砂性土
基层	11～14	14～16
底基(垫)层	9～11	11～14
处理路床	6～9	9～11

注：1. 剂量是以熟石灰占干土重的百分率计，施工中保证单位混合料按设计剂量配料是控制质量的重要环节。

2. 一般熟石灰松干质量密度为0.45～0.7t/m³，一般粉状生石灰的松干质量密度为1.3～1.4t/m³；一般土的松干质量密度为1.0～1.1t/m³；压实后的灰土干质量密度为1.5～1.88t/m³。

4. 掺干土

干土是指采用就地挖出的黏性土及塑性指数大于4的粉土，土内不得含有松软杂质或使用耕植土，土料应过筛，其颗粒不应大于 15mm。灰土配合比应符合设计规定，一般用 3∶7 或 2∶8(石灰∶土，体积比)。多采用人工翻拌，不少于三遍，使其均匀，颜色一致，并适当控制含水量，以手握成团，两指轻捏即散为宜，最优含水量为 14%～18%；如含水量过多或过少，应稍晾干或洒水湿润，如有球团应打碎，要求随拌随用。

5. 掺石

对水塘、洼地、沟渠排水清淤后填土不能上碾压，因为下层土含水量大，填土碾压达不到压实度要求，可采用掺石法进行加固。所掺加石块必须水稳定性好，干湿循环或水浸泡不易分解，最大粒径不得大于 30cm。用块石加固时，下层最好铺筑一层厚度不小于 5cm，粒径不大于 25mm 的小颗粒碎石、砾石、砂砾作为垫层，防止填土加载后块石挤入泥中，竣工后路面产生较大变形，致使路面造成破坏。

6. 抛石挤淤

抛石挤淤是指在湖塘、河流或积水洼地常年积水且不易抽干，软土厚度薄等地方，抛填片石，且片石不宜小于 30cm。抛填时自中线向两侧展开，当横坡陡于 1∶10 时，应按照从高到低的顺序展开抛填。从两边挤出淤泥，片石抛出水面后应用小石块填塞垫平，以重型压路机碾压，其上铺反滤层，再进行填土。

7. 袋装砂井

袋装砂井是把砂装入长条形、透水性好(用聚丙烯等材料)的编织袋内，用导管式振动打桩机成孔，再把砂袋置于井孔中，这样可以保证砂井的连续性，避免颈缩现象。袋装砂井因直径小、材料消耗小、成本低、设备轻、施工速度快、质量又稳定，常用来代替普通大直径砂井。

袋装砂井的直径应做到 7cm，一般不超过 10cm。填充料品种一般用砂、碎石。

8. 塑料排水板

塑料排水板是带有孔道的板状物体，即由芯体和滤套组成的复合体，或由单一材料制成的多孔管道板带，插入土中形成竖向排水通道。施工时用插板机将塑料排水板插入土中。塑料排水板的宽度一般为 100mm，厚度为 3.5～5.5mm，施工时，一般按正三角形或正四方形布置，排水板的间距一般为 1.0～2.0m。

9. 振冲桩

振冲桩是利用振动和压力水使砂层液化，砂颗粒相互挤密，重新排列，孔隙减少，从而提高砂层的承载力和抗液化能力，又称为振冲挤密砂桩法，这种桩根据砂土性质的不同，又有加填料和不加填料两种。

振冲桩法适用于处理砂土、粉土、粉质黏土、素填土和杂填土等地基。在砂性土中，振冲起挤密作用，称为振冲挤密。不加填料的振冲挤密仅适用于处理黏粒含量小于 10%的中、粗砂地基。

10. 砂石桩

砂石桩是指使用振动或冲击荷载在地基中成孔，再将砂石挤入土中，而形成密实的砂(石)质桩体。

(1)桩长的确定。砂石桩桩长可根据工程要求和工程地质条件通过计算确定：

1)当松软土层厚度不大时，砂石桩桩长宜穿过松软土层。

2)当松软土层厚度较大时，对按稳定性控制的工程，砂石桩桩长应不小于最危险滑动面以下 2m 的深度；对按变形控制的工程，砂石桩桩长应满足处理后地基变形量不超过建筑物的地基变形允许值并满足软弱下卧层承载力的要求。

3)对可液化的地基，砂石桩桩长应按现行国家标准《建筑抗震设计规范》(GB 50011)的有关规定采用。

4)桩长不宜小于 4m。

(2)桩直径的选择。砂石桩直径可采用 300～800mm，对饱和黏性土地基宜选用较大的直径。

(3)桩体材料的选用。桩体材料可用碎石、卵石、角砾、圆砾、砾砂、粗砂、中砂或石屑等硬质材料，含泥量不得大于 5%，最大粒径不宜大于 50mm。

11. 水泥粉煤灰碎石桩

水泥粉煤灰碎石桩是指用振动、冲击或水冲等方式在软弱路基中成孔后，再将碎石挤压入土孔中，形成大直径的碎石所构成的密实桩体，它是处理软弱地基的一种常用方法。

(1)桩长。桩长由需挤密加固的深度决定，一般为 6～12m。

(2)桩径。长螺旋钻中心压灌、干成孔和振动沉管成桩宜取 350～600mm；泥浆护壁钻孔灌注素混凝土成桩宜取 600～800mm；钢筋混凝土预制桩宜取 300～600mm。

(3)材料规格及配合比。

1)碎石用粒径 20～50mm，松散密度 1.39t/m^3，杂质含量小于 5%。

2)石屑用粒径 2.5～10mm，松散密度 1.47t/m^3，杂质含量小于 5%。

3)粉煤灰用Ⅲ级粉煤灰。

4)水泥用 32.5MPa 强度等级的普通硅酸盐水泥，新鲜、无结块。

5)混合料配合比。水泥、粉煤灰、碎石混合料的配合比相当于抗压强度为 C1.2～C7 的低强度等级混凝土，密度大于 2.0t/m^3。掺加最佳石屑率(石屑量与碎石和石屑总质量之比)为 25%左右情况下，当 W/C(水与水泥用量之比)为 1.01～1.47，F/C(粉煤灰与水泥质量之比)为 1.02～1.65 时，混凝土抗压强度为 8.8～14.2MPa。

12. 深层水泥搅拌桩

深层水泥搅拌桩是利用水泥作为固化剂，通过深层搅拌机械在地基中将软土或砂等和固化剂强制拌和，使软基硬结而提高地基强度。深层水泥搅拌桩适用于处理淤泥、砂土、淤泥质土、泥炭土和粉土。当用于处理泥炭土或地下水具有侵蚀性时，应通过试验确定其适用性。

13. 喷粉桩

喷粉桩又名喷洒桩，是利用高压泥浆泵将石灰浆通过特殊喷嘴高速喷出，使石灰浆在土中胶结硬化后形成柱状加固体。

14. 高压水泥旋喷桩

旋喷桩复合地基是利用钻机成孔，再把带有喷嘴的注浆管进至土体预定深度后，用高压设备以 20～40MPa 高压把混合浆液或水从喷嘴中以很高的速度喷射出来，土颗粒在喷射流的作用下(冲击力、离心力、重力)，与浆液搅拌混合，待浆液凝固后，便在土中形成一个固结体，与原地基土构成新的地基。

根据使用机具设备的不同，分为单管法、二重管法和三重管法，见表 3-3。

表 3-3　　旋喷桩法分类

分类	单管法	二重管法	三重管法
喷射方法	浆液喷射	浆液、空气喷射	水、空气喷射、浆液注入
硬化剂	水泥浆	水泥浆	水泥浆
常用压力/MPa	15.0～20.0	15.0～20.0	高压 20.0～40.0 低压 0.5～3.0
喷射量/(L/min)	60～70	60～70	高压 60～70 低压 80～150
压缩空气/kPa	不使用	500～700	500～700
旋转速度/(r/min)	16～20	5～16	5～16
桩径/mm	300～600	600～1500	800～2000
提升速度/(cm/min)	15～25	7～20	5～20

旋喷桩适用于处理砂土、粉土、黏性土(包括淤泥和淤泥质土)、黄土、素填土和杂填土等地基。但对于砾石直径过大，砾石含量高以及含有大量纤维质的腐殖土，喷射质量较差。强度较高的黏性土中喷射直径受到限制。

旋喷桩法分为旋喷、定喷和摆喷三种类别。根据工程需要和土质条件，可分别采用单管法、双管法和三管法。加固形状可分为柱状、壁状、条状和块状。

15. 石灰桩

石灰桩是指为加速软弱地基的固结，在地基上钻孔并灌入生石灰而成的吸水柱体。石灰桩法适用于处理饱和黏性土、淤泥、淤泥质土、素填土和杂填土等地基；用于地下水位以上的土层时，宜增加掺合料的含水量并减少生石灰用量，或采取土层浸水等措施。石灰桩不适用于地下水位下的砂类土。

洛阳铲成孔桩长不宜超过 6m；机械成孔管外投料时，桩长不宜超过 8m；螺旋钻成孔及管内投料时可适当加长。

石灰桩成孔直径应根据设计要求及所选用的成孔方法确定，常用 300～400mm，可按等边三角形或矩形布桩，桩中心距可取2～3倍成孔直径。石灰桩可仅布置在基础底面下，当基底土的承载力特征值小于70kPa时，宜在基础以外布置1～2排围护桩。

16. 土工合成材料

土工合成材料一般是以聚乙烯为主要材料，经过纺织或无纺织后形成的布料。由于它在工作状态中受到各种力的作用，因此，在使用土工布之前，要了解它的抗拉强度、延伸率、应力应变的特性、摩擦性能、撕裂强度、耐磨性、抗化学和生物化学作用的能力等。土工布对路堤的沉降无多大影响，但是它能明显改善路堤的稳定性（防止侧向分离）及沉降的均匀性。

土工织物可以采用聚酯纤维（涤纶）、聚丙纤维（腈纶）和聚丙烯纤维（丙纶）等高分子化合物（聚合物）经加工后合成而成。根据其加工制造的不同可分为有纺型、编织型、无纺型、组合型。

土工织物产品因制造方法和用途不一，其宽度和质量的规格变化甚大，用于岩土工程的宽度为2～18m，质量大于或等于0.1kg/m^3，开孔尺寸（等效孔径）为0.05～0.5mm，导水性不论垂直向或水平向，其渗透系数≥10^{-2}cm/s（相当于中、细砂的渗透系数），抗拉强度为10～30kN/m（高强度的达30～100kN/m）。

17. 排水沟、截水沟

排水沟与截水沟的断面形式一般为梯形。材料品种为石、土、混凝土、砂浆等。混凝土强度的选用不应低于表3-4的规定。

表3-4　混凝土最低强度等级

序号	混凝土强度等级	类　别
1	C15	一般钢筋混凝土结构、计算上不受力的预制楼板和屋面板填缝的细石混凝土
2	C20	采用HRB335、HRB400级钢配筋的钢筋混凝土结构（包括二、三级抗震等级的结构）、剪力墙结构、叠合构件的叠合层
3	C25	序号1、2所包括的结构，当位于露天或室内高湿度环境时
4	C30	预应力混凝土结构、受力的预制装配节头；一级抗震等级的钢筋混凝土结构
5	C40	采用碳素钢丝、钢绞线、热处理钢筋作预应力筋的混凝土结构

对于一般混凝土结构（包括中、低层框、排架结构）应从节约水泥、降低工程造价出发，根据工程经验选择适当的混凝土强度等级。

18. 盲沟

盲沟又称暗沟，是引排地下水流的沟渠。它的作用是隔断或截流流向路基的泉水和地下集中水流，并将水流引入地面排水沟渠。

（1）材料品种：大孔隙填料包裹的粒石混凝土滤水管、水泥混凝土管、大孔隙填料或用片石砌筑排水孔道。

(2)断面:简易盲沟的构造,断面成矩形,亦可成上宽下窄的梯形(边坡陡于1∶0.2),底宽b与深度h之比约为1∶3,b=0.3~0.5m,则h=1.0~1.5m。

三、路基处理清单工程量计算

1. 工程量计算规则

(1)预压地基、强夯地基、振冲密实(不填料):按设计图示尺寸以加固面积计算。

(2)掺石灰、掺干土、掺石、抛石挤淤:按设计图示尺寸以体积计算。

(3)袋装砂井、塑料排水板:按设计图示尺寸以长度计算。

(4)振冲桩(填料):

1)以米计量,按设计图示尺寸以桩长计算。

2)以立方米计量,按设计桩截面积乘以桩长以体积计算。

(5)砂石桩:

1)以米计量,按设计图示尺寸以桩长(包括桩尖)计算。

2)以立方米计量,按设计桩截面积乘以桩长(包括桩尖)以体积计算。

(6)水泥粉煤灰碎石桩:按设计图示尺寸以桩长(包括桩尖)计算。

(7)深层水泥搅拌桩、粉喷桩、高压水泥旋喷桩:按设计图示尺寸以桩长计算。

(8)石灰桩、灰土(土)挤密桩:按设计图示尺寸以桩长(包括桩尖)计算。

(9)柱锤冲扩桩:按设计图示尺寸以桩长计算。

(10)地基注浆:

1)以米计量,按设计图示尺寸以深度计算。

2)以立方米计量,按设计图示尺寸以加固体积计算。

(11)褥垫层:

1)以平方米计量,按设计图示尺寸以铺设面积计算。

2)以立方米计量,按设计图示尺寸以铺设体积计算。

(12)土工合成材料:按设计图示尺寸以面积计算。

(13)排水沟、截水沟、盲沟:按设计图示以长度计算。

2. 工程量计算示例

【例3-1】 某道路全长1100m,路面宽度为24m。由于该段土质比较疏松,为保证压实,通过强夯土方使土基密实,以达到规定的压实度。两侧路肩各宽1.2m,路基加宽值为30cm,试计算强夯土方工程量。

【解】 由题意可知:

$$强夯土方工程量=1100\times(24+1.2\times2)=29040.00\text{m}^2$$

【例3-2】 某段道路K0+150~K0+900段为水泥混凝土路面,路面宽12m,两侧路肩各宽1m,路堤断面图如图3-2所示。由于该段道路的土质为湿软的黏土,应在该土中掺入干土,以增加路基的稳定性,延长道路的使用年限,试计算掺干土(密实度为90%)工程量。

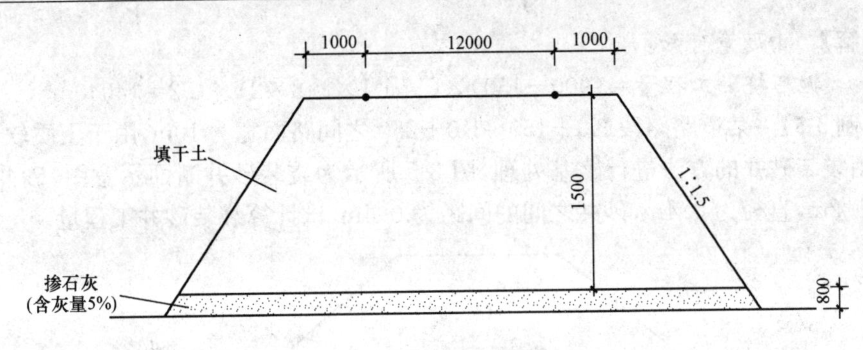

图 3-2　路堤断面图

【解】 由题意可知：

路基掺干土工程量=(900−150)×(12+1×2+12+1×2+1.5×1.5×2)×1.5×$\frac{1}{2}$=18281.25m³

【例 3-3】 某道路工程全长为 500m，路面宽度为 12m，该路面为湿软路基，由此需要对其进行掺石处理（掺石率 60%），以确保路基压实，图 3-3 所示为路堤断面示意图，试计算掺石工程量。

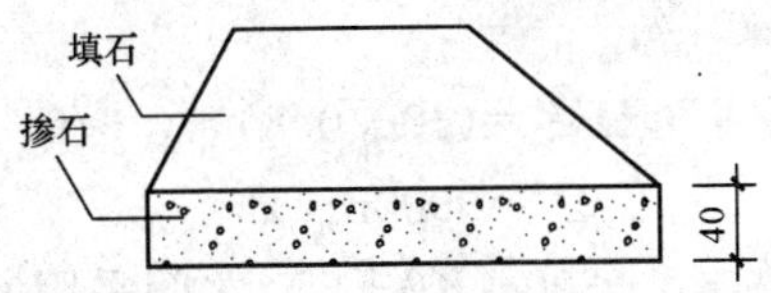

图 3-3　路堤断面示意图（单位：cm）

【解】 由题意可知：

掺石工程量=500×12×0.4=2400m³

【例 3-4】 某段道路在 K0+150～K0+900 之间，采用在基底抛投不小于 35cm 的片石对路基进行加固处理，抛石挤淤断面图如图 3-4 所示，路面宽度为 12m，试计算抛石挤淤工程量。

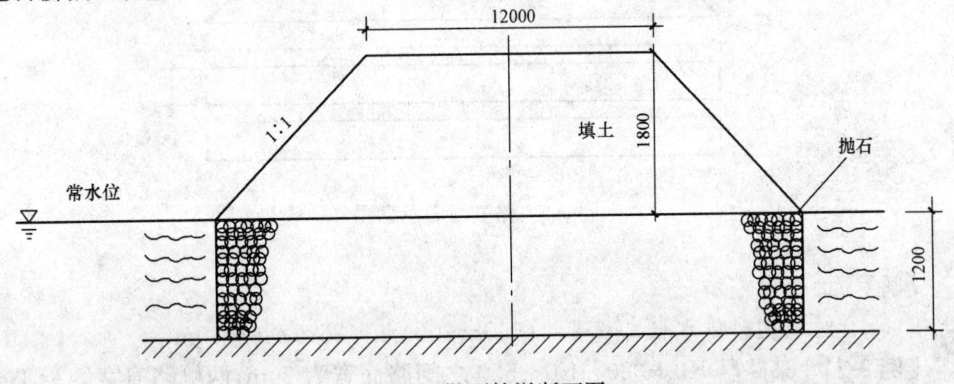

图 3-4　抛石挤淤断面图

【解】 由题意可知：

抛石挤淤工程量＝(900－150)×(12＋1×1.8×2)×1.2＝14040m^3

【例 3-5】 某道路路段 K0＋150～K0＋250 之间路面宽为 10m，由于土质软弱，因此采用袋装砂井的方法进行路基处理，图 3-5 所示为袋装砂井断面示意图，砂井的深度为 1.2m，直径为 0.4m，砂井之间的间距为 0.4m，试计算袋装砂井工程量。

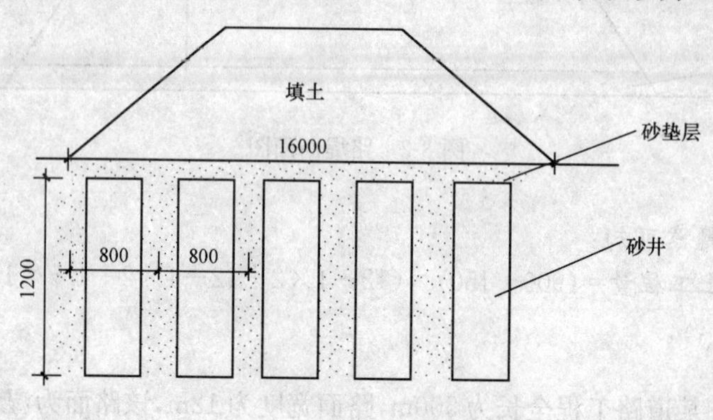

图 3-5　袋装砂井断面示意图

【解】 由题意可知：

袋装砂井工程量＝(100/0.8)×(16/0.8)×1.2

＝3000m

【例 3-6】 某段道路在 K0＋300～K0＋650 之间采用安装塑料排水板的方法防止路基沉陷，路面宽度为 12m，路基断面如图 3-6 所示，每个断面铺两层塑料排水板，每块板宽为 5m，板长 25m，试计算塑料排水板工程量。

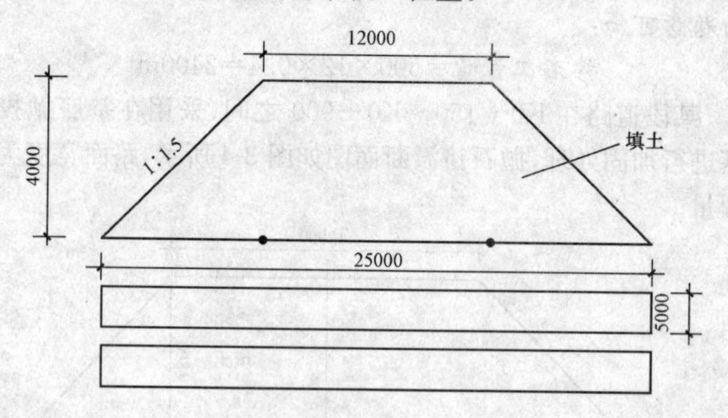

图 3-6　路基断面示意图

【解】 由题意可知：

塑料排水板工程量＝(650－300)/5×25×2＝3500m

【例 3-7】 某路段 K0＋320～K0＋550 之间路面宽为 20m，两侧路肩宽均为 1m，土中打入石灰桩进行路基处理，桩直径为 1000mm，桩长为 2m，桩间距为 1000mm，路基断面图如图 3-7 所示，试计算石灰桩工程量。

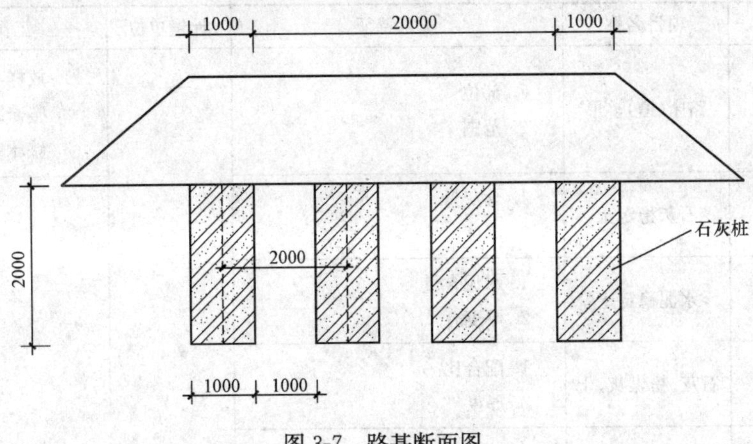

图 3-7　路基断面图

【解】　由题意可知：

石灰桩个数＝[(20＋1×2)/2＋1]×[(550－320)/2＋1]

＝1392 个

石灰桩工程量＝1392×2＝2784m

【例 3-8】　某道路工程全长为 2000m，路面宽度为 10m，路肩宽度为 1m，K0＋500～K0＋550 为软土地基，由于该路基较为湿软，因此，需对软土地基用土工布进行处理，土工布紧密布置，试计算土工布工程量。

【解】　由题意可知：

土工布工程量＝(550－500)×(10＋1×2)＝600m^2

【例 3-9】　某水泥混凝土道路工程，在 K0＋300～K0＋500 为需要挖方的路段，由于该路段的雨水量较大，因此需在两侧设置截水沟。试计算截水沟工程量。

【解】　由题意可知：

截水沟工程量＝(500－300)×2＝400m

第三节　道路基层工程量清单编制

一、道路基层清单项目设置

《市政工程工程量清单计价规范》附录 B. 2 中道路基层共有 16 个清单项目。各清单项目设置的具体内容见表 3-5。

表 3-5 道路基层清单项目设置

<table>
<tr><th>项目编码</th><th>项目名称</th><th>项目特征</th><th>计量单位</th><th>工作内容</th></tr>
<tr><td>040202001</td><td>路床(槽)整形</td><td>1. 部位
2. 范围</td><td rowspan="16">m^2</td><td>1. 放样
2. 整修路拱
3. 碾压成型</td></tr>
<tr><td>040202002</td><td>石灰稳定土</td><td>1. 含灰量
2. 厚度</td><td rowspan="15">1. 拌和
2. 运输
3. 铺筑
4. 找平
5. 碾压
6. 养护</td></tr>
<tr><td>040202003</td><td>水泥稳定土</td><td>1. 水泥含量
2. 厚度</td></tr>
<tr><td>040202004</td><td>石灰、粉煤灰、土</td><td>1. 配合比
2. 厚度</td></tr>
<tr><td>040202005</td><td>石灰、碎石、土</td><td>1. 配合比
2. 碎石规格
3. 厚度</td></tr>
<tr><td>040202006</td><td>石灰、粉煤灰、碎(砾)石</td><td>1. 配合比
2. 碎(砾)石规格
3. 厚度</td></tr>
<tr><td>040202007</td><td>粉煤灰</td><td rowspan="2">厚度</td></tr>
<tr><td>040202008</td><td>矿渣</td></tr>
<tr><td>040202009</td><td>砂砾石</td><td rowspan="5">1. 石料规格
2. 厚度</td></tr>
<tr><td>040202010</td><td>卵石</td></tr>
<tr><td>040202011</td><td>碎石</td></tr>
<tr><td>040202012</td><td>块石</td></tr>
<tr><td>040202013</td><td>山皮石</td></tr>
<tr><td>040202014</td><td>粉煤灰三渣</td><td>1. 配合比
2. 厚度</td></tr>
<tr><td>040202015</td><td>水泥稳定碎(砾)石</td><td>1. 水泥含量
2. 石料规格
3. 厚度</td></tr>
<tr><td>040202016</td><td>沥青稳定碎石</td><td>1. 沥青品种
2. 石料规格
3. 厚度</td></tr>
</table>

注：1. 道路工程厚度应以压实后为准。

2. 道路基层设计截面如为梯形时，应按其截面平均厚度计算面积，并在项目特征中对截面参数加以描述。

二、道路基层清单项目特征描述

1. 石灰稳定土基层

石灰稳定土是指将消石灰粉或生石灰粉掺入各种粉碎或原来松散的土中，经拌和、压实及养护后得到的混合料。它包括石灰土、石灰稳定砂砾土、石灰碎石土等。石灰稳定类材料适用于各级公路的底基层，也可用作二级和二级以下公路的基层，但石灰稳定细粒土及粒料含量少于50%的碎（砾）石灰土不能用于高级路面的基层。

(1)石灰稳定土的含灰量。石灰土在路面的不同位置，不同的石灰剂量起着不同的作用。石灰剂量小于3%～4%时，石灰只使土的密度、强度得到稳定。随着剂量的增加，灰土的强度和稳定性均有显著提高，但剂量超过一定限度，过多的石灰土的密隙中以自由灰存在，反而导致灰土的强度下降。根据这种规律，当灰土强度最大时，含灰量即为最佳剂量。故石灰土的石灰量应采用最佳的配比以提高工程质量。

(2)石灰稳定土的厚度。在石灰土基层中，采用拖拉机拌和时的铺筑厚度为20cm。每增减1cm则是指在石灰土基层中，采用拖拉机拌和时的铺筑厚度在每增加1cm或减少1cm时所用的土方及不同的结构，此时每增减1cm只适合于在压实厚度20cm以内，当压实厚度在20cm以上应按两层结构层铺筑。

2. 水泥稳定土基层

水泥稳定土是指在原状松散的或粉碎的土（包括各种粗、中、细粒土）中，掺入适当水泥和水，按照技术要求经拌和、摊铺，在最佳含水量时压实及养护成形，其抗压强度符合规定要求的结构材料，以此修建的路面基层称水泥稳定类基层。当用水泥稳定细粒土（砂性土、粉性土或黏性土）时，简称水泥土。

各种类型的水泥都可以用于稳定土。但试验研究证明，水泥的矿物成分和分散度对其稳定效果有明显影响。对于同一种土，通常情况下硅酸盐水泥的稳定效果好，而铝酸盐水泥稳定效果较差。在水泥硬化条件相似、矿物成分相同时，随着水泥分散度的增加，其活性强度和硬化能力也有所增大，从而水泥土的强度也大大提高，水泥土的强度随水泥剂量的增加而增长，但过多的水泥用量，虽获得强度的增加，但在经济上却不一定合理，在效果上也不一定显著。试验和研究证明，水泥剂量为5%～10%时较为合理。

3. 石灰、粉煤灰、土基层

在石灰、粉煤灰混合物中掺入一定量的土，经加水拌和、摊铺、辗压及养护成形的基层，称为石灰、粉煤灰、土基层。采用石灰、粉煤灰、土作基层或底基层时，石灰、粉煤灰的比例常用1∶2～1∶4（对于粉土，以1∶2为合适）。石灰、粉煤灰比细粒土的比例为30∶70～50∶50。采用石灰、粉煤灰与级配的中粒土和粗粒土时，石灰与粉煤灰的比例为1∶2～1∶4。

4. 石灰、碎石、土基层

将拌和均匀的碎(砾)石灰土经摊铺、碾压、养护后成形的底基层称为碎(砾)石灰土底基层。碎(砾)石掺入量占混合料总重的 60%～70%,而且碎(砾)石要有一定级配被认为是混合料的最佳组合方式。掺入的碎石应为质地坚固、耐磨的轧碎花岗石或石灰石,软硬不同的石料不能掺用。碎石形状应为多棱角块体,清洁无土,不含石粒及风化杂质。

(1)石灰、碎石、土的配合比。工程上在采用机拌时,石灰、土、碎石的体积一般为 8∶72∶20;采用厂拌时,石灰∶土∶碎石=10∶60∶30。

(2)碎(砾)石规格。碎(砾)石由天然岩石或大的卵石经破碎、筛分而得,其粒径应大于 5mm。

5. 石灰、粉煤灰、碎(砾石)基层

石灰、粉煤灰、碎(砾)石基层是指按设计要求,将消石灰、粉煤灰与碎(砾)石按一定配合比,经过路拌或厂拌均匀后,用机械或人工摊铺到路基上,经碾压养护后形成的基层。

(1)石灰、粉煤灰、碎(砾)石配合比。石灰、粉煤灰、碎(砾)石配合比即指混合料中石灰、粉煤灰、碎石的体积比,体积比为 5∶15∶80 进行加水拌和所得的混合料,当基础摊铺厚度为 15cm、20cm 或每增减 1cm(铺垫厚度在 20cm 内)时,所需的不同灰量。

(2)石灰、粉煤灰、碎(砾)石厚度。石灰、粉煤灰、砂砾混合料的压实厚度最大为 20cm,最小为 10cm。

6. 粉煤灰

粉煤灰是火力发电厂燃烧煤粉产生的粉状灰渣。它的主要成分是二氧化硅、氧化铝和氧化铁,三者的总含量应大于 70%;氧化钙含量大多为 2%～6%,烧失量应小于 10%;比面积应大于 2500cm^2/g。粉煤灰与石灰混合后(称为二灰)具有一定的水硬作用,但初期强度较低。铺筑二灰基层时,宜选用较粗的粉煤灰,以便碾压稳定。粉煤灰垫层的厚度一般为 3～5cm。

7. 炉渣

人工铺装炉渣时,根据炉渣底层的性质,其厚度一般在 10～25cm 内,铺装时应及时洒水、找平,使用 8t 或 15t 的光轮压路机进行碾压,也可采用 90kW 的平地机进行碾压。

8. 砂砾石

砂砾石指天然级配砂石,其颗粒坚硬,最大粒径不大于 10cm,其中 5mm 以下的颗粒含量(体积比)小于或等于 35%,含泥量不大于砂重的 10%的这一类砂砾。

9. 卵石

卵石是一种岩石的风化物,其质地坚硬,不容易被风化,表面圆滑光洁,一般呈扁平状,且大小基本相同,是一种良好的砌筑材料。

10. 碎石

碎石是由天然岩石或大的卵石经破碎、筛分而得的粒径大于5mm的石子。碎石表面粗糙，颗粒多棱角，在混凝土中与水泥的胶结力较好。因此，碎石混凝土的强度比卵石混凝土高10%，但碎石混凝土混合料的和易性较卵石的差，为了达到相同的和易性，需要较多水泥砂浆。

11. 块石

块石是指由毛石略经加工而成的六面体石块。如将块石进一步凿平，并使一个面的边角整齐，则成为大整形块石。块石底基层是按设计厚度要求，人工将块石铺筑在路基上，灌浆、养护后形成的基层。

12. 粉煤灰三渣混合料

粉煤灰三渣混合料指的是石灰、粉煤灰和碎石的体积比为1∶2∶3的配方在其最佳含水量时，其标准干密度到达预定要求的一种混合料。

(1)粉煤灰三渣配合比。粉煤灰三渣配合比采用体积比(松方)。即石灰、粉煤灰与碎石的体积比为1∶2∶3。允许误差范围为各原材料用量的±5%。

(2)粉煤灰三渣厚度。粉煤灰三渣基层分为路拌和厂拌两种。粉煤灰三渣厚度指的是粉煤灰三渣基层的摊铺厚度，其厚度一般应在15～20cm，当厚度大于20cm时，应分两层结构层，以便进行分层施工。下层压实后应尽快摊铺上层。上层不能立即铺筑时，下层应保湿养护，再铺上层时其下层表面应打扫干净，并适当洒水湿润，使上下层连接良好。

13. 水泥稳定碎(砾)石

水泥稳定碎(砾)石是以粒径为15～40mm的碎石为粗集料配制的混凝土。碎石是天然石块经破碎而成，因表面粗糙，能较好地与水泥胶结为整体，但水泥用量和成本较卵石混凝土高。

14. 沥青稳定碎石基层

沥青稳定碎石基层是在摊铺好的碎石层上用热沥青洒布法固结形成的基层。沥青稳定碎石是沥青混合料的一种，用沥青和碎石拌制而成，碎石颗粒可大小均一，也可适当级配。在碎石中还可加入少量矿粉，经压实后具有一定强度，其稳定性大大增强，所以称为沥青稳定碎石，但其孔隙率较大。

沥青按产源和制取方法分类，可分为地沥青(包括石油沥青和天然沥青)、焦油沥青(包括煤沥青和煤焦油)、页岩沥青和泥炭沥青四类。可采用乳化、催化、氧化等方法或掺入橡胶、树脂等物质改性，称为改性沥青。

三、道路基层清单工程量计算

1. 工程量计算规则

(1)路床(槽)整形工程量计算规则为：按设计道路底基层图示尺寸以面积计算，不扣除各类井所占面积。

(2)各类基层工程量计算规则为:按设计图示尺寸以面积计算,不扣除各类井所占面积。

2. 工程量计算示例

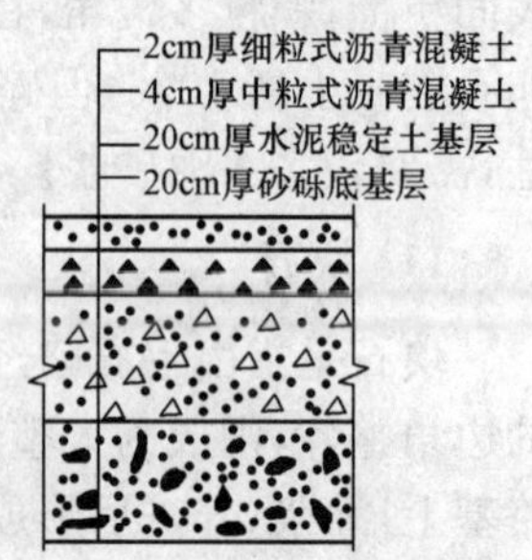

图 3-8 道路结构示意图

【例 3-10】 某道路工程,K0+100~K0+500 路段为沥青混凝土结构,图 3-8 所示为道路结构示意图。已知路面宽度为 12m,路肩宽度为 1m,试计算道路基层工程量。

【解】 由题意可知:

砂砾底基层工程量$=12\times(500-100)=4800\mathrm{m}^2$

水泥稳定土基层工程量$=12\times(500-100)=4800\mathrm{m}^2$

【例 3-11】 某道路 K0+200~K0+2000 为水泥混凝土结构,道路结构如图 3-9 所示,道路横断面如图 3-10 所示,路面修筑宽度为 12m,路肩各宽 1m,两侧设边沟排水,试计算道路工程量。

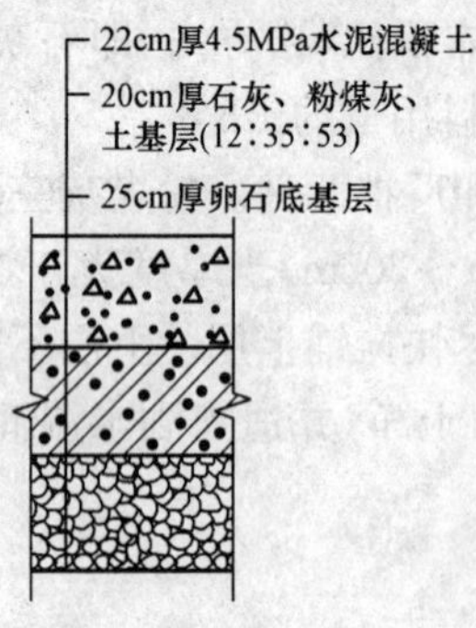

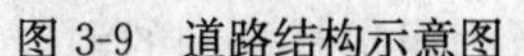

图 3-9 道路结构示意图

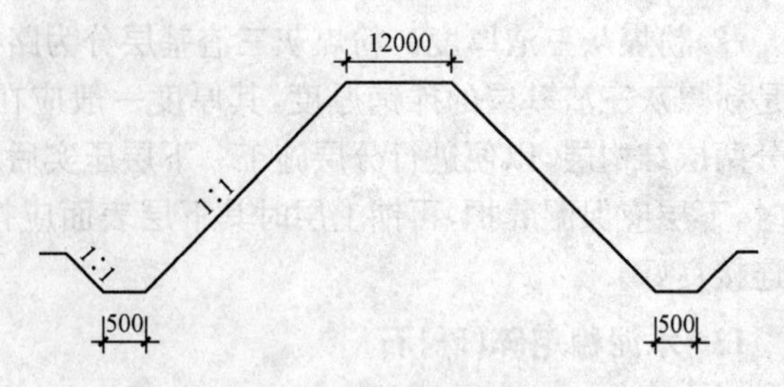

图 3-10 道路横断面示意图

【解】 由题意可知:

卵石底基层工程量$=1800\times12=21600.00\mathrm{m}^2$

石灰、粉煤灰、土基层工程量$=1800\times12=21600.00\mathrm{m}^2$

排水沟工程量$=2\times1800=3600.00\mathrm{m}$

第四节　道路面层工程量清单编制

一、道路面层清单项目设置

《市政工程工程量清单计价规范》附录 B.3 中道路面层共有 9 个清单项目。各清单项目设置的具体内容见表 3-6。

表 3-6　　道路面层清单项目设置

项目编码	项目名称	项目特征	计量单位	工作内容
040203001	沥青表面处治	1. 沥青品种 2. 层数	m^2	1. 喷油、布料 2. 碾压
040203002	沥青贯入式	1. 沥青品种 2. 石料规格 3. 厚度		1. 摊铺碎石 2. 喷油、布料 3. 碾压
040203003	透层、粘层	1. 材料品种 2. 喷油量		1. 清理下承面 2. 喷油、布料
040203004	封层	1. 材料品种 2. 喷油量 3. 厚度		1. 清理下承面 2. 喷油、布料 3. 压实
040203005	黑色碎石	1. 材料品种 2. 石料规格 3. 厚度		1. 清理下承面 2. 拌和、运输 3. 摊铺、整型 4. 压实
040203006	沥青混凝土	1. 沥青品种 2. 沥青混凝土种类 3. 石粒粒径 4. 掺和度 5. 厚度		
040203007	水泥混凝土	1. 混凝土强度等级 2. 掺和料 3. 厚度 4. 嵌缝材料		1. 模板制作、安装、拆除 2. 混凝土拌和、运输、浇筑 3. 拉毛 4. 压痕或刻防滑槽 5. 伸缝 6. 缩缝 7. 锯缝、嵌缝 8. 路面养护
040203008	块料面层	1. 块料品种、规格 2. 垫层：材料品种、厚度、强度等级		1. 铺筑垫层 2. 铺砌块料 3. 嵌缝、勾缝
040203009	弹性面层	1. 材料品种 2. 厚度		1. 配料 2. 铺贴

注：水泥混凝土路面中传力杆和拉杆的制作、安装应按《市政工程工程量计算规范》(GB 50857—2013)附录 J 钢筋工程中相关项目编码列项。

二、道路面层清单项目特征描述

1. 沥青表面处治

沥青表面处治是指用沥青和集料按层铺法或拌合法铺筑成厚度不超过3cm的沥青面层。沥青表面处治路面主要用于改善行车条件，适用于二级以下公路、高速公路和一级公路的施工便道的面层，也可作为旧沥青路面的罩面和防滑磨耗层。采用拌合法施工时可热拌热铺，也可冷拌冷铺。热拌热铺施工时可按热拌沥青混合料路面的施工方法进行，冷拌冷铺时可按乳化沥青碎石混合料路面的施工方法进行。采用层铺法施工时，分为单层式、双层式及三层式三种。

2. 沥青贯入式路面

沥青贯入式路面是在初步压实的碎石（砾石）层上，分层浇洒沥青、撒布嵌缝料后经压实而成的路面。沥青贯入式路面适用于二级及二级以下公路的面层，还可用作热拌沥青混凝土路面的基层，厚度一般为4～8cm，但用乳化沥青时，厚度不宜超过5cm。沥青贯入式路面上部加铺热拌沥青混合料面层时，总厚度宜为6～10cm，其中拌合层厚度为2～4cm。沥青贯入式路面宜在较干燥或气温较高时施工，在雨季前或日照气温低于15℃前半个月结束，通过开放交通靠行车碾压来进一步成形。

沥青贯入式路面所用沥青材料强度等级的选择，应根据路面施工条件、地区气候及矿料质量和尺寸而定。沥青贯入式路面的结合料可采用黏稠石油沥青、煤沥青和乳化沥青。其强度等级可参照设计规定要求选用。贯入式路面各层分次用量应根据施工气温及沥青标号等在规定范围内选用。

在低温潮湿气温下用乳化沥青贯入时，应按乳液总用量不变的原则酌情调整，上层较正常应适当增加，下层较正常应适当减少。

沥青贯入式路面的集料应选择有棱角、嵌挤性好的坚硬石料。4～6cm厚贯入式路面的主层矿料最大粒径应与贯入层厚度相等，其用量按压缩系数1.1计算；7～8cm厚的主层矿料最大粒径应与贯入层厚度相同，其用量按压缩系数1.15～1.20计算；城市道路所用的主层矿料应采用最大粒径的0.8～0.85倍，数量应按压实系数1.25～1.30计算。主层矿料中大于粒径范围中值的数量不得少于70%，嵌缝料中细料含量多时用低中限，反之用高限。

贯入式面层的厚度一般为10cm，采用碎砾石时可适当减薄至7～8cm。

3. 透层、粘层

（1）透层。透层是指为使路面沥青层与非沥青材料的基层结合良好，在非沥青材料层上浇洒液化石油沥青、煤沥青或乳化沥青后形成的透入基层表面的薄沥青层。

（2）粘层。粘层是指为了加强路面沥青层之间，沥青层与水泥混凝土面板之间的粘结而洒布的薄沥青层。粘层油宜采用快裂型的改性乳化沥青。

4. 封层

封层是指为封闭表面空隙,防止水分侵入面层或基层而铺筑的沥青混合料薄层。铺筑在面层表面的称为上封层,铺筑在面层下面的称为下封层。

5. 黑色碎石

黑色碎石路面是用黑色碎石材料作面层的路面,通常以轧制碎石按嵌挤原则铺筑,有水结碎石和泥结碎石等。其上一般设砂土磨耗层,以防砂子飞散。具有施工简便、造价低、可分期修建等优点。但路面的平整度较差、易扬尘,需经常养护才能维持其使用寿命。属中级断面,适用于三、四级公路和城郊道路等。

(1)黑色碎石石料最大粒径。黑色碎石混合料按矿料最大粒径分为粗粒式(LS-30与LS-35)、中粒式(LS-20与LS-25)、细粒式(LS-10与LS-15)。

(2)黑色碎石厚度分两种情况:黑色碎石面层单层式为4～7cm,双层式可达70cm。

6. 沥青混凝土

沥青混凝土是指经人工选配具有一定级配组成的矿料(碎石或轧碎砾石、石屑或砂、矿粉等)与一定比例的路用沥青材料,在严格控制的条件下拌制而成的混合料。沥青混凝土面层应采用双层(分为底层和面层)或三层(上面层、中面层、下面层)式结构,其中应有一层及一层以上是密级配沥青混凝土混合料。当各层均采用沥青碎石混合料时,沥青面层下必须做下封层。

(1)沥青混凝土石料最大粒径。沥青混凝土路面按混合料中的集料最大粒径大小可分为:

1)粗粒式:公称粒径为25mm以上,表示为AC-25、AC-30;

2)中粒式:最大公称粒径为16mm或19mm,表示为AC-16、AC-19;

3)细粒式:最大公称粒径为10mm或13mm,表示为AC-10、AC-13;

4)砂粒式:最大公称粒径为5mm,表示为AC-5。

另外,沥青混凝土中还有一种"抗滑表层",其最大公称粒径为13mm或16mm,表示为AK-13、AK-16。

(2)沥青混凝土厚度。沥青混凝土路面按结构形式可分为单层式和双层式。单层式一般为4～6cm;双层式一般为7～9cm,下层厚度4～5cm,上层厚3～4cm。

7. 水泥混凝土

水泥混凝土是指由水泥、砂、石等用水混合做成整体的工程复合材料的统称。通常讲的混凝土一词是指用水泥做胶凝材料,砂、石做集料,与水(加或不加外加剂和掺合料)按一定比例配合,经搅拌、成型、养护而得的水泥混凝土,也称普通混凝土。

(1)混凝土强度等级。按照国家标准《普通混凝土力学性能试验方法标准》(GB/T 50081—2002),混凝土立方体试件抗压强度(常简称为混凝土抗压强度)是指边长为150mm的立方体试件,在标准条件下[温度(20±3)℃,相对湿度＞90%或水中]养护

28d 龄期,在一定条件下加压至破坏,以试件单位面积承受的压力作为混凝土的抗压强度。混凝土立方体抗压标准强度(或称立方体抗压强度标准值)是具有 95%保证率的立方体试件抗压强度,并以此作为根据划分混凝土的强度等级为 C15、C20、C25、C30、C35、C40、C45、C50、C55、C60、C65、C70、C75、C80 十四个等级。

(2)水泥混凝土掺合料。为保证掺合料质量,对掺合料各组成材料的技术性质应严格要求。

1)混凝土掺合料中的粗集料(>5mm)为碎(砾)石,宜选用质地坚硬耐磨的碎(砾)石,其强度等级不低于Ⅲ级,采用砾石混合料时强度低于碎石混合料,故在使用时,宜掺 1/3～1/2 以上的轧碎砾石。集料的最大粒径不超过 40mm,并符合级配要求,集料中针片状含量不应大于 15%,含泥量不大于 1%,硫酸盐含量不应大于 1%。

2)掺合料中小于 5mm 的细集料可用天然砂,要求颗粒坚硬耐磨,以细度模数在 25 以上的粗、中砂为好,级配应符合《公路水泥混凝土路面设计规范》(JTG D40—2011)要求,且颗粒表面粗糙、有棱角、清洁、有害杂质含量少,含泥量应小于 3%。

3)水泥是组成混凝土形成强度的主要材料,应采用强度高、收缩性小、耐磨性强、抗冻性好的水泥。我国一般采用强度等级不低于 42.5 级的硅酸盐水泥或普通硅酸盐水泥。根据交通等级合理选用水泥强度等级,特重交通道路的路面宜采用 52.5 级水泥;重、中等、轻交通道路路面宜选用 42.5 级水泥;特轻交通道路可选用 42.5 级水泥。中等以下交通路面也可采用不低于 32.5R 的矿渣水泥,并应严格控制用水量,适当延长搅拌时间,并加强养护工作。

4)拌制和养护中用的水,以饮用水为宜。用流动清洁的非饮用水时,硫酸盐含量(按 SO_4^{2-} 计)不超过 2700mg/L;含盐量不超过 500mg/L;pH 值不得小于 4。

8. 块料面层

块料面层是指用块料、石料或混凝土预制块铺筑的路面。根据其使用材料性质、形状、尺寸、修琢程度的不同,分为条石、小方石、券石、粗琢石及混凝土块料路面。块料路面的构造特点是必须设置整平层,块料之间还需用填缝料嵌填,使块料满足强度和稳定性的要求。

三、道路面层清单工程量计算

1. 工程量计算规则

道路面层清单工程量计算规则为:按设计图示尺寸以面积计算,不扣除各种井所占面积,带平石的面层应扣除平石所占面积。

2. 工程量计算示例

【例 3-12】 某道路工程路面结构为双层式石油沥青混凝土路面。路段里程 K0+100～K0+700,路面宽为 15m,面层分为两层:上层为 3cm 厚中粒式沥青混凝土,下层为 10cm 厚粗粒式沥青混凝土,试计算其工程量。

【解】 由题意可知：

沥青混凝土面层工程量＝(700－100)×15＝9000m²

第五节　人行道及其他工程量清单编制

一、人行道及其他清单项目设置

《市政工程工程量清单计价规范》附录 B.4 中人行道及其他共有 8 个清单项目。各清单项目设置的具体内容见表 3-7。

表 3-7　　人行道及其他清单项目设置

<table>
<tr><th>项目编码</th><th>项目名称</th><th>项目特征</th><th>计量单位</th><th>工作内容</th></tr>
<tr><td>040204001</td><td>人行道
整形碾压</td><td>1. 部位
2. 范围</td><td rowspan="3">m²</td><td>1. 放样
2. 碾压</td></tr>
<tr><td>040204002</td><td>人行道
块料铺设</td><td>1. 块料品种、规格
2. 基础、垫层：材料品种、厚度
3. 图形</td><td>1. 基础、垫层铺设
2. 块料铺设</td></tr>
<tr><td>040204003</td><td>现浇混凝土
人行道
及进口坡</td><td>1. 混凝土强度等级
2. 厚度
3. 基础、垫层：材料品种、厚度</td><td>1. 模板制作、安装、拆除
2. 基层、垫层铺筑
3. 混凝土拌和、运输、浇筑</td></tr>
<tr><td>040204004</td><td>安砌侧(平、缘)石</td><td>1. 材料品种、规格
2. 基础、垫层：材料品种、厚度</td><td rowspan="2">m</td><td>1. 开槽
2. 基础、垫层铺筑
3. 侧(平、缘)石安砌</td></tr>
<tr><td>040204005</td><td>现浇侧(平、缘)石</td><td>1. 块料品种
2. 尺寸
3. 形状
4. 混凝土强度等级
5. 基础、垫层：材料品种、厚度</td><td>1. 模板制作、安装、拆除
2. 开槽
3. 基础、垫层铺筑
4. 混凝土拌和、运输、浇筑</td></tr>
<tr><td>040204006</td><td>检查井升降</td><td>1. 材料品种
2. 检查井规格
3. 平均升(降)高度</td><td>座</td><td>1. 提升
2. 降低</td></tr>
<tr><td>040204007</td><td>树池砌筑</td><td>1. 材料品种、规格
2. 树池尺寸
3. 树池盖面材料品种</td><td>个</td><td>1. 基础、垫层铺筑
2. 树池砌筑
3. 盖面材料运输、安装</td></tr>
</table>

续表

项目编码	项目名称	项目特征	计量单位	工作内容
040204008	预制电缆沟铺设	1. 材料品种 2. 规格尺寸 3. 基础、垫层：材料品种、厚度 4. 盖板品种、规格	m	1. 基础、垫层铺筑 2. 预制电缆沟安装 3. 盖板安装

二、人行道及其他清单项目特征描述

1. 人行道块料铺设

人行道是指用路缘石或护栏及其他类似设施加以分隔的专门供人行走的部分。人行道块料包括异型彩色花砖和普通型砖等。

常用的预制块规格与适用范围见表 3-8 和表 3-9，缸砖、陶砖常用规格和适用范围见表 3-10，可根据不同的使用要求选择。方砖人行道施工过程大致包括基础压实、放线、铺装、扫填砖缝及养护等工序。

表 3-8　　预制水泥混凝土大方砖常用规格与适用范围

品种	规格/(cm×cm×cm) (长×宽×厚)	混凝土强度/MPa	用　途
大方砖	40×40×10	25	广场与路面
	40×40×7.5	20～25	庭院、广场、路面
	49.5×49.5×10	20～25	庭院、广场、路面

表 3-9　　预制水泥混凝土小方砖常用规格与适用范围

品种	规格/(cm×cm×cm) (长×宽×厚)	混凝土强度/MPa	用　途
九格小方砖	25×25×5	25	人行道(步道)
十六格小方砖	25×25×5	25	人行道(步道)
格方砖	20×20×5	20～25	人行步道、庭院步道
格方砖	23×23×4	20～25	人行步道、庭院步道
水泥花砖	20×20×1.8 单色、多色图案	20～25	人行步道、庭院步道、人行通道

表 3-10　　缸砖、陶瓷砖常用规格与适用范围

品种	规格/(cm×cm×cm) (长×宽×厚)	混凝土强度/MPa	适 用 范 围
方缸砖	25×25×5 15×15×1.3 10×10×1.0	＞15	人行步道、庭院步道

续表

品种	规格/(cm×cm×cm) (长×宽×厚)	混凝土强度/MPa	适用范围
陶瓷砖	15×15×1.3 10×10×1.0	>15	庭院步道、通道面砖

2. 现浇混凝土人行道及进口坡

现浇混凝土人行道板面边角应整齐，不得有大于0.3mm的裂缝，并不得有石子外露、浮浆、脱皮、印痕等现象。表面线格必须整齐、清晰。面层与其他构筑物应接顺，不得有积水现象。

3. 安砌侧(平、缘)石

侧缘石是指路面边缘与其他构造物分界处的标界石，一般用石块或混凝土块砌筑。侧缘石安砌是将缘石沿路边高出路面砌筑，平缘石安砌是将缘石沿路边与路面水平砌筑。

(1)安砌侧(平、缘)石材料可用水泥混凝土、条石、块石等。

(2)安砌侧(平、缘)石形状有直线形、弯弧形和曲线形。

4. 现浇侧(平、缘)石

现浇侧(平、缘)石可根据使用要求和条件选用混凝土预制块、条石、砖等材料，最常用的是工厂化生产的水泥预制块，水泥预制块平石为矩形，长30～100cm，宽7～15cm，侧石大多为矩形，长30～100cm，高30～35cm，厚8～13cm，只有小半径曲线用特制弧形块。

5. 检查井

检查井的平面形状一般为圆形，大型检查井有矩形和扇形。检查井由井身、井基、井底、井盖座及井盖组成。井基一般用碎石、卵石、碎砖夯实或由混凝土浇筑而成。井底部一般采用弧形流槽连接上、下游管道。污水检查井流槽顶可与0.85倍大管管径处相平，雨水(合流)检查井流槽可与0.5倍大管管径处相平。井壁与流槽间的面积称为井台，是维护人员操作时站立的地方，其宽度一般不应小于200mm，井台应有0.02～0.03的坡度坡向流槽，以防检查井积水时淤积沉泥。在管渠转弯和几条管渠交汇处，为使水流通畅，流槽中心的弯曲半径应按转弯的角度及管径的大小确定，并不得小于大管的管径。

井身材料采用砖石、混凝土或钢筋混凝土建造。需要下人的较深检查井，在井身上部设偏心锥形渐缩段，渐缩部分高度一般为0.6～0.8m，以节省材料。在井身上需设爬梯。检查井的井口和井盖形状为圆形，一般用铸铁制造，也有用钢筋混凝土制作的。检查井的深度取决于井内下游管道的埋设深度。

检查井尺寸的大小，应按管道埋深、管径和操作要求来选定。

6. 树池砌筑

树池砌筑是用各种砌筑材料沿树围砌的构筑物。砌筑材料包括混凝土块，石质块，条石块，单、双层立砖等。混凝土块是指混凝土砌块，由水泥、粗细集料加水搅拌，经装模、振动成形并经养护而成。石质块是指石质砌块，常用石质块有片石、块石、毛石等，均要求石料质地均匀、无裂缝、不易风化、无脱皮、强度不小于30MPa。条石块指长方形整形块石。单层立砖是墙砌体中的一种，按材料来源分为两种，一种是以1∶3的水泥砂浆为原料，一种是以M5的混合砂浆为原料。双层立砖按材料来源分两种(同单层立砖)。

7. 预制电缆沟敷设

电缆沟是指按设计要求开挖并砌筑，沟的侧壁焊接承力角钢架并按要求接地，上面盖以盖板的地下沟道。它的用途就是敷设电缆的地下专用通道。

三、人行道及其他清单工程量计算

1. 工程量计算规则

(1)人行道整形碾压：按设计人行道图示尺寸以面积计算，不扣除侧石、树池和各类井所占面积。

(2)人行道块料铺设、现浇混凝土人行道及进口坡：按设计图示尺寸以面积计算，不扣除各种井所占面积，但应扣除侧石、树池所占面积。

(3)安砌侧(平、缘)石、现浇侧(平、缘)石：按设计图示中心线长度计算。

(4)检查井升降：按设计图示路面标高与原有的检查井发生正负高差的检查井的数量计算。

(5)树池砌筑：按设计图示数量计算。

(6)预制电缆沟敷设：按设计图示中心线长度计算。

2. 工程量计算示例

【例3-13】 某道路工程里程为K0+100～K0+500，路幅宽度为20m，人行道路宽为3m，4cm厚混凝土步道砖铺设，路肩宽为2m，图3-11为人行道结构图，试计算其工程量。

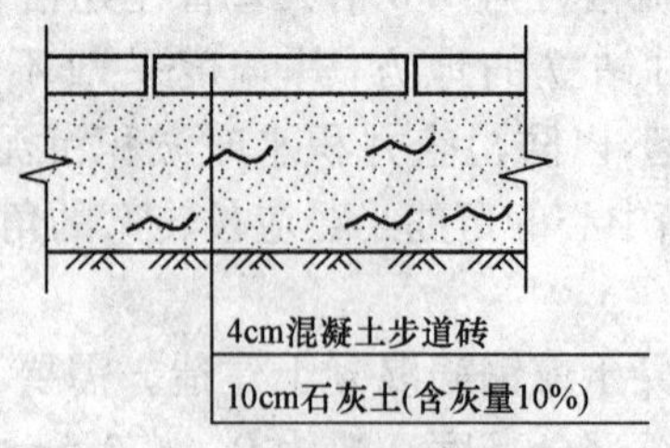

图3-11 混凝土步道砖铺设示意图

【解】 由题意可知：

人行道块料铺设工程量=3×(500-100)=1200m²

【例3-14】 某城市道路全长为900m，路两边安装侧缘石，人行道各宽3.5m，缘石断面长为 0.9m,宽度为 0.2m,图 3-12 所示为侧缘石平面图,试计算其工程量。

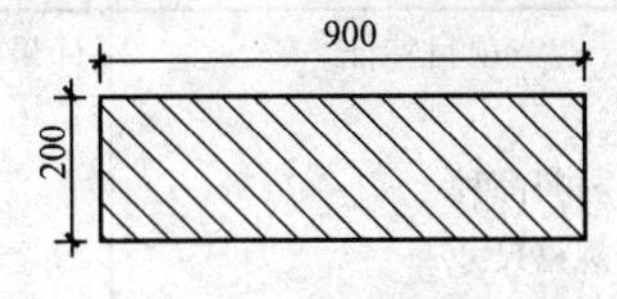

图 3-12　侧缘石平面图

【解】 由题意可知:

安砌侧缘石工程量=900×2=1800m

【例 3-15】 某城市道路全长为 1500m,在道路两侧设置升降检查井,间距为 30m,检查井与设计路面标高发生正负高差,试计算其工程量。

【解】 由题意可知:

检查井升降工程量=(1500/30+1)×2=102 座

【例 3-16】 某道路全长 693m,人行道与车道之间种植树木,每隔 5.5m 砌筑一个树池,树池采用 MU7.5 砖、M5 水泥砂浆砌筑,如图 3-13 所示,试计算树池砌筑工程量。

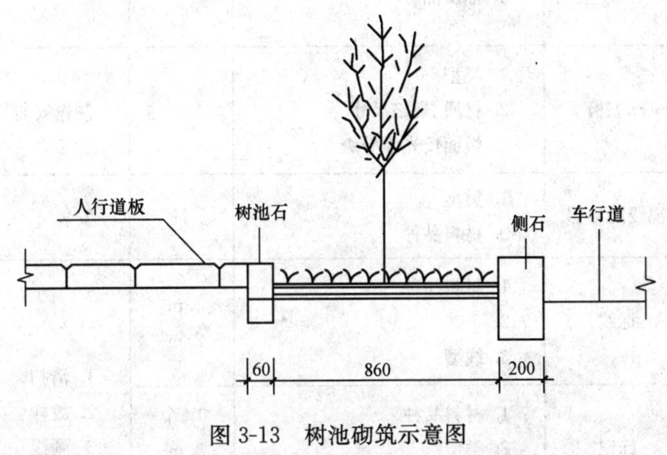

图 3-13　树池砌筑示意图

【解】 由题意可知:

树池砌筑工程量=(693/5.5+1)×2=254 个

第六节　交通管理设施工程量清单编制

一、交通管理设施清单项目设置

《市政工程工程量清单计价规范》附录 B.5 中交通管理设施共有 24 个清单项目。各清单项目设置的具体内容见表 3-11。

表 3-11 交通管理设施清单项目设置

<table>
<tr><th>项目编码</th><th>项目名称</th><th>项目特征</th><th>计量单位</th><th>工作内容</th></tr>
<tr><td>040205001</td><td>人(手)孔井</td><td>1. 材料品种
2. 规格尺寸
3. 盖板材质、规格
4. 基础、垫层：材料品种、厚度</td><td>座</td><td>1. 基础、垫层铺筑
2. 井身砌筑
3. 勾缝(抹面)
4. 井盖安装</td></tr>
<tr><td>040205002</td><td>电缆保护管</td><td>1. 块料品种
2. 规格</td><td>m</td><td>敷设</td></tr>
<tr><td>040205003</td><td>标杆</td><td>1. 类型
2. 材质
3. 规格尺寸
4. 基础、垫层：材料品种、厚度
5. 油漆品种</td><td>根</td><td>1. 基础、垫层铺筑
2. 制作
3. 喷漆或镀锌
4. 底盘、拉盘、卡盘及杆件安装</td></tr>
<tr><td>040205004</td><td>标志板</td><td>1. 类型
2. 材质、规格尺寸
3. 板面反光膜等级</td><td>块</td><td>制作安装</td></tr>
<tr><td>040205005</td><td>视线诱导器</td><td>1. 类型
2. 材料品种</td><td>只</td><td>安装</td></tr>
<tr><td>040205006</td><td>标线</td><td>1. 材料品种
2. 工艺
3. 线型</td><td>1. m
2. m²</td><td rowspan="3">1. 清扫
2. 放样
3. 画线
4. 护线</td></tr>
<tr><td>040205007</td><td>标记</td><td>1. 材料品种
2. 类型
3. 规格尺寸</td><td>1. 个
2. m²</td></tr>
<tr><td>040205008</td><td>横道线</td><td>1. 材料品种
2. 形式</td><td rowspan="2">m²</td></tr>
<tr><td>040205009</td><td>清除标线</td><td>清除方法</td><td>清除</td></tr>
<tr><td>040205010</td><td>环形检测线圈</td><td>1. 类型
2. 规格、型号</td><td>个</td><td>1. 安装
2. 调试</td></tr>
<tr><td>040205011</td><td>值警亭</td><td>1. 类型
2. 规格
3. 基础、垫层：材料品种、厚度</td><td>座</td><td>1. 基础、垫层铺筑
2. 安装</td></tr>
</table>

续表

项目编码	项目名称	项目特征	计量单位	工作内容
040205012	隔离护栏	1. 类型 2. 规格、型号 3. 材料品种 4. 基础、垫层：材料品种、厚度	m	1. 基础、垫层铺筑 2. 制作、安装
040205013	架空走线	1. 类型 2. 规格、型号		架线
040205014	信号灯	1. 类型 2. 灯架材质、规格 3. 基础、垫层：材料品种、厚度 4. 信号灯规格、型号、组数	套	1. 基础、垫层铺筑 2. 灯架制作、镀锌、喷漆 3. 底盘、拉盘、卡盘及杆件安装 4. 信号灯安装、调试
040205015	设备控制机箱	1. 类型 2. 材质、规格尺寸 3. 基础、垫层：材料品种、厚度 4. 配置要求	台	1. 基础、垫层铺筑 2. 安装 3. 调试
040205016	管内配线	1. 类型 2. 材质 3. 规格、型号	m	配线
040205017	防撞筒(墩)	1. 材料品种 2. 规格、型号	个	制作、安装
040205018	警示柱	1. 类型 2. 材料品种 3. 规格、型号	根	
040205019	减速垄	1. 材料品种 2. 规格、型号	m	
040205020	监控摄像机	1. 类型 2. 规格、型号 3. 支架形式 4. 防护罩要求	台	1. 安装 2. 调试

续表

项目编码	项目名称	项目特征	计量单位	工作内容
040205021	数码相机	1. 规格、型号 2. 立杆材质、形式 3. 基础、垫层：材料品种、厚度	套	1. 基础、垫层铺筑 2. 安装 3. 调试
040205022	道闸机	1. 类型 2. 规格、型号 3. 基础、垫层：材料品种、厚度		
040205023	可变信息情报板	1. 类型 2. 规格、型号 3. 立（横）杆材质、形式 4. 配置要求 5. 基础、垫层：材料品种、厚度		
040205024	交通智能系统调试	系统类型	系统	系统调试

注：1. 本表清单项目如发生破除混凝土路面、土石方开挖、回填夯实等，应分别按《市政工程工程量计算规范》(GB 50857－2013)附录K拆除工程及附录A土石方工程中相关项目编码列项。

2. 除清单项目特殊注明外，各类垫层应按《市政工程工程量计算规范》(GB 50857－2013)附录中相关项目编码列项。

3. 立电杆按《市政工程工程量计算规范》(GB 50857－2013)附录H路灯工程中相关项目编码列项。

4. 值警亭按半成品现场安装考虑，实际采用砖砌等形式的，按现行国家标准《房屋建筑与装饰工程工程量计算规范》(GB 50854－2013)中相关项目编码列项。

5. 与标杆相连的，用于安装标志板的配件应计入标志板清单项目内。

二、交通管理设施清单项目特征描述

1. 人(手)孔井

(1)人孔井。人孔井一般用在敷设电缆或管道的可通行或半通行隧道和沟道上，各种管道通过隧道或者半通行沟道进入建筑物内部时，在进入区域应当设置人孔。它的大小应根据井(室)内的管道根数、直径、阀门的数量和维修操作方便等条件来确定，通常净高不小于1.7～1.8m，通道宽度不小于0.5m，井顶部设人孔1～2个，井内设扶梯，底部设积水坑。

(2)手孔井。手孔井是指用砖石水泥砌成，上面有可以打开的盖子，用于水电暖通等室外管线敷设、阀门开关等设备安装使用提供方便的工作坑，手孔通常较小，一般为

40cm×70cm×70cm 以下，人手可以进入拉线、接续或操作。其形式通常有方形、圆形，或根据需要砌筑成其他形式。

2. 电缆保护管

电缆从沟道引至电杆、设备，或者室内行人容易接近的地方，距地面高度 2m 以下的一段电缆需装设保护管；电缆敷设于道路下面或横穿道路时需穿管敷设；从桥架上引出的电缆，或者装设桥架有困难及电缆比较分散的地方，均采用在保护管内敷设电缆。

目前，电缆保护管的种类包括钢管、铸铁管、硬质聚氯乙烯管、陶土管、混凝土管、石棉水泥管等。电缆保护管一般用金属管较多，其中镀锌钢管防腐性能好，因此被普遍使用。

(1)电缆保护钢管或硬质聚氯乙烯管的内径与电缆外径之比不得小于 1.5 倍。

(2)电缆保护管不应有穿孔、裂缝和显著的凸凹不平，内壁应光滑。金属电缆保护管不应有严重锈蚀。

(3)采用普通钢管做电缆保护管时，应在外表涂防腐漆或沥青(埋入混凝土内的管子可不涂)防腐层；采用镀锌管而锌层有剥落时，也应在剥落处涂漆防腐。

(4)硬质聚氯乙烯管因质地较脆，不应用在温度过低或过高的场所。敷设时，温度不宜低于 0℃，最高使用温度不应超过 50～60℃。在易受机械碰撞的地方也不宜使用。如因条件限制必须使用，则应采用有足够强度的管材。

(5)无塑料护套电缆应尽可能少用钢保护管，当电缆金属护套和钢管之间有电位差时，容易因腐蚀导致电缆发生故障。

3. 标志板

标志板是指用图形符号、颜色和文字向交通参与者传递特定信息，用于交通管理的设施。其形状、图案、尺寸、设置、构造、反光、照明和道路交通标志的颜色范围以及制作，必须按规定执行。

4. 视线诱导器

视线诱导器用于高速公路、汽车专用一级公路的主线以及互通立交、服务区、停车场等的进出匝道或连接道。视线诱导设施主要包括分合流标志、线形诱导标、轮廓标等，主要作用是在夜间通过对车灯光的反射，使司机能够了解前方道路的线形及走向，提前做好准备。分合流标志、线形诱导标的结构与交通标志相同，轮廓标主要包括附着式、柱式等形式。

5. 标线

标线是指由标划于路面上的各种线条、箭头、文字、立面标记、突起标记和轮廓等所构成的交通要求设施。其作用是管制和引导交通，可与标志配合使用，也可单独使用。

路面标线形式主要有车行道中心线、车行道分界线、停止线、减速让行线、导流线、停车位标线、出口标线、入口标线、港式停靠站标线及车流向标线。交通标线的表示方式见表 3-12。

表 3-12 交通标线的表示方式

序号	名称	表示方式
1	车行道中心线	中心虚线：l l l 中心单实线 中心双实线 中心虚、实线
2	车行道分界线	l 2l l 2l l
3	停止线	1～2mm 人行横道线 路缘石边线 停止线 导向车道线 车道分界线 车行道中心线
4	减速让行线	2l l 2l l
5	导流线	2~4mm
6	停车位标线	中线 边线 (5~10)L (5~10)L (5~10)L (5~10)L L α

续表

序号	名　称	表　示　方　式
7	出口标线	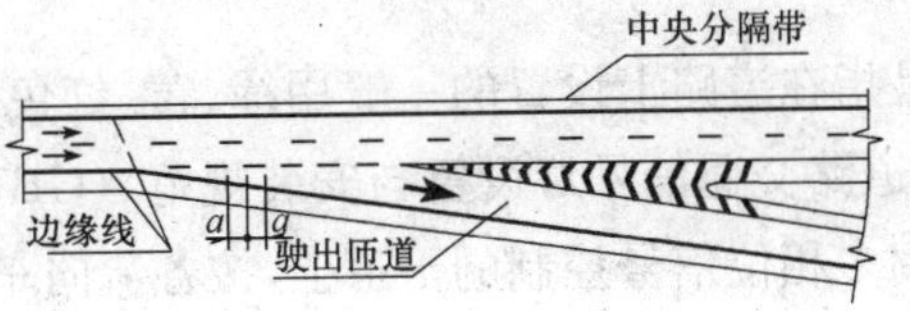 中央分隔带 边缘线 a a 驶出匝道
8	入口标线	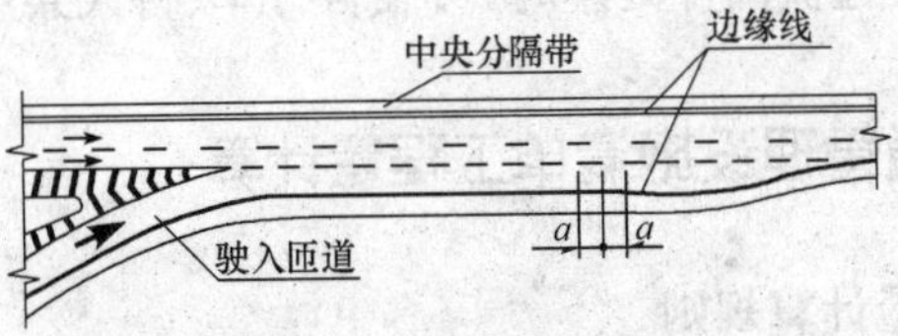 中央分隔带 边缘线 驶入匝道 a a
9	港式停靠站标线	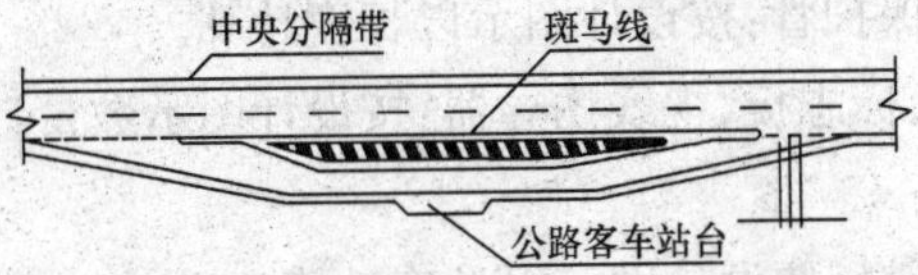 中央分隔带 斑马线 公路客车站台
10	车流向标线	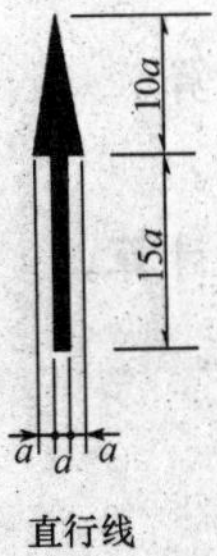 直行线：10a，15a，a a a 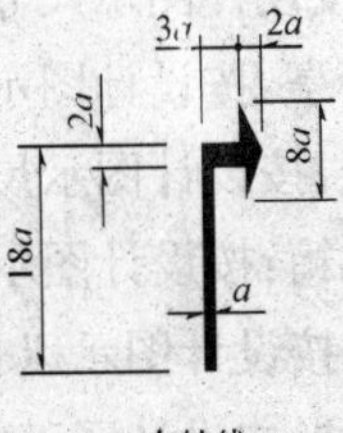 右转线：3a，2a，2a，8a，18a，a 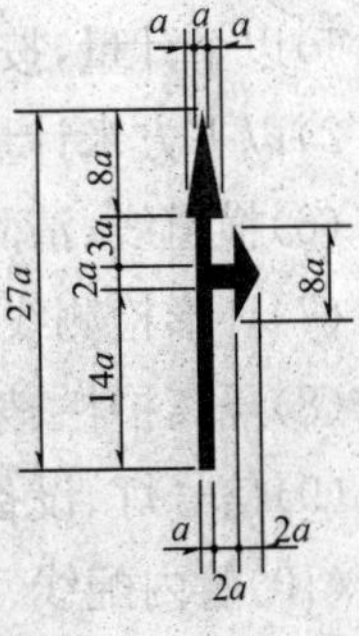 直行加右转线：a a a，8a，3a，2a，27a，14a，8a，a，2a，2a

6. 清除标线

标线清除机清除标线的方法很多。其中的一种方法是先将旧标线加热，使标线漆软化，再由紧随其后的钢丝刷盘将被加热软化的旧标线清除掉。

7. 架空走线

架空走线应采用绝缘导线，并经横担和绝缘子架设在专用电杆上；架空导线截面应满足计算负荷、线路末端电压偏移(不大于5%)和机械强度要求;架空敷设挡距不应大于35m,线间距离不应小于0.3m。

8. 信号灯

信号灯是指在道路上设置的一般用绿、黄、红色显示的指挥交通的信号灯。交通信号灯应按《道路交通信号灯设置与安装规范》(GB 14886—2006)规定设置。有转弯专用车道且用多相位信号控制的干道上,按各流向车道分别设置车道信号灯。

信号灯的设置应包括机动车信号灯、行人信号灯、自行车信号灯。当自行车交通流可与行人交通流同样处理时,可装自行车、行人共用信号灯。

三、交通管理设施清单工程量计算

1. 工程量计算规则

(1)人(手)孔井:按设计图示数量计算。

(2)电缆保护管:按设计图示以长度计算。

(3)标杆、标志板、视线诱导器:按设计图示数量计算。

(4)标线:

1)以米计量,按设计图示以长度计算。

2)以平方米计量,按设计图示尺寸以面积计算。

(5)标记:

1)以个计量,按设计图示以数量计算。

2)以平方米计量,按设计图示以面积计算。

(6)横道线、清除标线:按设计图示尺寸以面积计算。

(7)环形检测线圈、值警亭:按设计图示数量计算。

(8)隔离护栏、架空走线:按设计图示尺寸以长度计算。

(9)信号灯、设备控制机箱:按设计图示数量计算。

(10)管内配线、减速垄:按设计图示以长度计算。

(11)防撞筒(墩)、警示桩:按设计图示数量计算。

(12)监控摄像机、数码相机、道闸机、可变信息情报板、交通智能系统调试:按设计图示数量计算。

2. 工程量计算示例

【例3-17】 某道路全长为836m,行车道的宽度为12m,人行道宽度为3m,沿路建设邮电设施。已知人行道下设有18座接线工作井,邮电管道为6孔PVC管,小号直通井9座,小号四通井1座,试计算PVC邮电塑料管、穿线管工程量。

【解】 由题意可知:

邮电塑料管工程量＝836.00m

穿线管铺排工程量＝836×6＝5016.00m

【例 3-18】 某道路工程全长为 1000m，宽为 20m，混凝土路面结构，每 40m 设置一条标杆，标杆采用 ϕ89 镀锌钢管，试计算标杆工程量。

【解】 由题意可知：

标杆工程量＝1000/40＋1＝26 根

【例 3-19】 某道路全长为 1500m，宽为 20m，每 50m 安装一只柱式边缘视线诱导器，试计算其工程量。

【解】 由题意可知：

视线诱导器工程量＝1500/50＋1＝31 只

【例 3-20】 某道路工程进行改建，图 3-14 所示为道路平面示意图，该改建工程采用切削法将原有的路面标线进行清除，原有路面标线有 3 条，线宽 10cm，该道路全长为 900m，试计算清除标线工程量。

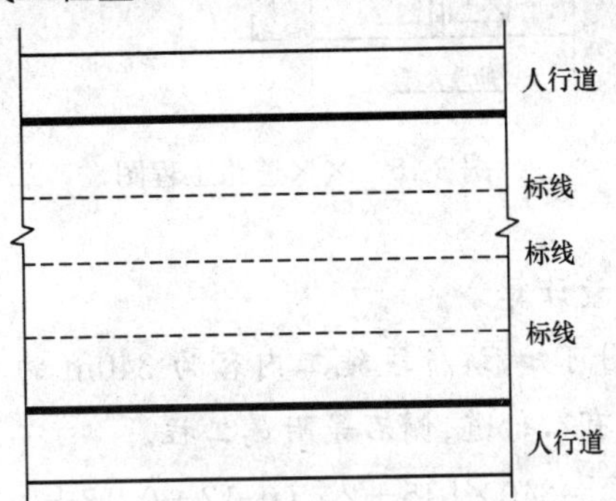

图 3-14　道路平面示意图

【解】 由题意可知：

清除标线工程量＝3×0.1×900＝270m^2

【例 3-21】 某道路工程全长为 1200m，该工程在道路下面铺设道路管线，管道内共设置了 5 股管线圈，每一个管线圈内都有管线，试计算其工程量。

【解】 由题意可知：

管内配线工程量＝1200×5＝6000m

第七节　道路工程工程量清单编制示例

【例 3-22】 ××道路工程，施工标段为 K2＋520～K2＋860。土石方工程已完成，路面及人行工程详见“××道路工程图”，如图 3-15 所示。试编制该路面工程及附属工程的分部分项工程量清单。

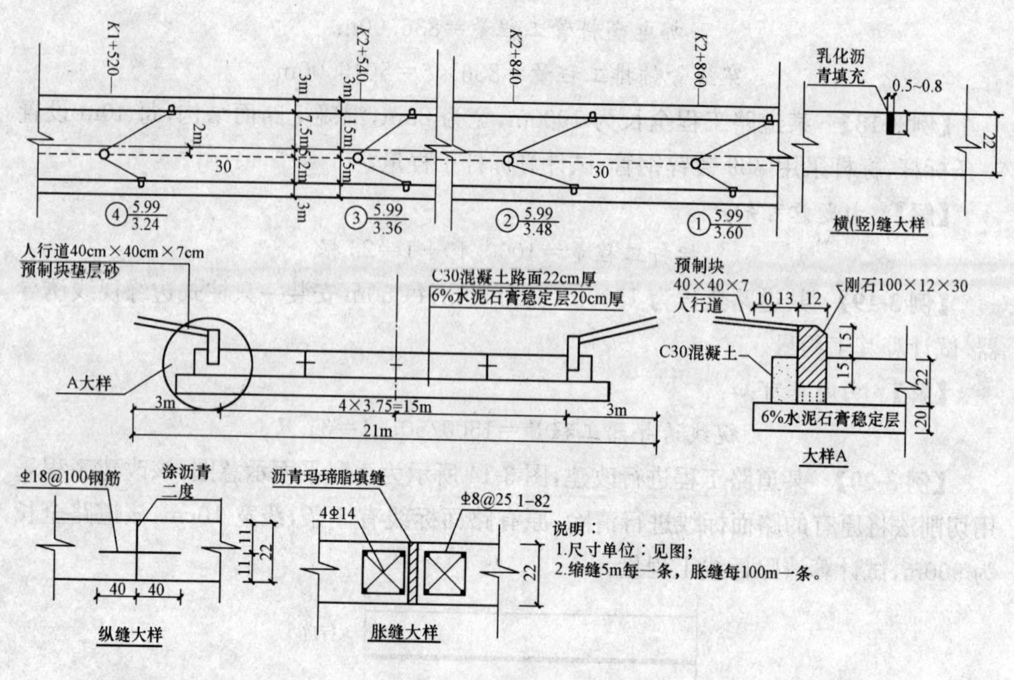

图 3-15　××道路工程图

【解】 (1)清单工程量计算

根据××道路工程图可知，该标段施工内容为 340m 的单幅式水泥混凝土路面，路面结构为两层，该工程有人行道、侧石等附属工程。

水泥碎石基层工程量＝340×[15＋2×(0.12＋0.13＋0.10)]＝5338 m²

水泥混凝土路面工程量＝340×15＝ 5100m²

人行道预制块铺设工程量＝(3－0.12)×340×2＝1958.40m²

混凝土侧石预制块安砌工程量＝340×2＝680m

工程量计算结果见表 3-13。

表 3-13　　工程量计算表

工程名称：××道路工程

序号	项目编码	项目名称	工程数量	计量单位
1	040202015001	水泥稳定碎(砾)石	5338	m²
2	040203007001	水泥混凝土	5100	m²
3	040204002001	人行道块料铺设	1958.40	m²
4	040204004001	安砌铡(平、缘)石	680	m

(2)编制分部分项工程量清单，见表 3-14。

表 3-14　　**分部分项工程和单价措施项目清单与计价表**

工程名称：××道路工程

序号	项目编码	项目名称	项目特征描述	计量单位	工程数量	金额/元	
						综合单价	合计
1	040202015001	水泥稳定碎(砾)石	1. 水泥含量：6% 2. 石料规格：石屑 3. 厚度：20cm	m^2	5338		
2	040203007001	水泥混凝土	1. 混凝土强度等级：C30 2. 掺合料：碎石最大粒径 40mm 3. 厚度：22cm	m^2	5100		
3	040204002001	人行道块料铺设	1. 材料品种、规格：预制块，40cm×40cm×7cm 2. 垫层：砂	m^2	1958.40		
4	040204004001	安砌侧(平、缘)石	1. 材料品种、规格 2. 基础、垫层：C30 混凝土刚石 100×12×30	m	680		

第四章　桥涵工程工程量清单编制

第一节　桥涵工程概述

一、桥梁

桥梁是道路跨越障碍的人工构造物。当道路路线遇到江河、湖泊、山谷、深沟以及其他线路(公路或铁路)等障碍时，为了保证道路上的车辆连续通行，充分发挥其正常的运输能力，同时，也要保证桥下水流的宣泄、船只的通航或车辆的运行，就需要建造桥梁来跨越障碍。

1. 桥梁的组成

桥梁主要由上部结构(桥面系和跨越结构)、下部结构(桥墩、桥台、基础)及附属结构(桥头锥形护坡、护岸及导流结构物等)构成，如图 4-1 所示。

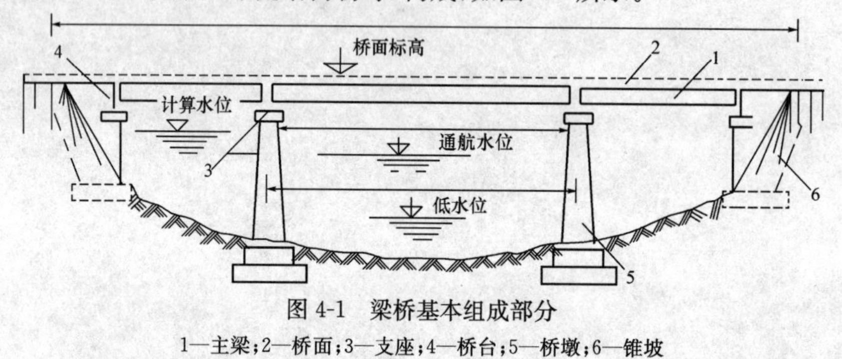

图 4-1　梁桥基本组成部分

1—主梁；2—桥面；3—支座；4—桥台；5—桥墩；6—锥坡

2. 桥梁的分类

(1)按用途来划分，有公路桥、铁路桥、公路铁路两用桥、人行桥、运水桥等专用桥梁。

(2)按主要承重结构所用的材料来划分，有木桥、钢桥、圬工桥(包括砖、石、混凝土)、钢筋混凝土桥和预应力钢筋混凝土桥。

(3)按结构受力体系划分，有梁式桥、拱式桥、刚架桥、吊桥和组合体系桥。

(4)按全长划分，有小桥、中桥和大桥。

二、涵洞

涵洞是指主要为宣泄地面水流(包括小河沟)而设置的横穿路基的小型排水构造物。

1. 涵洞的组成

涵洞由洞身、洞口建筑、基础和附属工程组成，如图 4-2 所示。

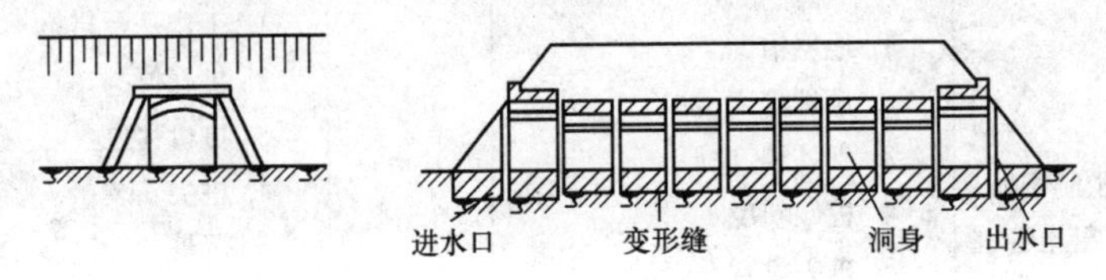

图 4-2　涵洞的组成部分

(1)洞身是涵洞的主要部分，其截面形式有圆形、拱形、箱形等。

(2)洞口建筑设置在涵洞的两端，有一字式和八字墙两种结构形式。

(3)基础的形式分为整体式和非整体式两种。

(4)附属工程包括锥形护坡、河床铺砌、路基边坡铺砌及人工水道等。

2. 涵洞的分类

(1)涵洞所使用的建筑材料可分为石涵、混凝土涵、钢筋混凝土涵、砖涵、陶土管涵、铸铁管涵、波纹管涵等。

(2)按构造类型可分为管涵、盖板涵、拱涵、箱涵。

(3)按洞顶填土情况可分为明涵和暗涵两类。

(4)按孔数可分为单孔涵、双孔涵和多孔涵等。

第二节　桩基工程量清单编制

一、桩基清单项目设置

《市政工程工程量清单计价规范》附录 C.1 中桩基共有 12 个清单项目。各清单项目设置的具体内容见表 4-1。

表 4-1　　桩基清单项目设置

项目编码	项目名称	项目特征	计量单位	工作内容
040301001	预制钢筋混凝土方桩	1. 地层情况 2. 送桩深度、桩长 3. 桩截面 4. 桩倾斜度 5. 混凝土强度等级	1. m 2. m^3 3. 根	1. 工作平台搭拆 2. 桩就位 3. 桩机移位 4. 沉桩 5. 接桩 6. 送桩

续表

项目编码	项目名称	项目特征	计量单位	工作内容
040301002	预制钢筋混凝土管桩	1. 地层情况 2. 送桩深度、桩长 3. 桩外径、壁厚 4. 桩倾斜度 5. 桩尖设置及类型 6. 混凝土强度等级 7. 填充材料种类	1. m 2. m^3 3. 根	1. 工作平台搭拆 2. 桩就位 3. 桩机移位 4. 桩尖安装 5. 沉桩 6. 接桩 7. 送桩 8. 桩芯填充
040301003	钢管桩	1. 地层情况 2. 送桩深度、桩长 3. 材质 4. 管径、壁厚 5. 桩倾斜度 6. 填充材料种类 7. 防护材料种类	1. t 2. 根	1. 工作平台搭拆 2. 桩就位 3. 桩机移位 4. 沉桩 5. 接桩 6. 送桩 7. 切割钢管、精割盖帽 8. 管内取土、余土弃置 9. 管内填芯、刷防护材料
040301004	泥浆护壁成孔灌注桩	1. 地层情况 2. 空桩长度、桩长 3. 桩径 4. 成孔方法 5. 混凝土种类、强度等级		1. 工作平台搭拆 2. 桩机移位 3. 护筒埋设 4. 成孔、固壁 5. 混凝土制作、运输、灌注、养护 6. 土方、废浆外运 7. 打桩场地硬化及泥浆池、泥浆沟
040301005	沉管灌注桩	1. 地层情况 2. 空桩长度、桩长 3. 复打长度 4. 桩径 5. 沉管方法 6. 桩尖类型 7. 混凝土种类、强度等级	1. m 2. m^3 3. 根	1. 工作平台搭拆 2. 桩机移位 3. 打(沉)拔钢管 4. 桩尖安装 5. 混凝土制作、运输、灌注、养护
040301006	干作业成孔灌注桩	1. 地层情况 2. 空桩长度、桩长 3. 桩径 4. 扩孔直径、高度 5. 成孔方法 6. 混凝土种类、强度等级		1. 工作平台搭拆 2. 桩机移位 3. 成孔、扩孔 4. 混凝土制作、运输、灌注、振捣、养护

续表

项目编码	项目名称	项目特征	计量单位	工作内容
040301007	挖孔桩土(石)方	1. 土(石)类别 2. 挖孔深度 3. 弃土(石)运距	m^3	1. 排地表水 2. 挖土、凿石 3. 基底钎探 4. 土(石)方外运
040301008	人工挖孔灌注桩	1. 桩芯长度 2. 桩芯直径、扩底直径、扩底高度 3. 护壁厚度、高度 4. 护壁材料种类、强度等级 5. 桩芯混凝土种类、强度等级	1. m^3 2. 根	1. 护壁制作、安装 2. 混凝土制作、运输、灌注、振捣、养护
040301009	钻孔压浆桩	1. 地层情况 2. 桩长 3. 钻孔直径 4. 集料品种、规格 5. 水泥强度等级	1. m 2. 根	1. 钻孔、下注浆管、投放集料 2. 浆液制作、运输、压浆
040301010	灌注桩后注浆	1. 注浆导管材料、规格 2. 注浆导管长度 3. 单孔注浆量 4. 水泥强度等级	孔	1. 注浆导管制作、安装 2. 浆液制作、运输、压浆
040301011	截桩头	1. 桩类型 2. 桩头截面、高度 3. 混凝土强度等级 4. 有无钢筋	1. m^3 2. 根	1. 截桩尖 2. 凿平 3. 废料外运
040301012	声测管	1. 材质 2. 规格型号	1. t 2. m	1. 检测管截断、封头 2. 套管制作、焊接 3. 定位、固定

注:1. 地层情况按表 2-6 和表 2-10 的规定,并根据岩土工程勘察报告按单位工程各地层所占比例(包括范围值)进行描述。对无法准确描述的地层情况,可注明由投标人根据岩土工程勘察报告自行决定报价。

2. 各类混凝土预制桩以成品桩考虑,应包括成品桩购置费,如果用现场预制,应包括现场预制桩的所有费用。

3. 项目特征中的桩截面、混凝土强度等级、桩类型等可直接用标准图代号或设计桩型进行描述。

4. 打试验桩和打斜桩应按相应项目编码单独列项,并应在项目特征中注明试验桩或斜桩(斜率)。

5. 项目特征中的桩长应包括桩尖,空桩长度=孔深-桩长,孔深为自然地面至设计桩底的深度。

6. 泥浆护壁成孔灌注桩是指在泥浆护壁条件下成孔,采用水下灌注混凝土的桩。其成孔方法包括冲击钻成孔、冲抓锥成孔、回旋钻成孔、潜水钻成孔、泥浆护壁的旋挖成孔等。

7. 沉管灌注桩的沉管方法包括捶击沉管法、振动沉管法、振动冲击沉管法、内夯沉管法等。

8. 干作业成孔灌注桩是指在不用泥浆护壁和套管护壁的情况下,用钻机成孔后,下钢筋笼,灌注混凝土的桩,适用于地下水位以上的土层使用。其成孔方法包括螺旋钻成孔、螺旋钻成孔扩底、干作业的旋挖成孔等。

9. 混凝土灌注桩的钢筋笼制作、安装,按《市政工程工程量计算规范》(GB 50857—2013)附录 J 钢筋工程中相关项目编码列项。

10. 本表工作内容未含桩基础的承载力检测、桩身完整性检测。

二、桩基清单项目特征描述

1. 预制钢筋混凝土方桩

预制钢筋混凝土方桩一般采用整根预制，对于较长的钢筋混凝土方桩，可分节预制，接长一般采用法兰盘或钢板焊接等方法连接成整桩。

预制钢筋混凝土方桩的桩长在10m以内时，桩的横截面不小于35cm×35cm；桩长大于10m时，桩的横截面不小于40cm×40cm；一般空心截面的桩长不大于12m；桩长超过15m时，桩的横截面按强度要求确定。

2. 预制钢筋混凝土管桩

预制钢筋混凝土管桩一般采用预应力工艺制作。预应力混凝土管桩采用先张法预应力工艺和离心成型法制作，如图4-3所示。经高压蒸气养护生产的为PHC管桩，其桩身混凝土强度等级为C80或高于C80；未经高压蒸气养护生产的为PC管桩(C60～接近C80)。PHC、PC管桩的外径为300～600mm，分节长度为5～13m。桩下端设置开口的钢桩尖或封口十字刃钢桩尖(图4-4)。沉桩时桩节处通过焊接端头板接长。

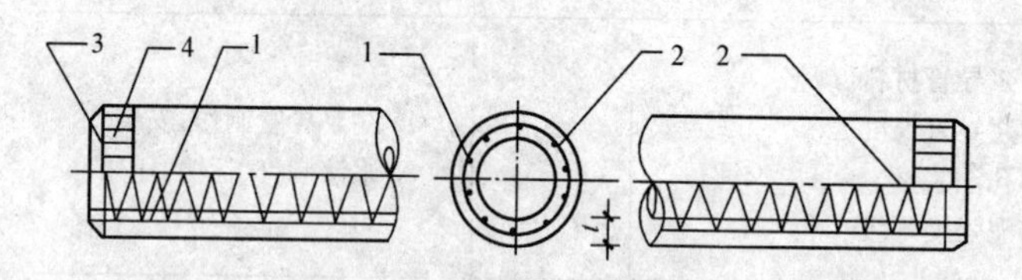

图4-3 预应力混凝土管桩

1—预应力钢筋；2—螺旋箍筋；3—端头板；4—钢套箍；t—壁厚

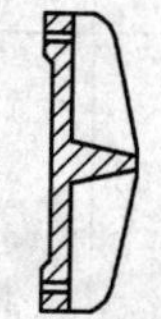

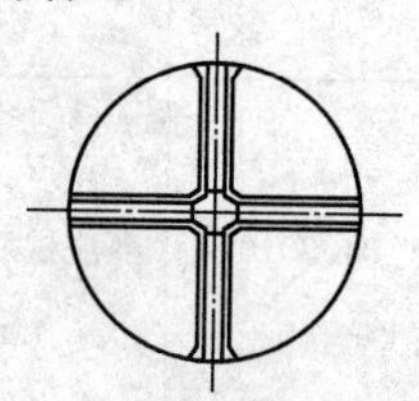

图4-4 预应力混凝土管桩的封口十字刃钢桩尖

3. 钢管桩

钢管桩又称钢桩，可根据荷载特征制成各种有利于提高承载力的断面。管形和箱形断面桩的桩端常做成敞口式以减小沉桩过程中的挤土效应。当桩壁轴向抗压强度不足时，可将挤入管、箱中的土挖除，灌注混凝土。H型桩的表面积大，承受竖向荷载时能提供较大的摩擦阻力。为增大桩的摩擦阻力，还可在H型钢桩的翼缘或腹板上加焊钢板或型钢。对于承受侧向荷载的钢桩，可根据弯矩和桩身的变化情况局部加强其断面刚度和强度。常用的钢筋桩有下端开口或闭口钢管桩及H型钢桩等。

4. 泥浆护壁成孔灌注桩

泥浆护壁成孔是利用泥浆保护稳定孔壁的机械钻孔方法。它通过循环泥浆将切削碎的泥石渣屑悬浮后排出孔外，适用于有地下水和无地下水的土层。成孔机械有潜水钻机、冲击钻机、冲抓锥等。

正、反循环钻孔灌注桩宜用于地下水位以下的黏性土、粉土、砂土、填土、碎石土及风化岩层;对孔深较大的端承型桩和粗粒土层中的摩擦型桩,宜采用反循环工艺成孔或清孔,也可根据土层情况采用正循环钻进,反循环清孔。

5. 沉管灌注桩

沉管灌注桩又称套管成孔灌注桩,是指利用锤击打桩法或振动打桩法,将带有活瓣式桩尖或预制钢筋混凝土桩靴的钢套管沉入土中,然后边浇筑混凝土(或先在管内放入钢筋笼),边锤击或振动边拔管而成的桩。前者称为锤击沉管灌注桩,后者称为振动沉管灌注桩。沉管灌注桩宜用于黏性土、粉土和砂土。

6. 干作业成孔灌注桩

长螺旋干作业成孔灌注桩的工艺原理为:用长螺旋钻机的螺旋钻头,在桩位处就地切削土层,被切削土块钻屑随钻头旋转,沿着带有长螺旋叶片的钻杆上升,输送到出土器后自动排出孔外,然后装卸到翻斗车(或手推车)中运走,其成孔工艺可实现全部机械化。

长螺旋干作业成孔灌注桩宜用于地下水位以上的黏性土、粉土、填土、中等密实以上的砂土、风化岩层。

7. 人工挖孔灌注桩

人工挖孔灌注桩是指桩孔采用人工挖掘方法进行成孔,然后安放钢筋笼,浇筑混凝土而成的桩。

人工挖孔灌注桩宜用于地下水位以上的黏性土、粉土、填土、中等密实以上的砂土、风化岩层,也可在黄土、膨胀土和冻土中使用,适应性较强。在地下水位较高,有承压水的砂土层、滞水层、厚度较大的流塑状淤泥、淤泥质土层中不得选用人工挖孔灌注桩。人工挖孔桩的孔径(不含护壁)不得小于0.8m,且不宜大于2.5m,孔深不宜大于30m。当桩净距小于2.5m时,应采用间隔开挖。相邻排桩跳挖的最小施工净距不得小于4.5m。

8. 灌注桩后注浆

灌注桩后注浆工法可用于各类钻、挖、冲孔灌注桩及地下连续墙的沉渣(虚土)、泥皮和桩底、桩侧一定范围土体的加固。

后注浆装置的设置应符合下列规定:

(1)后注浆导管应采用钢管,且应与钢筋笼加劲筋绑扎固定或焊接。

(2)桩端后注浆导管及注浆阀数量宜根据桩径大小设置。对于直径不大于1200mm的桩,宜沿钢筋笼圆周对称设置2根;对于直径大于1200mm而不大于2500mm的桩,宜对称设置3根。

(3)对于桩长超过15m且承载力增幅要求较高者,宜采用桩端桩侧复式注浆。桩侧后注浆管阀设置数量应综合地层情况、桩长和承载力增幅要求等因素确定,可在距离桩底5～15m以上、桩顶8m以下,每隔6～12m设置一道桩侧注浆阀,当有粗粒土时,宜将注浆阀设置于粗粒土层下部,对于干作业成孔灌注桩宜设于粗粒土层中部。

(4)对于非通长配筋桩,下部应有不少于 2 根与注浆管等长的主筋组成的钢筋笼通底。

(5)钢筋笼应沉放到底,不得悬吊,下笼受阻时不得撞笼、墩笼、扭笼。

三、桩基清单工程量计算

1. 工程量计算规则

(1)预制钢筋混凝土方桩、预制钢筋混凝土管桩:

1)以米计量,按设计图示尺寸以桩长(包括桩尖)计算。

2)以立方米计量,按设计尺寸图示以桩长(包括桩类)乘以桩的断面积计算。

3)以根计量,按设计图示数量计算。

(2)钢管桩:

1)以吨计量,按设计图示尺寸以质量计算。

2)以根计量,按设计图示数量计算。

(3)泥浆护壁成孔灌注桩:

1)以米计量,按设计图示尺寸以桩长(包括桩尖)计算。

2)以立方米计量,按不同截面在桩长范围内以体积计算。

3)以根计量,按设计图示数量计算。

(4)沉管灌注桩、干作业成孔灌注桩:

1)以米计量,按设计图示以桩长(包括桩尖)计算。

2)以立方米计量,按设计图示以桩长(包括桩尖)乘以桩的断面积计算。

3)以根计量,按设计图示数量计算。

(5)挖孔桩土(石)方:按设计图示尺寸(含护壁)截面积乘以挖孔深度以立方米计算。

(6)人工挖孔灌注桩:

1)以立方米计量,按桩芯混凝土体积计算。

2)以根计量,按设计图示数量计算。

(7)钻孔压浆桩:

1)以米计量,按设计图示尺寸以桩长计算。

2)以根计量,按设计图示数量计算。

(8)灌注桩后注浆:

按设计图示以注浆孔数计算。

(9)截桩头:

1)以立方米计量,按设计桩截面乘以桩头长度以体积计算。

2)以根计量,按设计图示数量计算。

(10)声测管:

1)按设计图示尺寸以质量计算。

2)按设计图示尺寸以长度计算。

2. 工程量计算示例

【例 4-1】 某单跨小型桥梁，桥梁两侧桥台下均采用 C30 预制钢筋混凝土方桩，截面为 400mm×400mm，图 4-5 所示为桥梁桩基础示意图，试计算其工程量。

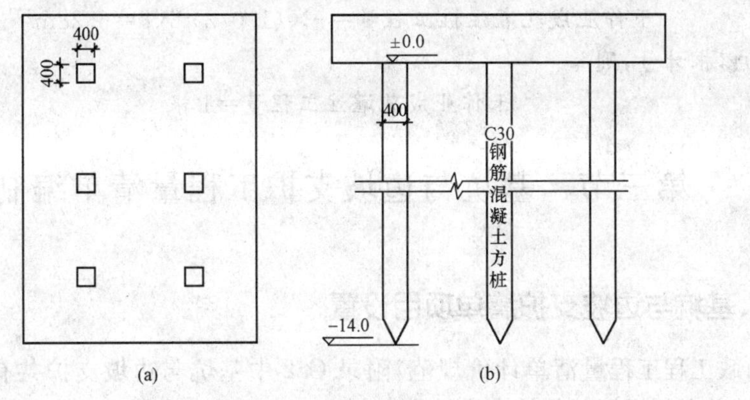

图 4-5 桥梁桩基础示意图

(a)平面图；(b)立面图

【解】 由题意可知：(1)以米计量，则

预制钢筋混凝土方桩工程量＝14.0×6.0＝84.0m

(2)以立方米计量，则

预制钢筋混凝土方桩工程量＝14.0×6×0.4×0.4＝13.44m^3

(3)以根计量，则

预制钢筋混凝土方桩工程量＝6 根

【例 4-2】 某干作业成孔灌注桩，桩高 $h=8$m，桩径设计为 1m，地质条件上部为普通土，下部要求入岩，如图 4-6 所示，试计算该干作业成孔灌注桩工程量。

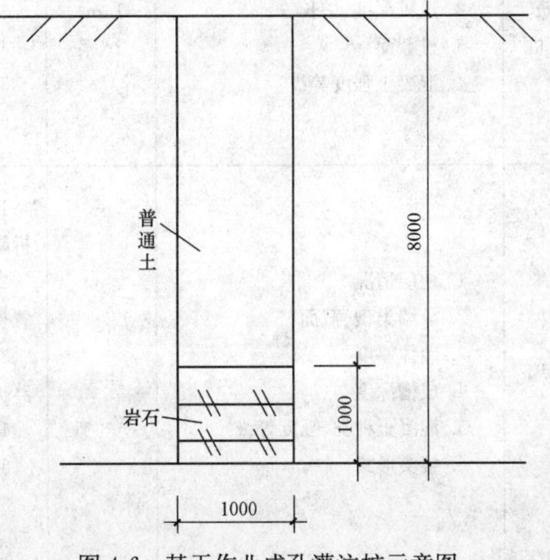

图 4-6 某干作业成孔灌注桩示意图

【解】 由题意可知：(1)以米计量，则

干作业成孔灌注桩工程量＝8m

(2)以立方米计量，则

$$干作业成孔灌注桩工程量=\pi\times(1.0/2)^2\times8=6.28m^3$$

(3)以根计量，则

干作业成孔灌注工程量＝1根

第三节　基坑与边坡支护工程量清单编制

一、基坑与边坡支护清单项目设置

《市政工程工程量清单计价规范》附录C.2中基坑与边坡支护共有8个清单项目。各清单项目设置的具体内容见表4-2。

表4-2　基坑与边坡支护清单项目设置

项目编码	项目名称	项目特征	计量单位	工作内容
040302001	圆木桩	1. 地层情况 2. 桩长 3. 材质 4. 尾径 5. 桩倾斜度	1. m 2. 根	1. 工作平台搭拆 2. 桩机移位 3. 桩制作、运输、就位 4. 桩靴安装 5. 沉桩
040302002	预制钢筋混凝土板桩	1. 地层情况 2. 送桩深度、桩长 3. 桩截面 4. 混凝土强度等级	1. m^3 2. 根	1. 工作平台搭拆 2. 桩就位 3. 桩机移位 4. 沉桩 5. 接桩 6. 送桩
040302003	地下连续墙	1. 地层情况 2. 导墙类型、截面 3. 墙体厚度 4. 成槽深度 5. 混凝土种类、强度等级 6. 接头形式	m^3	1. 导墙挖填、制作、安装、拆除 2. 挖土成槽、固壁、清底置换 3. 混凝土制作、运输、灌注、养护 4. 接头处理 5. 土方、废浆外运 6. 打桩场地硬化及泥浆池、泥浆沟

续表

项目编码	项目名称	项目特征	计量单位	工作内容
040302004	咬合灌注桩	1. 地层情况 2. 桩长 3. 桩径 4. 混凝土种类、强度等级 5. 部位	1. m 2. 根	1. 桩机移位 2. 成孔、固壁 3. 混凝土制作、运输、灌注、养护 4. 套管压拔 5. 土方、废浆外运 6. 打桩场地硬化及泥浆池、泥浆沟
040302005	型钢水泥土搅拌墙	1. 深度 2. 桩径 3. 水泥掺量 4. 型钢材质、规格 5. 是否拔出	m^3	1. 钻机移位 2. 钻进 3. 浆液制作、运输、压浆 4. 搅拌、成桩 5. 型钢插拔 6. 土方、废浆外运
040302006	锚杆(索)	1. 地层情况 2. 锚杆(索)类型、部位 3. 钻孔直径、深度 4. 杆体材料品种、规格、数量 5. 是否预应力 6. 浆液种类、强度等级	1. m 2. 根	1. 钻孔、浆液制作、运输、压浆 2. 锚杆(索)制作、安装 3. 张拉锚固 4. 锚杆(索)施工平台搭设、拆除
040302007	土钉	1. 地层情况 2. 钻孔直径、深度 3. 置入方法 4. 杆体材料种类、规格、数量 5. 浆液种类、强度等级		1. 钻孔、浆液制作、运输、压浆 2. 土钉制作、安装 3. 土钉施工平台搭拆设、拆除
040302008	喷射混凝土	1. 部位 2. 厚度 3. 材料种类 4. 混凝土类别、强度等级	m^2	1. 修整边坡 2. 混凝土制作、运输、喷射、养护 3. 钻排水孔、安装排水管 4. 喷射施工平台搭拆设、拆除

注：1. 地层情况按表2-6和表2-10的规定，并根据岩土工程勘察报告按单位工程各地层所占比例(包括范围值)进行描述。对无法准确描述的地层情况，可注明由投标人根据岩土工程勘察报告自行决定报价。

2. 地下连续墙和喷射混凝土的钢筋网制作、安装，按《市政工程工程量计算规范》(GB 50857—2013)附录J钢筋工程中相关项目编码列项。基坑与边坡支护的排桩按《市政工程工程量计算规范》(GB 50857—2013)附录C.1中相关项目编码列项。水泥土墙、坑内加固按《市政工程工程量计算规范》(GB 50857—2013)附录B道路工程中B.1中相关项目编码列项。混凝土挡土墙、桩顶冠梁、支撑体是按《市政工程工程量计算规范》(GB 50857—2013)附录D隧道工程中相关项目编码列项。

二、基坑与边坡支护清单项目特征描述

1. 圆木桩

圆木桩常用松木、杉木做成。其桩径(小头直径)一般为160～260mm,桩长为4～6m。木桩自重小,且有一定的弹性和韧性,以便于加工、运输和施工。木桩在淡水下是耐久的,但在干湿交替的环境中极易腐烂,故应打入最低地下水位以下0.5m。

2. 预制钢筋混凝土板桩

钢筋混凝土板桩垂直度为1%,位置允许偏差为100mm,用于挡土允许偏差不大于25mm,用于防渗允许偏差不大于20mm。

3. 地下连续墙

地下连续墙是指在地面上,利用一些挖槽机械,借助于泥浆的护壁作用,在地下挖出窄而深的基槽,并在其内浇筑适当的材料而形成的一道具有防渗、挡土和承重功能的连续的地下墙体。

(1)导墙结构形式。导墙一般为现浇的钢筋混凝土结构,也有钢制或预制钢筋混凝土结构。图4-7所示是适用于各种施工条件的现浇钢筋混凝土导墙形式。形式(a)、(b)适用于表层土良好和导墙荷载较小的情况;形式(c)、(d)适用于表层土承载力较弱的土层;形式(e)适用于导墙上的荷载很大的情况;形式(f)适用于邻近建(构)筑物需要保护的情况;当地下水位很高而又不采用井点降水时,可采用形式(g)的导墙;当施工作业面在地下,导墙需要支撑于已施工的结构作为临时支撑用的水平导梁时,可采用形式(h)的导墙;形式(i)是金属结构的可拆装导墙中的一种,由H型钢和钢板组成。

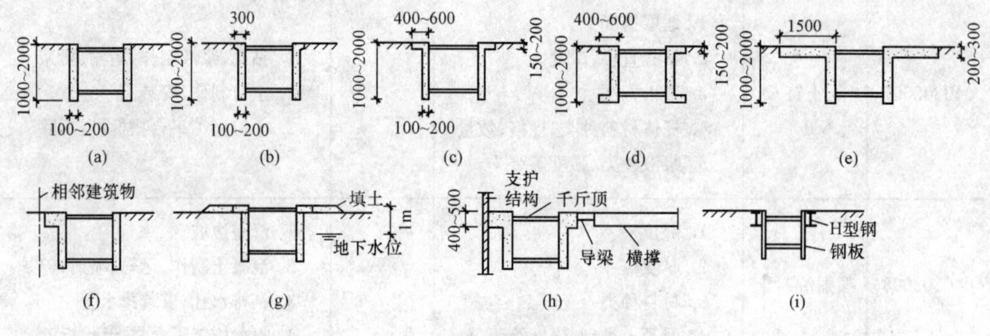

图4-7 导墙的结构形式

(2)导墙厚度。导墙的厚度一般为100～200mm,内墙面应垂直,内壁净距应为连续墙设计厚度加施工余量(一般为40～60mm)。

(3)成槽深度。导墙深度一般为1～2m,其顶面略高于地面50～100mm,以防止地表水流入导沟。

(4)混凝土强度。导墙混凝土强度等级多采用C20～C30。

(5)接头形式。地下连续墙由若干个槽段分别施工后连成整体,各槽段间的接头成为挡土、挡水的薄弱部位。地下连续墙接头形式很多,一般分为施工接头(纵向接头)和结构接头(水平接头)。施工接头是浇筑地下连续墙时纵向连接两相邻单元墙段的接头;结构接头是已竣工的地下连续墙在水平方向与其他构件(地下连续墙内部结构梁、柱、墙、板等)相连接的接头。

4. 型钢水泥土搅拌墙

型钢水泥土搅拌墙是一种在连续套接的三轴水泥土搅拌桩内插入型钢形成的复合挡土隔水结构。即型钢承受土侧压力,而水泥土则具有良好的抗渗性能,因此,型钢水泥土搅拌墙具有挡土与止水双重作用。除插入 H 型钢外,还可插入钢管、拉森板桩等。由于插入了型钢,故也可设置支撑。

5. 锚杆

锚杆是一种新型受拉杆件,它的一端与工程结构物或挡土桩墙连接,另一端锚固在地基的土层或岩层中,以承受结构物的上托力、拉拔力、倾侧力或挡土墙的土压力、水压力等。锚杆施工适用于深基坑支护、边坡加固、滑坡整治、水池、泵站抗浮、挡土墙锚固及结构抗倾覆等工程。

(1)锚杆类型。锚杆有三种基本类型,第一种锚杆类型如图 4-8(a)所示,是一般注浆(压力为 0.3～0.5MPa)圆柱体,孔内注水泥浆或水泥砂浆,适用于拉力不高、临时性锚杆。第二种锚杆类型如图 4-8(b)所示,为扩大的圆柱体或不规则体,是用压力注浆,压力从 2MPa(二次注浆)到高压注浆 5MPa 左右,在黏土中形成较小的扩大区,在无黏性土中可以扩大较大区。第三种锚杆类型如图 4-8(c)所示,是采用特殊的扩孔机具,在孔眼内沿长度方向扩一个或几个扩大头的圆柱体,这类锚杆用特制扩孔机械,通过中心杆压力将扩张式刀具缓缓张开削土成型,在黏土及无黏性土中都可适用,可以承受较大的拉拔力。

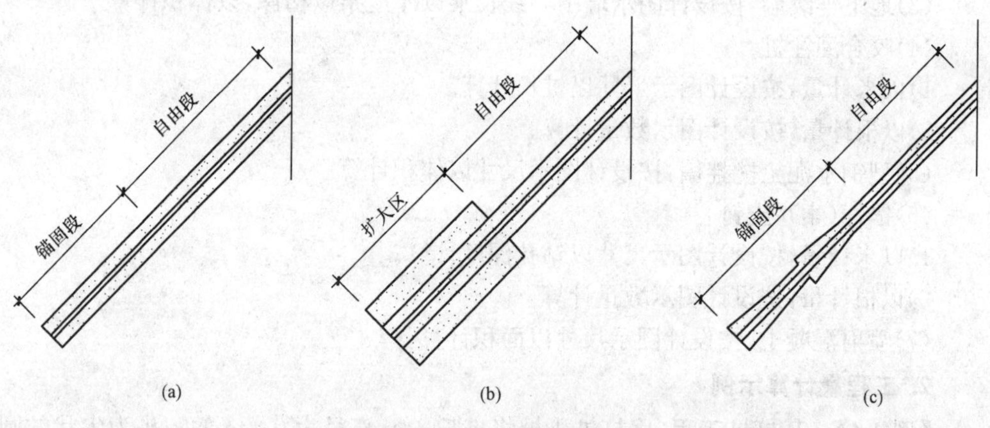

图 4-8　锚杆的基本类型

(a)圆柱体注浆锚杆;(b)扩注孔浆锚杆;(c)多头扩孔注浆锚杆

(2)杆体材料。锚杆用的拉杆常用的有钢筋、钢丝束和钢绞线,主要根据锚杆承载力和现有材料情况选择。承载能力较小时，多用粗钢筋；承载能力较大时，多用钢绞线。

(3)浆液。灌浆浆液为水泥砂浆或水泥浆。水泥通常采用质量良好的普通硅酸盐水泥，不宜用高铝水泥，氯化物含量不应超过水泥重的 0.1%。压力型锚杆宜采用高强度水泥。拌和水泥浆或水泥砂浆所用的水，一般应避免采用含高浓度氯化物的水。

6. 土钉

土钉是置于原位土体中的细长受力杆件，通常可采用钢筋、钢管、型钢等。

(1)置入方法。按土钉置入方式可分为钻孔注浆型、直接打入型、打入注浆型。

(2)杆体材料。土钉一般采用带肋钢筋(直径 $\phi18$～$\phi32$)、钢管、型钢等，使用前应调直、除锈、除油。

(3)浆液种类、强度等级。土钉注浆材料一般采用水泥浆或水泥砂浆，注浆采用水泥浆或强度等级不低于 M10 的水泥砂浆。

三、基坑与边坡支护清单工程量计算

1. 工程量计算规则

(1)圆木桩：

1)以米计量，按设计图示尺寸以桩长(包括桩尖)计算。

2)以根计量，按设计图示数量计算。

(2)预制钢筋混凝土板桩：

1)以立方米计量，按设计图示以桩长(包括桩尖)乘以桩的断面积计算。

2)以根计量，按设计图示数量计算。

(3)地下连续墙：按设计图示墙中心线长乘以厚度乘以槽深，以体积计算。

(4)咬合灌注桩：

1)以米计量，按设计图示尺寸以桩长计算。

2)以根计量，按设计图示数量计算。

(5)型钢水泥土搅拌墙：按设计图示尺寸以体积计算。

(6)锚杆(索)、土钉：

1)以米计量，按设计图示尺寸以钻孔深度计算。

2)以根计量，按设计图示数量计算。

(7)喷射混凝土：按设计图示尺寸以面积计算。

2. 工程量计算示例

【例 4-3】 某打桩工程，用打桩机械将桩长 4m、直径为 0.2m 的一头为尖状的圆木打入桥基指定位置，桩尖长为 0.06m，试计算打桩工程量。

【解】 由题意可知：

(1)以米计量，则

圆木桩工程量＝4＋0.06＝4.06m

(2)以根计量，则

圆木桩工程量＝1根

第四节　现浇混凝土构件工程量清单编制

一、现浇混凝土构件清单项目设置

《市政工程工程量清单计价规范》附录C.3中现浇混凝土构件共有25个清单项目。各清单项目设置的具体内容见表4-3。

表4-3　现浇混凝土构件清单项目设置

项目编码	项目名称	项目特征	计量单位	工作内容
040303001	混凝土垫层	混凝土强度等级	m^3	1. 模板制作、安装、拆除运 2. 混凝土拌和、运输、浇筑 3. 养护
040303002	混凝土基础	1. 混凝土强度等级 2. 嵌料（毛石）比例		
040303003	混凝土承台	混凝土强度等级		
040303004	混凝土墩（台）帽	1. 部位 2. 混凝土强度等级		
040303005	混凝土墩（台）身			
040303006	混凝土支撑梁及横梁			
040303007	混凝土墩（台）盖梁			
040303008	混凝土拱桥拱座	混凝土强度等级		
040303009	混凝土拱桥拱肋			
040303010	混凝土拱上构件	1. 部位 2. 混凝土强度等级		
040303011	混凝土箱梁			
040303012	混凝土连续板	1. 部位 2. 结构形式 3. 混凝土强度等级		
040303013	混凝土板梁			
040303014	混凝土板拱	1. 部位 2. 混凝土强度等级		
040303015	混凝土挡墙墙身	1. 混凝土强度等级 2. 泄水孔材料品种、规格 3. 滤水层要求 4. 沉降缝要求		1. 模板制作、安装、拆除 2. 混凝土拌和、运输、浇筑 3. 养护 4. 抹灰 5. 泄水孔制作、安装 6. 滤水层铺筑 7. 沉降缝
040303016	混凝土挡墙压顶	1. 混凝土强度等级 2. 沉降缝要求		

续表

<table>
<tr><th>项目编码</th><th>项目名称</th><th>项目特征</th><th>计量单位</th><th>工作内容</th></tr>
<tr><td>040303017</td><td>混凝土楼梯</td><td>1. 结构形式
2. 底板厚度
3. 混凝土强度等级</td><td>1. m^2
2. m^3</td><td rowspan="2">1. 模板制作、安装、拆除
2. 混凝土拌和、运输、浇筑
3. 养护</td></tr>
<tr><td>040303018</td><td>混凝土防撞护栏</td><td>1. 断面
2. 混凝土强度等级</td><td>m</td></tr>
<tr><td>040303019</td><td>桥面铺装</td><td>1. 混凝土强度等级
2. 沥青品种
3. 沥青混凝土种类
4. 厚度
5. 配合比</td><td>m^2</td><td>1. 模板制作、安装、拆除
2. 混凝土拌和、运输、浇筑
3. 养护
4. 沥青混凝土铺装
5. 碾压</td></tr>
<tr><td>040303020</td><td>混凝土桥头搭板</td><td rowspan="2">混凝土强度等级</td><td rowspan="6">m^3</td><td rowspan="5">1. 模板制作、安装、拆除
2. 混凝土拌和、运输、浇筑
3. 养护</td></tr>
<tr><td>040303021</td><td>混凝土搭板枕梁</td></tr>
<tr><td>040303022</td><td>混凝土桥塔身</td><td rowspan="2">1. 形状
2. 混凝土强度等级</td></tr>
<tr><td>040303023</td><td>混凝土连系梁</td></tr>
<tr><td>040303024</td><td>混凝土其他构件</td><td>1. 名称、部位
2. 混凝土强度等级</td></tr>
<tr><td>040303025</td><td>钢管拱混凝土</td><td>混凝土强度等级</td><td>混凝土拌和、运输、压注</td></tr>
</table>

二、现浇混凝土构件清单项目特征描述

1. 混凝土垫层

混凝土垫层是钢筋混凝土基础、砌体基础等上部结构与地基土之间的过渡层，用素混凝土浇制，作用是使其表面平整，便于上部结构向地基均匀传递荷载，也起到保护基础的作用。

垫层厚度一般为 50～70mm，宜用于浅基础、条形基础的基底。垫层铺设后，待干燥至一定强度后即可铺设钢筋网浇灌地基梁，混凝土是以立方米为计量单位。

2. 混凝土基础

混凝土基础属于浅基础的范畴。它将荷载通过逐步扩大的基础直接传到土质较好的天然地基或经人工处理的地基上。基础的尺寸按地基承载力和所承受荷载决定。

混凝土基础是最常用的一种基础形式，其操作流程为：①将地基垫层上支模板，安放钢筋笼(如果没有垫层，则基础的厚度放宽 30～40mm)，浇灌混凝土，振捣密实。②待基础养护至 70%的强度后，即可回填土，压实基础两侧的坑洞。

毛石混凝土是指混凝土中的粗集料是由毛石拌和，此种混凝土一般用于大体积浇

筑工程(如桥梁的墩台及基础),其浇筑量以立方米为计量单位。

3. 混凝土承台

承台是把群柱基础所有基桩桩顶联成一体并传递荷载的结构。它是群桩基础的一个重要组成部分,应有足够的强度和刚度。承台分为高桩承台和低桩承台两类。高桩承台是指承台的底面高于河床面(地面);低桩承台是指承台的底面低于或紧贴于河床面(或地面)。

4. 混凝土墩(台)帽

墩帽是桥墩顶端的传力部分,它通过支座承托上部结构的荷载传递给墩身。墩帽一般用C75混凝土或钢筋混凝土做成,也可用C75以上石料圬工砌筑,所用砂浆不可低于Ms级。墩帽顶部常做成一定的排水坡,四周应挑出墩身5～10cm作为滴水(檐口),如图4-9所示。墩帽的平面尺寸取决于支座布置情况,相邻两孔上部结构梁端应留有一定空隙,中、小跨径桥梁一般取2～5cm。

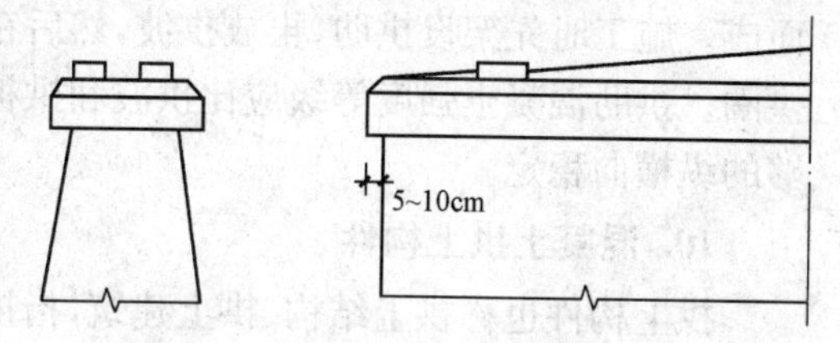

图4-9　墩帽构造示意图

5. 混凝土墩(台)身

墩身、台身是指位于桥梁两端并与路基相接,起承受上部结构重力和外来力的钢筋混凝土构筑物。

(1)墩身。墩身是桥墩的主体,通常采用料石、块石或混凝土建造。为了便于水流和漂浮物通过,墩身平面形状通常做成圆端形或尖端形,无水桥墩则可做成矩形,在有强烈流水或大量漂浮物的河流上,应在桥墩的迎水端做成破冰棱体。破冰棱体由强度较高的石料砌筑,也可用高强度等级混凝土并以钢筋加固。

(2)台身。台身由前墙和侧墙构成。前墙正面多采用10∶1或20∶1的斜坡。侧墙与前墙结成一体,兼有挡土墙和支撑墙作用。侧墙的正面一般是直立的,其长度视桥台高度和锥坡坡度而定。前墙的下缘一般与锥坡下缘相齐,因此,桥台越高,锥坡越坦,侧墙则越长。侧墙尾端应有不小于0.75m的长度伸入路堤内,以保证与路堤有良好的衔接。台身的宽度通常与路基的宽度相同。

6. 混凝土支撑梁及横梁

支撑梁、横梁指横跨在桥梁上部结构中起承重作用的条形钢筋混凝土构筑物。支撑梁也称主梁,是指起支撑两桥墩相对位移的大梁。横梁起承担横梁(次梁)上部的荷载,一般是搁在支撑梁上,其相对于支撑梁来说,跨度要小得多,一般为3～20m。

7. 混凝土墩(台)盖梁

墩盖梁放在墩身顶部,台盖梁放在桥台上。盖梁的外形一般为槽形或T形梁,其抗弯强度较大。墩盖梁中的盖梁常制作成槽形,通过吊装安装在墩台上,其抗弯和抗扭性能较好。

8. 混凝土拱桥拱座

拱桥是用拱圈或拱肋作为主要承重结构的桥梁。拱座是位于拱桥端跨末端的拱脚支承结构物，是与拱肋相连的部分，又称拱台。拱座由于受力较集中且外形不规则，通常采用混凝土及钢筋混凝土制作。

拱桥拱座混凝土强度等级通常为 C20 混凝土或 C20 片石混凝土。

9. 混凝土拱桥拱肋

拱肋是拱桥墩的重要组成部分，是拱桥中的主要受力构件。肋拱桥中的拱圈和组合拱桥中的拱均属之。在双曲拱桥中，为拱圈组成部分之一。拱肋用钢筋混凝土预制而成。施工时先架设拱肋，再放拱波，然后在其上加浇拱板混凝土，三者共同组成整体拱圈。拱肋混凝土强度等级应比拱波和拱板稍高。采用无支架施工时，拱肋应保证足够的纵横向稳定。

10. 混凝土拱上构件

拱上构件也称拱上结构、拱上建筑，指拱桥拱圈以上包括桥面的构造物，包括实腹式拱上构件和空腹式拱上构件。实腹式拱上构件用拱上挡土墙和填满其间的填料，上面再做桥面而成，空腹式拱上构件用腹拱和拱上立墙（立柱）体系，或用钢筋混凝土梁格和刚架体系构成。选择拱上建筑形式的原则，既要节省全桥材料和造价，又要使拱圈受力较好。通常实腹拱上建筑多用于小跨板拱桥；空腹拱上建筑以其自重较拱上建筑小，多用于大、中板拱桥和各种跨度的肋拱桥。

11. 混凝土箱梁

箱梁是指上部结构采用箱形截面梁构成的梁式桥。箱梁的抗扭刚度大，可以承受正弯矩，且易于布置钢筋，适用于大跨度预应力钢筋混凝土桥和弯桥。

箱梁由底板、腹板（梁肋）和顶板（桥面板）组成，其横截面是一个封闭箱，图 4-10 所示为单箱单室横截面，梁的底部由于有扩展的底板，因此它提供了有足够的能承受正、负弯矩的混凝土受压区。箱梁的另一个特点，是它的横向刚度和抗刚度特别大，在偏心的荷载作用下各梁肋的受力比较均匀。所以，箱梁适用于较大跨径的悬臂梁桥（T 形刚构）和连续梁桥，还易于做成与曲线、斜交等复杂线形相适应的桥型结构，斜拉桥、悬索桥也常采用这种截面。

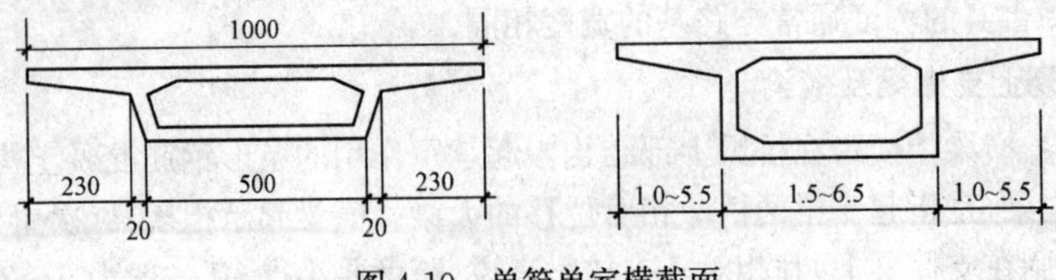

图 4-10 单箱单室横截面

箱梁有单箱、多箱和组合箱梁等多种形式，如图 4-11 所示。一般设计为等截面的 C40 钢筋混凝土和预应力混凝土结构，其梁的高度常为跨径的 1/20～1/18，它具有截面挖空率高，材料用量少，结构简单，施工方便等优点。其中单箱单室结构，由于底板较窄，与之相配合的下部构造和基础工程的圬工数量也相应会减少，高等级公路的跨线桥梁常用单室结构。

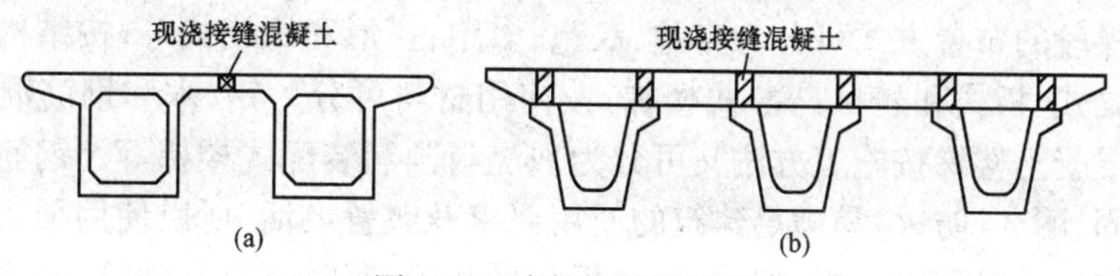

图 4-11　多箱室结构截面

(a)双箱截面；(b)预应力混凝土组合箱梁截面图

12. 混凝土连续板

连续板是指桥梁结构中的桥面板，这种板的厚度较一般民用建筑中的板要厚，而采用了预应力施工方法的连续板，板厚一般为 80～500cm(包括大型空心板)。连续板的截面形状一般为矩形，根据板内有无孔洞，分为实体连续板和空心连续板。

(1)矩形实体连续板：指板的形状为矩形(其长宽比一般为 $l/b \geqslant 1.5$)，板内无孔洞，即实体。矩形实体连续板指支承在三个支点以上的矩形实体现浇板。

(2)矩形空心连续板：与矩形实体连续板相似，只是板内有孔洞，即空心。按孔洞率不同可将空心连续板分成不同的等级。

13. 混凝土板梁

混凝土板梁一般分为实心板桥梁和空心板桥梁。

(1)实心板桥梁。实心板桥梁一般用在桥孔结构的顶底面平行、横截面为矩形的板状桥梁。桥面受荷载后可直接传给墩台，常用钢筋混凝土或预应力混凝土制成。实心板梁建筑高度小，模板和钢筋制作简便，但因多采用钢筋和混凝土，自重大，因此仅适用于小跨度桥梁。

(2)空心板桥梁。空心板桥梁是由实心板桥挖孔(圆形或椭圆形)而成，用以减轻自重，节省材料，并便于架设，但不易制作预应力桥板，施工也比实心板梁较复杂。

混凝土板梁所使用的混凝土强度等级为 C30。

14. 混凝土板拱

混凝土板拱是指采用现浇混凝土板拱肋、拱波结合成整体。目前常用波形或折线形拱板，其厚度不小于拱波的厚度。这种拱板可节省材料，减轻自重，使截面刚度分布较均匀，截面重心轴大致居中，受力比较合理。

拱板混凝土强度以混凝土在外荷载作用下的破坏应力表示。将标准试件(边长为 150mm 的立方体试块)在标准条件下(温度 20℃±3℃，相对湿度 90％以上)养护 28d，用标准试验方法进行压力试验，按具有 95％保证率的抗压强度，以 N/mm^2 表示混凝土的强度等级。

15. 混凝土楼梯

现浇钢筋混凝土楼梯是将楼梯段、平台和平台梁现场浇筑成一个整体，其整体性好，抗震性强。楼梯是多层或高层房屋楼层间带有阶梯的交通设施，可设置于房屋的室内或室外,多数设置于室内。楼梯的数量、宽度和间距应满足使用要求并符合防火规范的最低要求。

按楼梯段的布置方式可分为直跑、双跑、多跑、弧形和螺旋式等;按结构的受力特点可分为梁式、板式和悬挑(臂)式楼梯;按使用材料可分为钢、木和钢筋混凝土楼梯等。钢筋混凝土楼梯按施工方法又可分为现浇与预制装配式楼梯等。钢筋混凝土楼梯因其坚固、耐久、防火,易满足建筑的使用要求及布置灵活,所以使用最为普遍。楼梯的主要构件一般有踏步板、斜梁、平台板和平台梁,有时还有基础等,次要构件有扶手、栏杆(或栏板)、踏脚板等。

16. 混凝土防撞护栏

一般桥梁上的防撞护栏是指建筑在人行道和车行道之间,当汽车撞向护栏时又自动回到车行道,以确保人行道上行人的安全。防撞护栏按防撞性能有刚性护栏、半刚性护栏和柔性护栏之分。

(1)刚性护栏是一种基本不变形的护栏结构。混凝土护栏是刚性护栏的主要形式,它是一种以一定形状的混凝土块相互连接而组成的墙式结构,利用失控车辆碰撞后爬高并转向来吸收碰撞能量。

(2)半刚性护栏是一种连续的梁柱式护栏结构,具有一定的刚度和柔性。波形梁护栏是半刚性护栏的主要代表形式,它是一种以波纹状钢护栏板相互拼接并由立柱支撑而组成的连续结构,利用土基、立柱、波形梁的变形来吸收碰撞能量,并迫使失控车辆改变方向。

(3)柔性护栏是一种具有较大缓冲能力的韧性护栏结构。缆索护栏是柔性护栏的主要代表形式,它是一种以数根施加初张力的缆索固定于立柱上而组成的结构,主要是依靠缆索的拉应力来抵抗车辆的碰撞,吸收碰撞能量。

17. 桥面铺装

桥面铺装是指在主梁的翼缘板(即行车道板)上铺筑一层三角垫层的混凝土和沥青混凝土面层,以保护和防止主梁的行车道板不受车辆轮胎(或履带)的直接磨损和雨水的侵蚀,同时,还可使车辆轮重的集中荷载起到一定的分布作用。

(1)混凝土强度等级。防水混凝土的强度等级一般不低于桥面板混凝土的强度等级,在防水层上需用厚约为 4cm,强度等级不低于 C20 的细集料混凝土。

(2)沥青品种。沥青是一种有机胶凝材料,在建筑工程上主要用于屋面及地下建筑防水或用于耐腐蚀地面及道路路面等;也可用来制造防水卷材、防水涂料、嵌缝、粘结剂及防锈防腐涂料。一般用于建筑工程的有石油沥青和煤沥青两种。

沥青按产源和制取方法不同可分为地沥青、焦油沥青及页岩沥青,地沥青又分石油沥青和天然沥青,焦油沥青又分为煤沥青和煤焦油。

(3)三角垫层。三角垫层是指为了迅速排除桥面雨水,在进行桥面铺装时根据不同类型桥面沿横桥设置的 1.5%～3%的双向横坡。三角垫层内一般要设置用直径 6～8mm做成 20cm×20cm 的钢筋网。三角垫层一般采用不低于主梁混凝土强度等级的混凝土做成。

18. 混凝土桥头搭板

桥头搭板是指一端搭在桥头或悬臂梁端，另一端部分长度置于引道路面底基层或垫层上的混凝土或钢筋混凝土板。桥头搭板是用于防止桥端连接部分的沉降而采取的措施，搁置在桥台或悬壁梁板端部和填土之间，随着填土的沉降而能够转动，车辆行驶时可起到缓冲作用。即使台背填土沉降也不至于产生凹凸不平。

19. 混凝土连系梁

连系梁是联系结构构件之间的系梁，其作用是增加结构的整体性。连系梁主要是连接单榀柜架以增大建构筑物的横向或纵向刚度。一般连系梁除承受自身重力荷载及上部隔墙荷载作用外，不再承受其他荷载作用。

三、现浇混凝土构件清单工程量计算

1. 工程量计算规则

(1)混凝土垫层、混凝土基础、混凝土承台、混凝土墩(台)帽、混凝土墩(台)身、混凝土支撑梁及横梁、混凝土墩(台)盖梁、混凝土拱桥拱座、混凝土拱桥拱肋、混凝土拱上构件、混凝土箱梁、混凝土连续板、混凝土板梁、混凝土板拱、混凝土挡墙墙身、混凝土挡墙压顶：按设计图示尺寸以体积计算。

(2)混凝土楼梯：

1)以平方米计量，按设计图示尺寸以水平投影面积计算。

2)以立方米计量，按设计图示尺寸以体积计算。

(3)混凝土防撞护栏：按设计图示尺寸以长度计算。

(4)桥面铺装：按设计图示尺寸以面积计算。

(5)混凝土桥头搭板、混凝土枕梁、混凝土桥塔身、混凝土连系梁、混凝土其他构件、钢管拱混凝土：按设计图示尺寸以体积计算。

2. 工程量计算示例

【例4-4】 某桥梁基础工程，基础为矩形两层台阶，采用C20混凝土，图4-12所示为矩形桥梁基础示意图，试计算基础工程量。

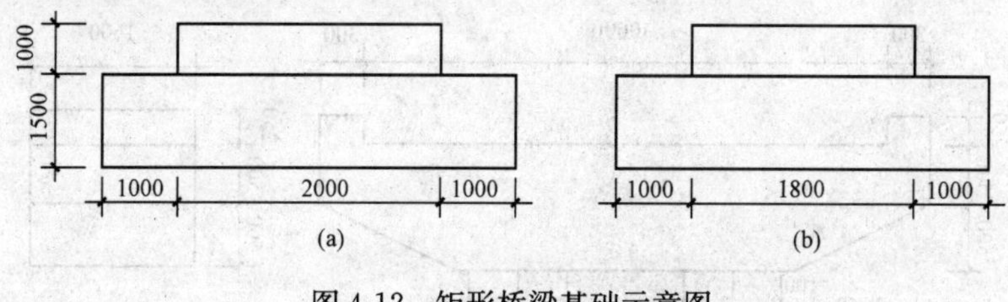

图4-12　矩形桥梁基础示意图

(a)正立面图；(b)侧立面图

【解】 由题意可知：

$$混凝土基础工程量=(2+1+1)\times(1+1+1.8)\times1.5+2\times1.8\times1$$
$$=26.4m^3$$

【例 4-5】 某桥梁桥台如图 4-13 所示，该桥台为 U 形桥台，与桥台台帽为一体，现场浇筑施工，试计算其工程量。

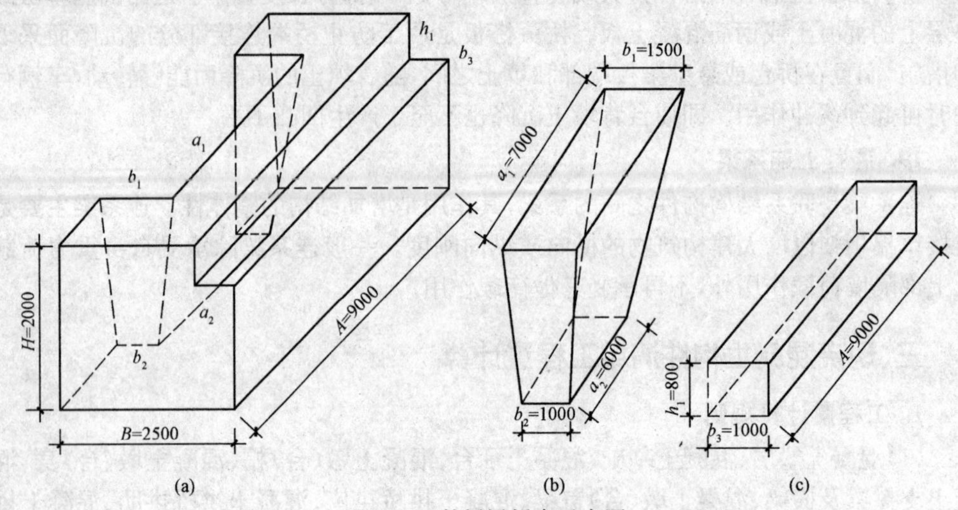

图 4-13　某桥梁桥台示意图

(a)U 形桥台；(b)截头方锥体；(c)台帽处长方体

【解】 由题意可知：

大长方体体积 $V_1=2.0\times2.5\times9=45\text{m}^3$

截头方锥体体积 $V_2=\frac{2.0}{6}\times[7\times1.5+6\times1+(7+6)\times(1.5+1)]=16.33\text{m}^3$

台帽处的长方体体积 $V_3=0.8\times1\times9=7.2\text{m}^3$

桥台体积 $V=V_1-V_2-V_3$

$=45-16.33-7.2$

$=21.47\text{m}^3$

桥台混凝土工程量 $=21.47\text{m}^3$

【例 4-6】 某桥现场浇筑混凝土墩盖梁如图 4-14 所示，试计算该盖梁混凝土工程量。

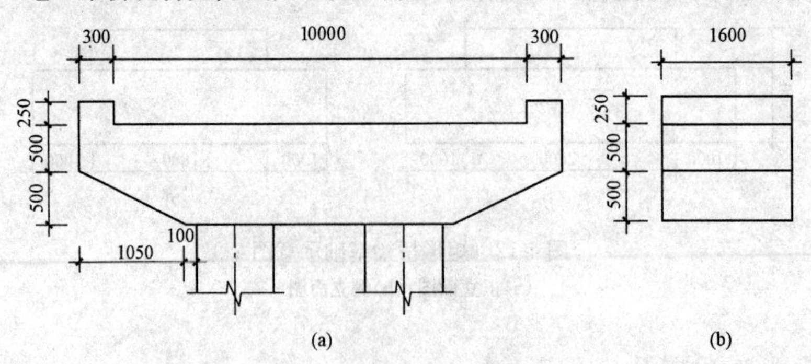

图 4-14　桥墩盖梁示意图

(a)正立面图；(b)侧立面图

【解】　由题意可知：

混凝土墩盖梁工程量＝[(0.5＋0.5)×(10＋0.3×2)－0.5×1.05＋0.3×0.25×2]×1.6＝16.36m^3

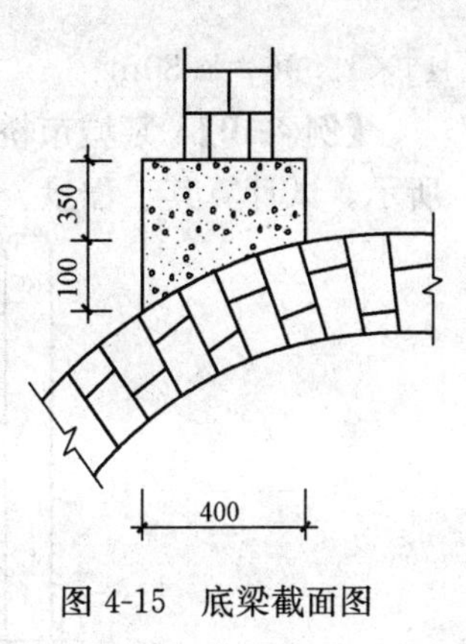

图 4-15　底梁截面图

【例 4-7】　某拱桥工程，宽为 12m，图 4-15 所示为拱桥底梁的截面图，试计算拱桥底梁工程量。

【解】　由题意可知：

混凝土拱上构件工程量＝(0.35＋0.35＋0.1)×1/2×0.4×12
＝1.92m^3

【例 4-8】　如图 4-16 所示，某桥为整体式连续板梁桥，桥长为 40m，试计算其工程量。

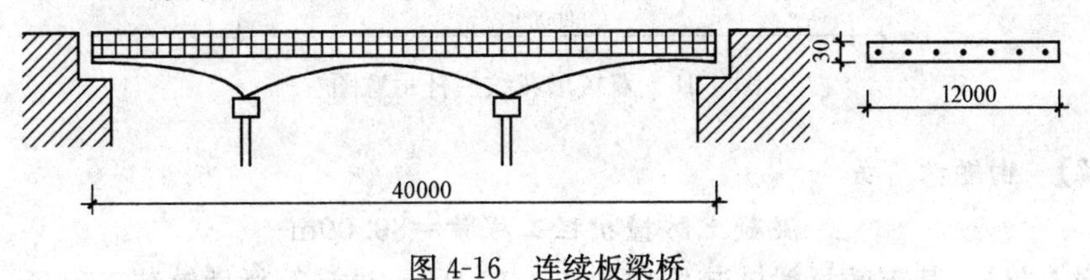

图 4-16　连续板梁桥

【解】　由题意可知：

混凝土连续板工程量＝40×12×0.03＝14.40m^3

【例 4-9】　某混凝土梁如图 4-17 所示，梁内设一直径为 65cm 的圆孔，试计算该混凝土梁工程量。

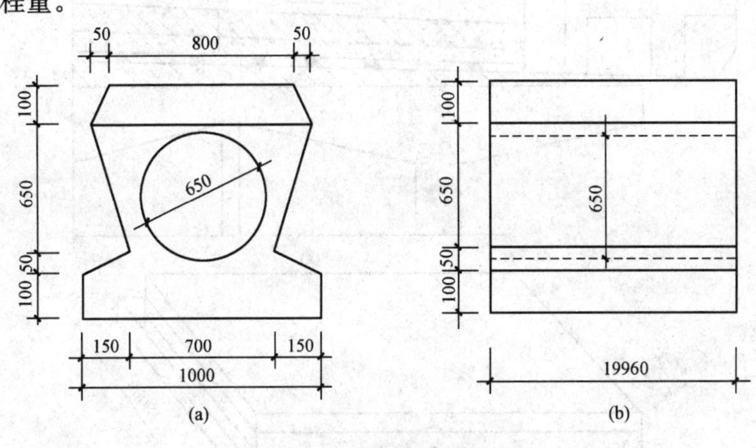

图 4-17　混凝土梁示意图

(a)横截面图；(b)侧立面图

【解】　由题意可知：

混凝土梁工程量＝[(0.8＋0.05×2＋0.80)×0.1/2＋(0.05×2＋0.80＋0.7)×0.65/2＋(0.7＋0.15×2＋0.7)×0.05/2＋(0.15×2＋0.7)×0.1－(3.14×0.65^2)/

4]×19.96=8.30m³

【例 4-10】 某城市桥梁具有双棱形花纹的混凝土防撞栏杆，全长 80m，如图 4-18 所示。试计算其工程量。

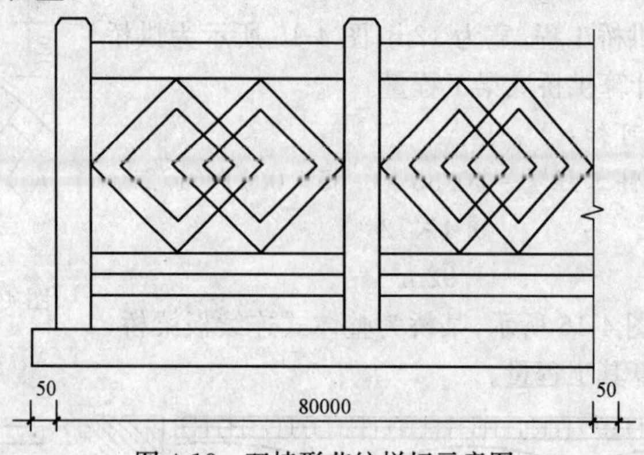

图 4-18　双棱形花纹栏杆示意图

【解】 由题意可知：

混凝土防撞护栏工程量=80.00m

【例 4-11】 某市政桥梁铺装构造如图 4-19 所示，试计算桥面铺装工程量。

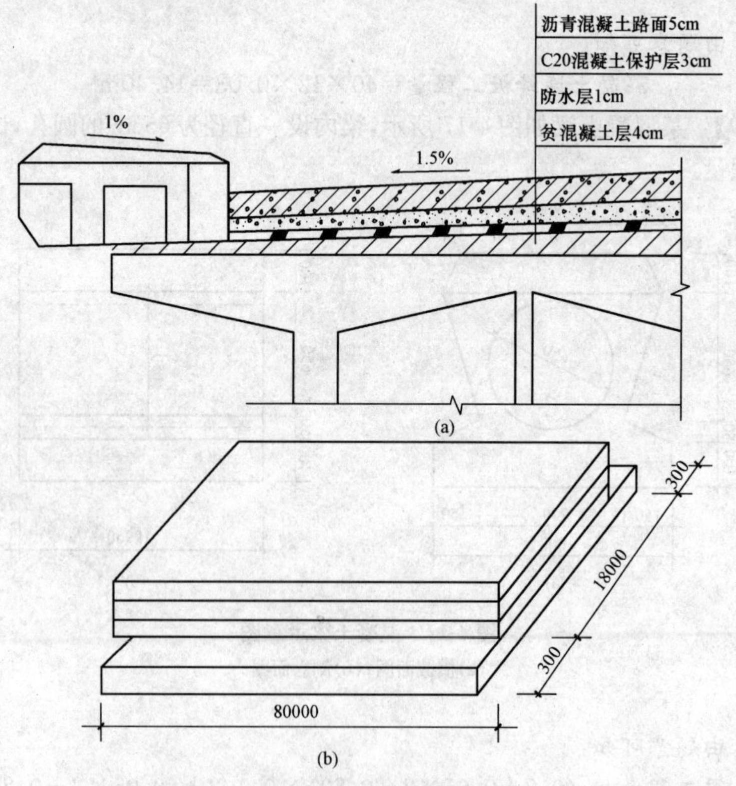

图 4-19　桥梁铺装示意图

(a)横截面图；(b)构造示意图

【解】 由题意可知：

$$桥面铺装工程量=80\times18=1440m^2$$

【例4-12】 某混凝土桥塔身为H型塔身，图4-20所示为其尺寸示意图。已知混凝土强度等级为C25，试计算其工程量。

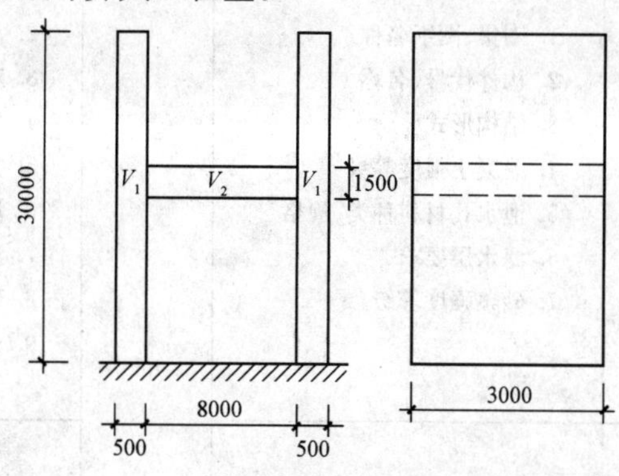

图4-20　H型塔身示意图

【解】 由题意可知：

$$\begin{aligned}H型塔身工程量&=0.5\times3\times30\times2+8\times3\times1.5\\&=126m^3\end{aligned}$$

第五节　预制混凝土构件工程量清单编制

一、预制混凝土构件清单项目设置

《市政工程工程量清单计价规范》附录C.4中预制混凝土构件共有5个清单项目。各清单项目设置的具体内容见表4-4。

表4-4　预制混凝土构件清单项目设置

项目编码	项目名称	项目特征	计量单位	工作内容
040304001	预制混凝土梁	1. 部位 2. 图集、图纸名称 3. 构件代号、名称 4. 混凝土强度等级 5. 砂浆强度等级	m^3	1. 模板制作、安装、拆除 2. 混凝土拌和、运输、浇筑 3. 养护 4. 构件安装 5. 接头灌缝 6. 砂浆制作 7. 运输
040304002	预制混凝土柱			
040304003	预制混凝土板			

续表

项目编码	项目名称	项目特征	计量单位	工作内容
040304004	预制混凝土挡土墙墙身	1. 图集、图纸名称 2. 构件代号、名称 3. 结构形式 4. 混凝土强度等级 5. 泄水孔材料种类、规格 6. 滤水层要求 7. 砂浆强度等级	m^3	1. 模板制作、安装、拆除 2. 混凝土拌和、运输、浇筑 3. 养护 4. 构件安装 5. 接头灌缝 6. 泄水孔制作、安装 7. 滤水层铺设 8. 砂浆制作 9. 运输
040304005	预制混凝土其他构件	1. 部位 2. 图集、图纸名称 3. 构件代号、名称 4. 混凝土强度等级 5. 砂浆强度等级		1. 模板制作、安装、拆除 2. 混凝土拌和、运输、浇筑 3. 养护 4. 构件安装 5. 接头灌缝 6. 砂浆制作 7. 运输

二、预制混凝土构件清单项目特征描述

1. 预制混凝土梁

常用钢筋混凝土、预应力混凝土或钢筋材料做成板梁、T形梁、背骨梁、箱形梁和桁架式的简支梁、悬臂梁桥和连续桥等，也有用钢筋混凝土桥面板与钢主梁，预制的钢筋混凝土或预应力混凝土主梁与现浇（或预制）的钢筋混凝土桥面结合而成结合梁。梁桥构造简单，受力明确，施工便利，是中、小跨径的桥梁中最常采用的桥型。

2. 预制混凝土柱

柱子有装饰型柱子和承重型柱子，承重型柱子的截面形式有圆形、方形、矩形等，有实心柱及空心柱等。在框架结构及桥梁工程中，是主要的承重构件，是连接基础与上部结构的中间部分。

3. 预制混凝土板

预制混凝土板可分为实心板和空心板。实心预制混凝土板一般都设计成等厚的矩形截面，采用C20混凝土制作，宽度一般为1m，边板则视桥的宽度而定，板与板之间接缝（企口缝）用混凝土连接。实心预制混凝土板一般设置简易垫层支座，铺垫油毛毡后，就直接安置在墩、台帽上，并用锚栓与墩、台帽锚固。

4. 预制混凝土其他构件

预制混凝土其他构件主要包括缘石、人行道、锚锭板、灯柱、端柱、栏杆等小型构件。

(1)缘石。缘石也称侧石，是公路桥梁和城市车行道和人行道的分界线。用混凝土预制块或料石做成，顶面高出车行道面 20～30cm(或更高一些)，以保证行人的安全。

(2)人行道。人行道由人行道板、人行道梁、支撑梁及缘石组成。人行道梁分 A、B 式，A 式梁上要装栏杆柱，故端部设有凹槽而较宽，支撑梁用以固定人行道梁的位置。在安装时，将人行道梁的一部分通过稠水泥浆搁置在主梁上，为了固定人行道梁，还需要在梁的根部预埋钢板，使之与从桥面板内伸出的锚固钢筋相互焊接(也可采用螺栓连接)。焊毕后应将钢筋和钢板涂热沥青两道以防锈。锚件的数量及尺寸应通过计算确定，以保证有足够的强度。最后在人行道梁上再搁置厚 6cm 的预制人行道板，施工时应注意安全。

(3)锚锭板。是一种块状锚钉，一般预埋在其他结构上，通过一根拉杆连接在锚钉板上传力。

(4)灯柱。在城市桥上，以及在城郊行人和车辆较多的公路上，都需要设置照明设备。照明灯柱可以设在栏杆扶手的位置上，在较宽的人行道上也可设置在靠近缘石处。照明用灯一般高出车道 5m 左右。对于美观要求较高的桥梁，灯柱和栏杆的设计不但要从桥上的观赏来考虑，而且也要符合全桥在立面上具有统一协调的艺术造型要求。钢筋混凝土灯柱的柱脚可以就地浇筑并将钢筋锚固于桥面中。铸铁灯柱脚可固定在预埋的锚固螺栓上。为了照明以及其他用途所需的电信线路等，通常都从人行道下的预留孔道内通过。

(5)端柱。端柱是指荷载可能在柱的两侧(如独立扶手)，其一端与桥面连接，另一端则悬空，端柱所承受的荷载一般很小。

(6)栏杆。公路桥梁的栏杆是一种安全防护设备。栏杆高度通常为 8～10m，有时对于跨径较小且宽度又不大的桥可将栏杆做得矮一些(4～6m)。栏杆柱的距离一般为 1.6～2.7m。

三、预制混凝土构件清单工程量计算

1. 工程量计算规则

预制混凝土构件清单工程量计算规则为：按设计图示尺寸以体积计算。

2. 工程量计算示例

【例 4-13】 如图 4-21 所示，某一桥梁桥墩处设置有截面尺寸为 80cm×80cm 的方立柱 3 根，立柱设在盖梁与承台之间，立柱高 2.7m，工厂预制生产，试计算该桥墩立柱工程量。

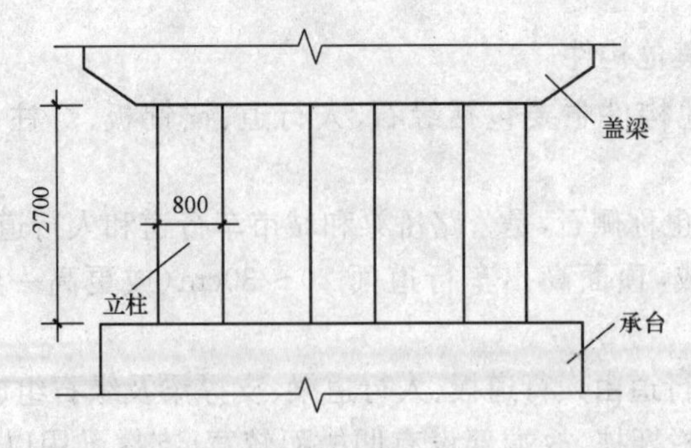

图 4-21　立柱示意图

【解】 由题意可知：

预制混凝土柱工程量＝0.8×0.8×2.7×3＝5.18m^3

【例 4-14】 某桥梁工程，其桥下边坡采用预制混凝土挡土墙，如图 4-22 所示，已知该挡土墙总长 20m，试计算其工程量。

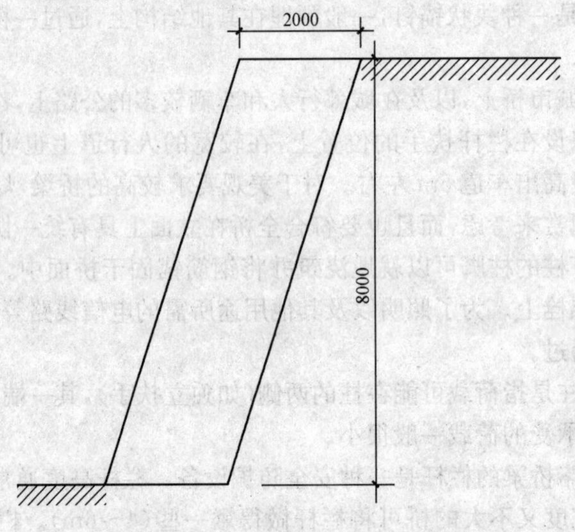

图 4-22　预制混凝土挡土墙示意图

【解】 由题意可知：

预制混凝土挡土墙工程量＝2×8×20＝320m^3

第六节　砌筑工程量清单编制

一、砌筑清单项目设置

《市政工程工程量清单计价规范》附录 C.5 中砌筑共有 5 个清单项目。各清单项目设置的具体内容见表 4-5。

表 4-5　　砌筑清单项目设置

<table>
<tr><th>项目编码</th><th>项目名称</th><th>项目特征</th><th>计量单位</th><th>工作内容</th></tr>
<tr><td>040305001</td><td>垫层</td><td>1. 材料品种、规格
2. 厚度</td><td rowspan="4">m³</td><td>垫层铺筑</td></tr>
<tr><td>040305002</td><td>干砌块料</td><td>1. 部位
2. 材料品种、规格
3. 泄水孔材料品种、规格
4. 滤水层要求
5. 沉降缝要求</td><td rowspan="3">1. 砌筑
2. 砌体勾缝
3. 砌体抹面
4. 泄水孔制作、安装
5. 滤层铺设
6. 沉降缝</td></tr>
<tr><td>040305003</td><td>浆砌块料</td><td rowspan="2">1. 部位
2. 材料品种、规格
3. 砂浆强度等级
4. 泄水孔材料品种、规格
5. 滤水层要求
6. 沉降缝要求</td></tr>
<tr><td>040305004</td><td>砖砌体</td></tr>
<tr><td>040305005</td><td>护坡</td><td>1. 材料品种
2. 结构形式
3. 厚度
4. 砂浆强度等级</td><td>m²</td><td>1. 修整边坡
2. 砌筑
3. 砌体勾缝
4. 砌体抹面</td></tr>
</table>

注：1. 干砌块料、浆砌块料和砖砌体应根据工程部位不同，分别设置清单编码。
2. 本表清单项目中"垫层"指碎石、块石等非混凝土类垫层。

二、砌筑清单项目特征描述

1. 干砌块料

(1)砌筑石料。桥梁工程砌筑石料应符合设计规定的类别和强度，石质应均匀、耐风化、无裂纹；石料抗压强度的测定，应符合《公路工程岩石试验规程》(JTG E41—2005)的规定；在潮湿和浸水地区主体工程的石料软化系数，不得小于 0.8。对最冷月份平均气温低于－10℃的地区，除干旱地区的不受冰冻部位外，石料的抗冻性指标应符合冻融循环 25 次的要求。

砌筑石料按外形可分为片石、块石和料石，具体要求见表 4-6。

表 4-6　砌筑石料的要求

序号	砌筑石料	要　求
1	片石	片石是指用爆破或楔劈法开采的石块，厚度不应小于 150mm，用于镶面的片石，应选择表面较平整、尺寸较大者，并应稍加修整
2	块石	块石形状应大致方正，上下面大致平整，厚度为 200～300mm，宽度为厚度的 1.0～1.5 倍，长度为厚度的 1.5～3.0 倍(如有锋棱锐角，应敲除)。块石用做镶面时，应由外露面四周向内稍加修凿，后部可不修凿，但应略小于修凿部分
3	粗料石	粗料石是由岩层或大块石料开劈并经粗略修凿而成，外形应方正，成六面体，厚度为 200～300mm，宽度为厚度的 1～1.5 倍，长度为厚度的 2.5～4 倍，表面凹陷深度不大于 20mm。加工镶面粗料石时，丁石长度应比相邻顺石宽度至少大 150mm，修凿面每 100mm 长须有錾路 4～5 条，侧面修凿面应与外露面垂直，正面凹陷深度不应超过 1.5mm。 镶面粗料石的外露面如带细凿边缘时，细凿边缘的宽度应为 30～50mm

(2)混凝土预制砌块。桥梁工程混凝土预制块形状、尺寸应统一，其规格应与粗料石相同，砌体表面应整齐美观。预制块用做拱石时，混凝土块可提前预制，使其收缩尽量消失在拱圈封顶以前，避免拱圈开裂；蒸汽养护混凝土预制块可加速收缩，可按试验确定提前时间。

2. 浆砌块料

(1)浆砌块料的划分。

1)按尺寸来分，凡块体的高度为 350mm 及其以下者称为小型混凝土砌块；凡块体的高度为 360～900mm 之间者为中型砌块。

2)按材料来分，即按所用原料的不同划分为混凝土砌块、硅酸盐砌块(以粉煤灰、煤矸石等工业废料为原料)、加气混凝土砌块等。

3)按抗渗程度来分，分为防水砌块和普通砌块。防水砌块用于清水外墙。

(2)浆砌块料的强度等级。浆砌块料强度等级为：MU15、MU10、MU7.5、MU5 和 MU3.5 共五个，砌体的强度等级由抗压强度确定。

3. 砖砌体

(1)砖的种类及规格。砖按孔洞率分为无孔洞或孔洞率小于 15％的实心砖(普通砖)；孔洞率等于或大于 15％，孔的尺寸小而数量多的多孔砖；孔洞率等于或大于 15％，孔的尺寸大而数量少的空心砖等。砖按制造工艺分为经焙烧而成的烧结砖，长度为 240mm，宽度为 115mm，高度为 53mm；经蒸气(常压或高压)养护而成的蒸养(压)砖，以自然养护而成的免烧砖等。

砖砌体中凡经焙烧而制成的砖称为烧结砖。凡经焙烧而制成的砖称为烧结普通型砖。烧结砖根据其孔洞率大小分为烧结普通砖、烧结多孔砖和烧结空心砖三种。

烧结砖有黏土砖(N)、页岩砖(Y)、煤矸石砖(M)、粉煤灰砖(F)等多种。其中黏土砖应用较多，烧结普通砖的公称尺寸：长度为240mm，宽度为115mm，高度为53mm。

烧结普通砖根据尺寸偏差、外观质量、泛霜和石灰爆裂分为优等品(A)、合格品(C)两个产品等级。产品不允许有欠火砖、酥砖和螺旋纹砖。

烧结普通砖根据10块砖样的抗压强度平均值和强度标准值，分为MU30、MU25、MU20、MU15、MU10和MU7.5六个强度等级。

(2)砂浆强度等级。桥梁工程常用的砌筑砂浆为水泥砂浆和混合砂浆，其强度等级可分为M20、M15、M10、M7.5、M5共五个，通常水泥砂浆可用于潮湿环境中的砌体，混合砂浆可用于干燥环境中的砌体。

4. 护坡

护坡是指在河岸或路旁用石块、水泥等筑成的斜坡，用来防止河流或雨水冲刷。护坡所用的石块材料主要有块石、料石和预制块。

三、砌筑清单工程量计算

1. 工程量计算规则

(1)垫层、干砌块料、浆砌块料、砖砌体：按设计图示尺寸以体积计算。

(2)护坡：按设计图示尺寸以面积计算。

2. 工程量计算示例

【例4-15】 某拱桥一面的台身与台基础的砌筑材料和截面尺寸如图4-23所示，试计算该桥的台身与台基础工程量。

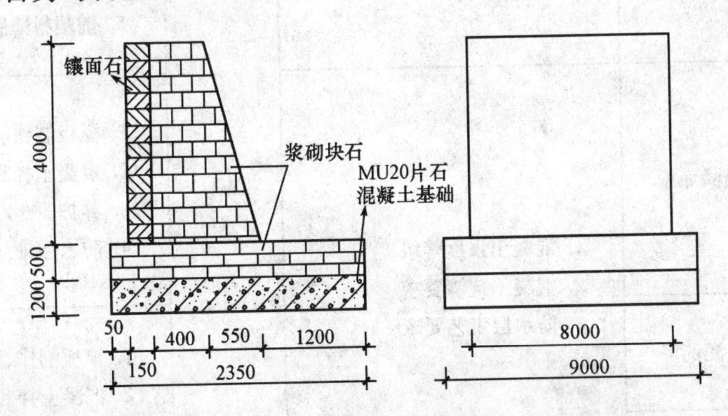

图4-23　台身与台基础的砌筑材料和截面图

【解】 由题意可知：

镶面石工程量=0.15×4×8=4.8m³

浆砌块石工程量=1/2×[0.4+(0.55+0.4)]×4×8+2.35×0.5×9=32.18m³

MU20片石混凝土基础工程量=2.35×1.2×9=25.38m³

【例4-16】 某桥梁工程设计采用混凝土护坡，护坡形式呈圆锥形，底边弧长为4.5m，锥尖到底边的径向距离为3.5m，混凝土厚度为20cm，试计算护坡工程量。

【解】 由题意可知：$\alpha=L/R=4.5/3.5=1.286\text{rad}$

护坡工程量$=\alpha R^2/2=1.286\times3.5^2/2=7.88\text{m}^2$

第七节　立交箱涵工程量清单编制

一、立交箱涵清单项目设置

《市政工程工程量清单计价规范》附录C.6中立交箱涵共有7个清单项目。各清单项目设置的具体内容见表4-7。

表4-7　　立交箱涵清单项目设置

项目编码	项目名称	项目特征	计量单位	工作内容
040306001	透水管	1. 材料品种、规格 2. 管道基础形式	m	1. 基础铺筑 2. 管道铺设、安装
040306002	滑板	1. 混凝土强度等级 2. 石蜡层要求 3. 塑料薄膜品种、规格	m³	1. 模板制作、安装、拆除 2. 混凝土拌和、运输、浇筑 3. 养护 4. 涂石蜡层 5. 铺塑料薄膜
040306003	箱涵底板	1. 混凝土强度等级 2. 混凝土抗渗要求 3. 防水层工艺要求	m³	1. 模板制作、安装、拆除 2. 混凝土拌和、运输、浇筑 3. 养护 4. 防水层铺涂
040306004	箱涵侧墙			1. 模板制作、安装、拆除 2. 混凝土拌和、运输、浇筑 3. 养护 4. 防水砂浆 5. 防水层铺涂
040306005	箱涵顶板			

续表

项目编码	项目名称	项目特征	计量单位	工作内容
040306006	箱涵顶进	1. 断面 2. 长度 3. 弃土运距	kt · m	1. 顶进设备安装、拆除 2. 气垫安装、拆除 3. 气垫使用 4. 钢刃角制作、安装、拆除 5. 挖土实顶 6. 土方场内外运输 7. 中继间安装、拆除
040306007	箱涵接缝	1. 材质 2. 工艺要求	m	接缝

注：除箱涵顶进土方外，顶进工作坑等土方应按《市政工程工程量计算规范》(GB 50857—2013)附录 A 土石方工程中相关项目编码列项。

二、立交箱涵清单项目特征描述

1. 透水管

透水管是一种具有倒滤透(排)水作用的新型管材。

(1)透水管的组成。透水管由以下三部分组成：

1)内衬钢线：采用高强度镍铬合金高碳钢线，经磷酸防锈处理后外覆 PVC 保护层，防酸碱腐蚀；独特的钢线螺旋补强体构造确保管壁表面平整并承受相应的土体压力。

2)过滤层：采用土工无纺布作为过滤层，确保有效过滤并防止沉积物进入管内。

3)上下滤布：经纱采用高强力特多龙纱外覆 PVC(电阻加热法)；纬纱采用特殊纤维，形成足够的抗拉强度。

(2)透水管材料品种。透水管材料有钢透水管和混凝土透水管。

2. 滑板

滑板是指滑升模板，即可上下滑动的模板。常用滑板结构包括铁轨滑板和混凝土地梁滑板。铁轨滑板的垫层为碎石垫层。混凝土地梁滑板是在混凝土滑板下加钢筋混凝土地梁来增加阻力的。如混凝土毛石嵌 T 滑板，用毛石来增加滑板对基础的摩阻力。

(1)混凝土强度等级。当顶板上设有防水层时，应先铺设防水层，并在其上浇筑一层 C10 混凝土保护层。用 C15、C20 混凝土浇筑滑板。

(2)石蜡层要求。石蜡层中石蜡和机油的质量比为 1∶(0.1～0.25)。

3. 箱涵底板、侧墙、顶板

箱涵底板是指箱涵的底板。在底板制作时，应在底板上设置胎膜，可用混凝土垫层抹平来做底板的胎膜。箱涵侧墙是指在涵洞开挖后，在涵洞的两侧砌筑的墙体,用来防止两侧的土体坍塌。侧墙可以用砖砌,也可以用混凝土浇筑。箱涵顶板是指箱涵的顶部,顶板要承受箱涵上部土体的压力和防止上部地下水的渗透,因此,在顶板上面要抹一层防水砂浆及涂沥青防水层。防水措施主要是抹防水砂浆及涂抹沥青层。

4. 箱涵顶进

箱涵顶进是用高压油泵、千斤顶、顶铁或顶柱等设备工具将预制箱涵顶推到指定位置的过程。顶进设备包括液压系统及顶力传递部分,顶力传递设备应按传力要求进行结构设计,并应按最大顶力和顶程确定所需规格及数量。

顶进孔径净跨在8m以下,覆土在1m以上时,可采用轨束梁法或工字钢束梁法加固线路;顶进孔径跨度大于8m,箱涵顶部又无覆土或覆土较薄时,可采用吊轨加横梁加固法。

5. 箱涵接缝

箱涵接缝处理指为防止箱涵漏水,在箱涵的接缝处及顶部喷沥青油,涂抹石棉水泥、防水膏或铺装石棉木丝板。

(1)箱涵接缝材料。

1)石油沥青。石油沥青是由石油原油炼制出轻质油,如汽油、煤油、柴油及润滑油之后,再经过处理而得到的副产品。其特点是韧性较好而有弹性,温度敏感性较小,大气稳定性较高,老化慢,抗腐蚀性较焦油沥青差。建筑上常用于卷材防水屋面、道路等温度变化较大处,还可以做沥青防腐材料、涂料等。

2)石棉水泥。石棉在填料中主要起骨架作用,改善刚性接口的脆性,有利于接口的操作,所用石棉应有较好的柔性,且纤维有一定长度。通常使用4F级温石棉,石棉在拌和前晒干,有利于拌和均匀。水泥是填料的重要成分,直接影响接口的密封性填料的强度、填料与管壁间的黏着力。作为接口材料的水泥不应低于42.5MPa,不允许使用过期或结块水泥。石棉水泥填料的配合比(质量比)一般为3∶7,水占干石棉水泥混合质量的10%,气温较高时适当增加。石棉和水泥可集中拌制成干料装入桶内,每次干拌填料不应超过一天的用量,使用时随用随加水湿拌成填料。加水拌和石棉水泥应在1.5h内用完,否则影响其质量。

3)防水膏。一般所用的防水膏大多数为塑料油膏。塑料油膏是以煤焦油和废旧聚乙烯(PVE)塑料为基料,按一定的比例加入增塑剂(邻苯二甲酸二丁酯、邻苯二甲酸一辛脂)、稳定剂(三盐基硫酸铝、硬脂酸钙)及填充料(滑石粉、磺粉)等,在140℃温度下塑化而成的膏状密封材料,简称塑料油膏。

4)木丝板。指木工处理后的碎木屑。

5)沥青木丝板。指将木丝板浸入石油沥青内所得到的防水材料。

(2)箱涵接缝工艺要求。为了防止收缩过大,除设计中要考虑在纵向布置温度钢筋外,还必须在施工中采取如下措施:

1)低温入模在夏季浇筑混凝土时,适当采用低温集料和水;冬季施工的温度控制在 5～7℃。浇筑混凝土后 24h 内不进行蒸气养护，借以抑制混凝土中水化热的增长。

2)增加混凝土密实度，采用合理的级配和较低的水胶比，加强振捣和避免漏振。

3)加强混凝土的养护，拆模后立即用麻袋或草包覆盖，并淋水和保持水分。夏季切忌暴晒，冬季养护时要缓慢加温。

三、立交箱涵清单工程量计算

1. 工程量计算规则

(1)透水管：按设计图示尺寸以长度计算。

(2)滑板、箱涵底板、箱涵侧墙、箱涵顶板：按设计图示尺寸以体积计算。

(3)箱涵顶进：按设计图示尺寸以被顶箱涵质量乘以箱涵的位移距离分节累计计算。

(4)箱涵接缝：按设计图示止水带长度计算。

2. 工程量计算示例

【例 4-17】 图 4-24 所示为某涵洞箱涵形式，其箱涵底板为水泥混凝土板，厚度为 20cm，C20 混凝土；箱涵侧墙厚 50cm，C20 混凝土；顶板厚 30cm。已知涵洞长为 21m，试计算其工程量。

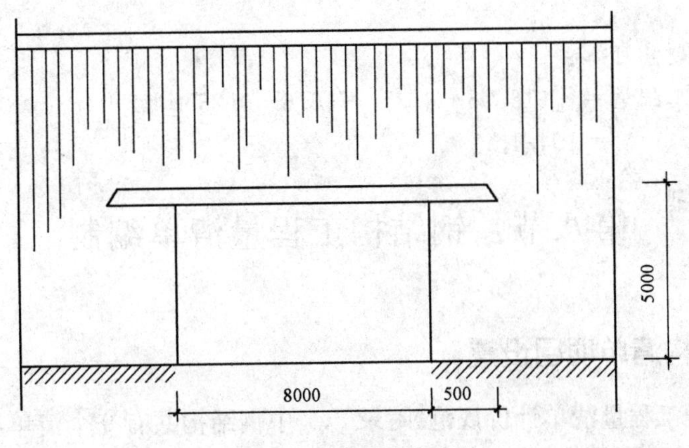

图 4-24　箱涵洞示意图

【解】 由题意可知：

$$箱涵底板工程量=8\times21\times0.2=33.60m^3$$

$$箱涵侧墙工程量=21\times5\times0.5\times2=105m^3$$

$$箱涵顶板工程量=(8+0.5\times2)\times0.3\times21=56.70m^3$$

【例 4-18】 某箱涵顶进施工，将质量为 420t、长度为 24m 的预制箱涵移至指定位置，分 4 节顶进，每节顶进距离 1.25m，试计算箱涵顶进工程量。

【解】 由题意可知：

$$箱涵顶进工程量=0.42\times1.25\times4=2.1kt\cdot m$$

【例 4-19】 某桥梁工程，在施工过程中采用预制分节顶入箱涵，图 4-25 所示为箱涵横截面图，整个箱涵分三节顶进完成施工，分节箱涵的节间接缝按设计要求设置止水带，试计算箱涵接缝工程量。

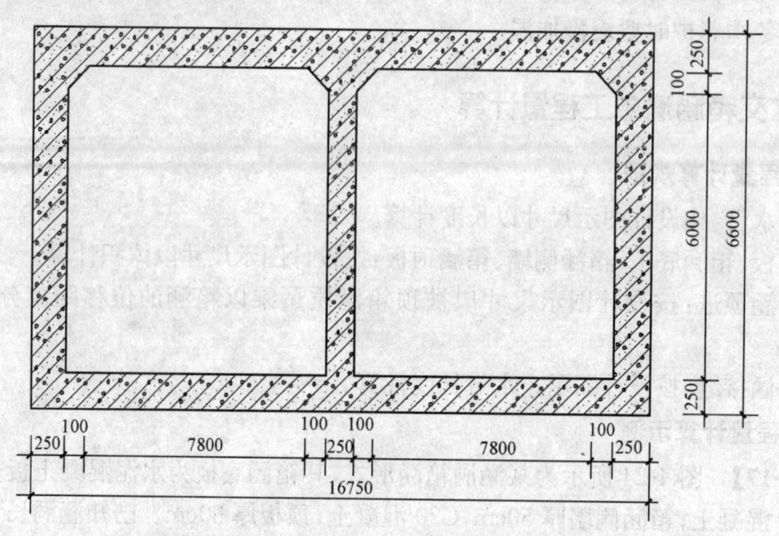

图 4-25 箱涵横截面图

【解】 由题意可知：

箱涵接缝工程量＝{[(16.75－0.25)＋(6.6－0.25)]×2＋(6.6－0.25)}×2
＝104.1m

第八节 钢结构工程量清单编制

一、钢结构清单项目设置

《市政工程工程量清单计价规范》附录 C.7 中钢结构共有 9 个清单项目。各清单项目设置的具体内容见表 4-8。

表 4-8 钢结构清单项目设置

项目编码	项目名称	项目特征	计量单位	工作内容
040307001	钢箱梁	1. 材料品种、规格 2. 部位 3. 探伤要求 4. 防火要求 5. 补刷油漆品种、色彩、工艺要求	t	1. 拼装 2. 安装 3. 探伤 4. 涂刷防火涂料 5. 补刷油漆
040307002	钢板梁			
040307003	钢桁梁			
040307004	钢拱			
040307005	劲性钢结构			
040307006	钢结构叠合梁			
040307007	其他钢构件			

续表

<table>
<tr><th>项目编码</th><th>项目名称</th><th>项目特征</th><th>计量单位</th><th>工作内容</th></tr>
<tr><td>040307008</td><td>悬(斜拉)索</td><td rowspan="2">1. 材料品种、规格
2. 直径
3. 抗拉强度
4. 保护方式</td><td rowspan="2">t</td><td>1. 拉索安装
2. 张拉、索力调整、锚固
3. 防护壳制作、安装</td></tr>
<tr><td>040307009</td><td>钢拉杆</td><td>1. 连接、紧锁件安装
2. 钢拉杆安装
3. 钢拉杆防腐
4. 钢拉杆防护壳制作、安装</td></tr>
</table>

二、钢结构清单项目特征描述

1. 钢箱梁

钢箱梁又叫钢板箱形梁，是大跨径桥梁常用的结构形式。一般用在跨度较大的桥梁上。外形像一个箱子故叫作钢箱梁。

在大跨度缆索支承桥梁中，钢箱主梁的跨度达几百米甚至上千米，一般分为若干梁段制造和安装，其横截面具有宽幅和扁平的外形特点，高宽比达到 1∶10 左右。

钢箱梁一般由顶板、底板、腹板、横隔板、纵隔板及加劲肋等通过全焊接的方式连接而成。其中顶板为由盖板和纵向加劲肋构成的正交异形桥面板。

2. 钢板梁

在钢桥中，板梁桥结构形式可分为上承式和下承式两种。上承式是常用形式，因为它的主距小，桥面直接放在主梁上，不需要桥面系，用钢量少，所以桥墩台圬工数量比用下承式板梁为少，简单经济，当建筑高度受到限制时，才考虑采用下承式板梁。

3. 钢桁梁

当跨度增大时，梁的高度也要增大，如仍用板梁，则腹板、盖板、加劲角钢及接头等就显得尺寸巨大而笨重。如果采用腹杆代替腹板组成桁梁，那么质量大为减轻。桁梁构造比较复杂，一般适用于 48m 以上的跨度。

钢桁梁也分为上承式与下承式。一般在河川的大跨度主梁上均采用下承式。钢桁梁主要由桥面、主桁架、桥面系、联结系及支座等部分组成。

4. 劲性钢结构

劲性钢结构是使用型钢等既能受压也能受拉的构件作为主结构的钢结构。劲性骨架拱桥与普通拱桥的区别在于前者以钢骨拱桁架作为受力筋，而后者以普通钢筋作为受力筋；前者因跨径大，主要采用箱形截面，而后者跨越能力较小，主拱圈的截面形式较多。

5. 钢结构叠合梁

叠合梁按受力性能又可分为“一阶段受力叠合梁”和“二阶段受力叠合梁”两类。前者是指施工阶段在预制梁下设有可靠支撑，能保证施工阶段的作用荷载全部传给支撑；后者是指施工阶段在简支的预制梁下不设支撑，施工阶段的全部荷载完全由预制梁承担。

6. 钢拉索

(1)钢拉索材质。混凝土斜拉桥所用的拉索，借助于预应力混凝土技术，大都采用钢绞线、钢丝或预应力钢筋，但也有与钢斜拉桥一样，采用封闭式钢缆和平行钢丝股索的。

(2)钢拉索直径。一般采用 $\phi5$ 预应力高强钢丝组成的平行钢丝索及半平行钢丝索。随着跨径的不断增大，近年来 $\phi7$ 高强钢丝和 $\phi7$ 钢绞线也被用于拉索中。

(3)钢拉索防护方式。拉索都是由钢材组成，如不加防护，锈蚀是十分惊人的。为了提高拉索的耐久性，增长拉索的使用寿命，减少养护工作，必须重视拉索的防护。拉索的防护方法因其构造不同而不同。拉索的防护可分为钢丝防护和拉索防护两个方面。防护主要是防止拉索锈蚀，拉索的锈蚀主要是电化学腐蚀，因此，采用的防护材料必须严格检验分析，使它不含有腐蚀钢材的成分，并要求防护层有足够的强度而不致老化或开裂，有良好的耐候性，延长使用时间。

1)钢丝的防护：钢丝的防护可以采用镀锌、镀防锈脂、涂防锈底漆等，防止钢丝在拉索施工过程中锈蚀。钢丝防护前应将表面油脂或锈迹去掉。

2)拉索的防护：拉索防护措施得当，可以延长整个斜拉桥的使用寿命。因此，常用的拉索防护方法可归为四类：涂料保护、卷带保护、套管保护及拉索外施加塑料缠绕保护层等。对于封闭式钢缆，由于截面紧密，封闭性较好、空隙率很小，可以只对各组成索的钢丝镀锌，并对钢缆表面施加涂料进行防护。但对于由钢丝索组成的拉索，由于拉索空隙率大，封闭性差，必须进行钢丝和拉索两部分防护。

7. 钢拉杆

(1)钢拉杆材质。拉杆一般为圆钢，也有的为型钢，但较少。

(2)钢拉杆直径。圆钢的直径分为几个等级：$\phi20$ 以内，$\phi40$ 以内，$\phi40$ 以外。

(3)钢拉杆防护。钢拉杆拉紧后，应对拉杆的连接铰、紧张器、螺母等未做防护处理的部位进行防护。在安装过程中损坏防护层的部位应予修补。

三、钢结构清单工程量计算

1. 工程量计算规则

(1)钢箱梁、钢板梁、钢桁梁、钢拱、劲性钢结构、钢结构叠合梁、其他钢构件：按设计图示尺寸以质量计算，不扣除孔眼的质量，焊条、铆钉、螺栓等不另增加质量。

(2)悬(斜拉)索、钢拉杆：按设计图示尺寸以质量计算。

2. 工程量计算示例

【例 4-20】 某桥梁工程采用钢箱梁，图 4-26 所示为钢箱梁截面示意图，已知钢箱梁材料采用 Q3465C，全长 24m，试计算其工程量。

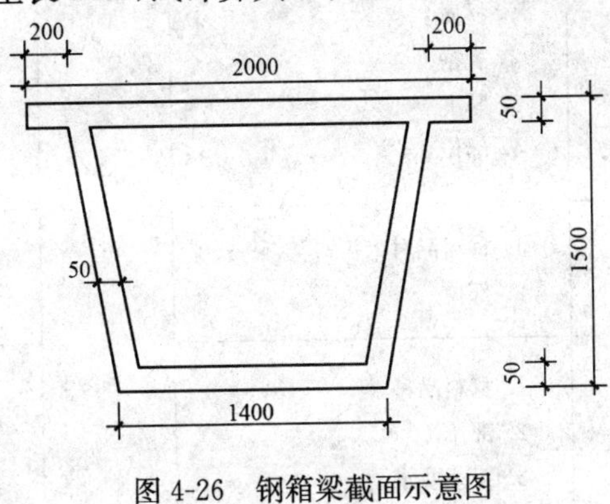

图 4-26　钢箱梁截面示意图

【解】 由题意可知：

$$钢箱梁的体积=[2.0\times0.05+(1.4+1.6)\times\frac{1}{2}\times(1.5-0.05)-(1.5+1.3)\times\frac{1}{2}\times(1.5-0.05\times2)]\times24=7.56m^3$$

$$钢箱梁工程量=7.56\times7.85\times10^3kg=59.35t$$

第九节　装饰工程量清单编制

一、装饰清单项目设置

《市政工程工程量清单计价规范》附录 C.8 中装饰共有 5 个清单项目。各清单项目设置的具体内容见表 4-9。

表 4-9　**装饰清单项目设置**

项目编码	项目名称	项目特征	计量单位	工作内容
040308001	水泥砂浆抹面	1. 砂浆配合比 2. 部位 3. 厚度	m^2	1. 基层清理 2. 砂浆抹面
040308002	剁斧石饰面	1. 材料 2. 部位 3. 形式 4. 厚度		1. 基层清理 2. 饰面

续表

项目编码	项目名称	项目特征	计量单位	工作内容
040308003	镶贴面层	1. 材质 2. 规格 3. 厚度 4. 部位	m^2	1. 基层清理 2. 镶贴面层 3. 勾缝
040308004	涂料	1. 材料品种 2. 部位		1. 基层清理 2. 涂料涂刷
040308005	油漆	1. 材料品种 2. 部位 3. 工艺要求		1. 除锈 2. 刷油漆

注:如遇本清单项目缺项时,可按现行国家标准《房屋建筑与装饰工程工程量计算规范》(GB 50854—2013)中相关项目编码列项。

二、装饰清单项目特征描述

1. 水泥砂浆抹面

水泥砂浆是以水泥为胶凝材料,由砂、水泥和水按一定的比例配合,均匀搅拌而成的拌合物。凡涂在建筑物或建筑构件表面的砂浆,可统称为抹面砂浆。根据抹面砂浆功能的不同,一般可将抹面用的砂浆分为普通砂浆抹面、装饰砂浆抹面、防水砂浆抹面和具有某些特殊功能的砂浆抹面(如绝热、耐酸、防射线砂浆抹面)等。

(1)水泥砂浆抹面砂浆配合比:指水泥砂浆中砂、水泥和水各自所占比例。一般多用1∶2.5水泥砂浆。

(2)水泥砂浆抹面部位指在容易碰撞或潮湿的地方,应采用水泥砂浆。如墙裙、踢脚板、地面、雨棚、窗台以及水池、水井等处。

2. 剁斧石饰面

剁斧石指将没有洗刷的水刷石表面,经过斩凿,使之成为具有石料表面的效果。剁斧石是饰面水泥浆硬化后,用斧刃将表面剁毛并露出石碴,使其表面具有粗面花岗岩的效果。

剁斧石含泥质石灰岩,属沉积岩。其层理构造具有沉积岩特征,层理鲜明、或厚或薄、上下之间成平行重叠,断口不规则,表面纹理如山水画中的斧劈皴。

3. 镶贴面层

镶贴面层是指将石材和水泥或建筑陶瓷粘结在墙体或地面表面而形成的面层。

(1)石材包含天然石材和人造石材两种。

1)天然石材:从天然岩体中开采出来的毛料或经过加工成板状或块状的饰面

材料。

2)人造石材:包括人造大理石和人造花岗石,其色彩和花纹均可根据要求设计制作,还可以制作成弧形、曲面等天然石材难以加工的复杂形状。

(2)建筑陶瓷包括墙地砖、马赛克、建筑琉璃制品等,广泛用于建筑物内外墙、地面和屋面的装饰和保护,已成为房屋装饰中一类极为重要的装饰材料。

4. 涂料

涂料是指敷于物体表面能与基体材料很好粘结并形成完整而坚韧保护膜的物料。

(1)水质涂料种类。各类防水涂料的典型产品见表4-10。

表4-10　各类防水涂料的典型产品

<table>
<tr><td rowspan="3">合成树脂类</td><td rowspan="2">单组分</td><td>溶剂型:丙烯酸酯、聚氯乙烯</td></tr>
<tr><td>水乳型:丙烯酸酯、丁苯</td></tr>
<tr><td>双组分</td><td>聚硫环氧</td></tr>
<tr><td rowspan="4">橡胶类</td><td rowspan="3">单组分</td><td>溶剂型:氯磺化聚乙烯橡胶、乙丙橡胶</td></tr>
<tr><td>水乳型:硅橡胶、丁苯、羧基丁苯、氯丁橡胶、丙烯酸酯</td></tr>
<tr><td>反应型:单组分聚氨酯</td></tr>
<tr><td>双组分</td><td>聚氨酯、焦油聚氨酯、沥青聚氨酯、聚硫橡胶</td></tr>
<tr><td rowspan="2">橡胶沥青类</td><td colspan="2">溶剂型:氯丁橡胶类、再生橡胶沥青、SBS改性沥青、丁基橡胶沥青</td></tr>
<tr><td colspan="2">水乳型:氯丁橡胶沥青、羧基氯丁橡胶沥青、再生橡胶沥青</td></tr>
<tr><td rowspan="2">沥青类</td><td colspan="2">水分散型:膨润土沥青、石棉沥青</td></tr>
<tr><td colspan="2">溶剂型:沥青涂料</td></tr>
<tr><td rowspan="2">聚合物水泥复合涂料</td><td>A　型</td><td>断裂延伸率＞150％,断裂拉伸强度＞1.2MPa</td></tr>
<tr><td>B　型</td><td>断裂延伸率＞60％,断裂拉伸强度＞1.5MPa</td></tr>
<tr><td>结晶渗透型</td><td colspan="2">XYPEX等</td></tr>
<tr><td>水化反应涂层</td><td colspan="2">防水宝、确保时、水不漏等</td></tr>
</table>

(2)水质涂料部位。水质涂料一般适用于高层建筑、公共设施、小型别墅、宾馆、饭店等的外墙装饰。其中,苯丙乳液外墙涂料和聚醋酸乙烯乳胶涂料适用于一般民用建筑、学校、工厂等内墙装饰。

5. 油漆

(1)油漆材料品种。油漆有清油、防锈漆、乳胶漆、干性油等。

(2)油漆部位。清油可单独刷基层表面,也可作打底涂料、配腻子;防锈漆主要用于涂刷钢筋结构表面,用来防锈打底;乳胶漆适用于高级建筑室内抹灰面、木材面的面层涂刷,也可用于室外抹灰。

三、装饰清单工程量计算

1. 工程量计算规则

涂料涂饰工程量按设计图示尺寸以面积计算。

2. 工程量计算示例

【例 4-21】 某桥梁装饰工程，其桥梁灯柱采用涂料涂饰，已知灯柱截面直径为200mm，灯柱高 4m，每侧有 20 根，试计算该桥梁灯柱涂料工程量。

【解】 由题意可知：

$$涂料工程量=\pi\times0.2\times4\times20\times2=100.53m^2$$

第十节　其他工程量清单编制

一、其他清单项目设置

《市政工程工程量清单计价规范》附录 C. 9 中其他工程共有 10 个清单项目。各清单项目设置的具体内容见表 4-11。

表 4-11　　**其他清单项目设置**

项目编码	项目名称	项目特征	计量单位	工作内容
040309001	金属栏杆	1. 栏杆材质、规格 2. 油漆品种、工艺要求	1. t 2. m	1. 制作、运输、安装 2. 除锈、刷油漆
040309002	石质栏杆	材料品种、规格	m	制作、运输、安装
040309003	混凝土栏杆	1. 混凝土强度等级 2. 规格尺寸		
040309004	橡胶支座	1. 材质 2. 规格、型号 3. 形式	个	支座安装
040309005	钢支座	1. 规格、型号 2. 形式		
040309006	盆式支座	1. 材质 2. 承载力		
040309007	桥梁伸缩装置	1. 材料品种 2. 规格、型号 3. 混凝土种类 4. 混凝土强度等级	m	1. 制作、安装 2. 混凝土拌和、运输、浇筑

续表

项目编码	项目名称	项目特征	计量单位	工作内容
040309008	隔声屏障	1. 材料品种 2. 结构形式 3. 油漆品种、工艺要求	m^2	1. 制作、安装 2. 除锈、刷油漆
040309009	桥面排(泄)水管	1. 材料品种 2. 管径	m	进水口、排(泄)水管制作、安装
040309010	防水层	1. 部位 2. 材料品种、规格 3. 工艺要求	m^2	防水层铺涂

注:支座垫石混凝土按《市政工程工程量计算规范》(GB 50857—2013)C.3 混凝土基础项目编码列项。

二、其他清单项目特征描述

1. 金属栏杆

金属栏杆材质多为铁和合金。栏杆的高度一般为 0.8～1.2m,标准设计为 1m,栏杆的间距一般为 1.6～2.7m,标准设计为 2.5m。安装金属栏杆应符合下列要求:

(1)对焊接的栏杆,所有外露的接头,在焊后均应对焊缝做补焊缺陷及磨光的清面工作。

(2)对栏杆的线型应在就位固定以前,按设计及实际情况,精心制作,以保证接头准确配合,安装后的栏杆线型和弯曲度要准确。

(3)对栏杆构件,需要在现场连接孔眼,应将构件精确组装就位后,再进行打孔。

(4)金属栏杆应在厂内除锈,并涂防锈漆一道,在安装以后,校验线型与位置均无误后,再涂 2～3 道油漆,漆后栏杆表面光滑,色泽一致。

2. 橡胶支座

橡胶支座一般采用氯丁橡胶与钢板交替叠置而成。为保护支座的位置,可在橡胶支座中设置定位孔(一般每个支座用 5 个孔),但须注意定位锚钉不能深入支座太多,以免阻碍支座顶面和底面的相对位移。橡胶支座通常可不用固定支座,而全部用等高的活动支座,使每跨的水平力均匀传递到几个支座上,这样既方便施工,又使墩台受力有效。如有必要,在设置固定支座时,可以将支座做成不等高的,低的支座变形很小,则相当于固定支座;也可以采用在支座中设置锚钉的方法使其成为固定支座。

橡胶支座分板式橡胶支座和盆式橡胶支座两类适用于各种跨度,盆式橡胶支座的支承反力可达 10000～20000kN。

3. 钢支座

钢支座形式包括平板支座、弧形支座、摇轴支座及辊轴支座。

(1)平板支座由上、下两块平面钢板组成。固定支座的上下板间用钢销固定,活动支座只将上平板销孔改为长圆形。这种支座是桥梁支座最早的一种支座形式,其构造简单、加工容易，但位移量有限，所以只适用于 $L \leqslant 8\text{m}$ 的钢筋混凝土桥。目前，平板支座大部分已被板式橡胶支座所代替。

(2)弧形支座是将平板支座的上、下两块钢板的平面接触改为弧面接触，其他完全同平板支座。这样，梁端能自由转动，但伸缩时仍要克服较大的摩擦阻力，所以只适用于 $8\text{m}<L<20\text{m}$ 的钢筋混凝土桥，目前，不少桥梁的弧形支座已被板式橡胶支座所代替。

(3)铁路桥梁在 $48\text{m} \geqslant L \geqslant 20\text{m}$ 时，可采用铸钢摇轴支座。摇轴支座有固定支座和活动支座之分。活动支座由底板、摇轴和直接与梁底相连的顶板组成。摇轴的顶面和底面均做成圆曲面形，能自由转动，并有摇轴顶面、底面的位移差来适应梁体纵向位移的需要。固定支座由顶板和摇轴两部分构成，摇轴的底面改为水平面，直接和墩台相连，因而只能转动，不能位移。

(4)辊轴支座是大跨度混凝土桥和钢桥常用的支座形式。辊轴支座通常由若干个小直径辊轴并列、组联在一起，通过辊轴的转动来适应梁体位移的需要，在下摆的顶部加设弧形支座，以保证梁端能自由转动。辊轴的数量视支座反力大小而定，根据线接触应力的大小，确定单个辊轴所需要的直径。为了节省钢材并减小支座尺寸，可将辊轴两侧削去，但必须注意被削辊轴应仍能调节所要求的位移量而不致倾覆。为了保证辊轴之间的相对位置，通常在辊轴两端中心处设置连杆，使各辊轴平行转动。

4. 盆式支座

桥梁盆式支座根据设计的需要，可分为多向活动支座(DX)、单向活动支座(ZX)及固定支座(GD)三种类型。在安装时应严格按照设计要求的安装位置，不得改动。使用盆式支座时，在桥台和桥墩顶须有高于墩身强度的支座垫石，垫石内部应有足够的钢筋网，垫石必须水平，表面高程应与设计相符，垫石四角的高差应小于 2mm，如有超出，应磨平。

盆式支座安装前，应拆箱全面检查零部件数量，然后进行清洁处理，除去油污。特别是不锈钢与填充聚四氟乙烯板的相对滑移面应用丙酮或酒精清洗干净，支座其他各部件也应擦洗干净。支座内不得涂防锈漆。

5. 桥梁伸缩装置

(1)材料品种。有用沥青、木板、麻絮、橡胶等材料填塞缝隙，有以橡胶条和镀锌铁皮也有采用泡沫塑料板或合成树脂或钢板为材料的。

(2)规格。钢板伸缩缝构造是用一块厚度约为 10mm 的钢板搭在断缝上。“单缝毛勒缝”伸缩量为 0～80mm。以镀锌铁皮为跨缝材料的伸缩缝构造变形量在 2～4cm 以内。

6. 隔声屏障

(1)材料品种。人们要隔绝的声音按其传播途径可分为空气声(由于空气的振动)和固体声(由于固体撞击或振动)两种。对空气声，根据声学中的“质量定律”，墙或板传声的大小，主要取决于其单位面积质量，质量越大，越不易振动，则隔声效果越好，因此，应选择密实、沉重的(如黏土砖、钢板、钢筋混凝土等)材料作为隔声材料。而吸声性能好的材料，一般为轻质、疏松、多孔的材料，不能简单地把它们作为隔声材料来使用。对固体隔声最有效的措施是采用不连续的结构处理。即在墙壁和承重梁之间、房屋的框架和墙板之间加弹性衬垫，如毛毡、软木、橡皮等材料，或在楼板上加弹性地毯。

(2)油漆品种。常用建筑油漆有清油、厚漆、清漆、调和漆、磁漆、乳胶漆、生漆以及防锈漆。

1)清油：又名调和油，可作为厚漆(铅油)和防锈漆调配的油料。

2)厚漆：又名铅油，有红、白、绿、黑等色。使用时，需加清油稀释，多用于刷底漆或调配腻子。

3)清漆：不含颜料，以树脂成膜的透明漆，能显示木纹。

4)调和漆：有大红、奶黄、白、绿、灰、黑等色，用于一般建筑物的门窗涂刷。使用时，可用松节油或 200 号溶剂汽油稀释。

5)磁漆：由清漆加颜料而成，表面呈磁光色彩，耐火耐磨，用于高档家具和高级建筑的金属表面涂饰。

6)乳胶漆：一种用水代溶剂的新型水性涂料，附着力强，耐碱性好，耐暴晒，耐雨淋，对墙面干燥程度要求不高。用于涂刷建筑物的各种线条。

7)生漆：又名大漆或国漆，即漆树所产之漆。经加工之后，用于高级建筑或高档家具涂刷。施工时，注意熬制火候；涂刷前，宜在地面洒些水，使之湿润，这样所涂刷的生漆一般在 12h 以内即可干固。但要注意，有的人碰上生漆的气味，就会产生皮肤过敏，生漆疮，对于这些人，最好是等漆干无气味后再使用其家具。

8)防锈漆：有油质防锈漆和树脂防锈漆两大类，主要用于金属结构表面涂刷，起防锈作用。

樟丹油就是防锈漆的一种，涂刷后干燥慢；而红丹酚醛防锈漆，涂刷后干燥快。不论是哪一类防锈漆，涂刷后，都具有附着力强、韧性好的特点。

7. 桥面泄水管

桥面排水用的泄水管设置在行车道两侧，可对称布置，也可交错布置。泄水管距离路缘石为 0.2～0.5m，如图 4-27 所示。泄水管的过水面积通常按每平方米桥面需 $1cm^2$ 泄水面积布置。常用泄水管有钢筋混凝土和铸铁管两种。

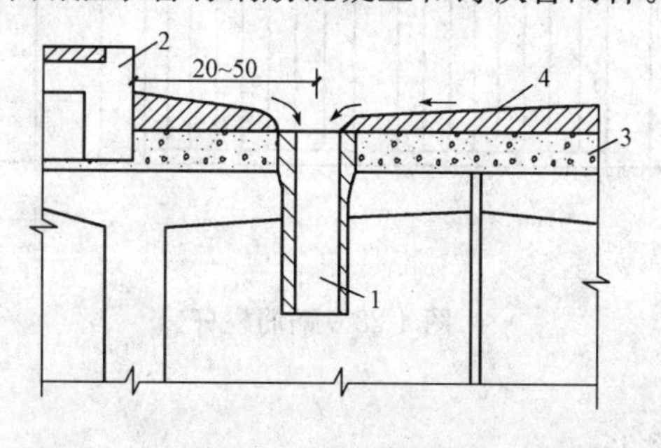

图 4-27　泄水管布置

1—泄水管；2—路缘石；3—铺岩层；4—沥青面层

泄水管顶应设金属或钢筋混凝土栅板，在跨河桥上，泄水管可直接向河中排水，但管的下口须伸出梁底 15～20cm，泄水管管径应 15cm，最小 10cm。跨河桥上设泄水孔时，则孔下设檐沟并接泄水管，沿墩(台)往下接入排水系统区域。

8. 防水层

(1)防水层材料品种有沥青、油毡、防水砂浆以及橡胶等。

(2)防水层规格。沥青防水层厚度为 0.2～0.5mm；“三油二毡”防水层厚度为 10～20mm；防水砂浆防水层的厚度约为 20mm；防水橡胶板的厚度为 2mm。

三、其他清单工程量计算

1. 工程量计算规则

(1)金属栏杆：

1)按设计图示尺寸以质量计算。

2)按设计图示尺寸以延长米计算。

(2)石质栏杆、混凝土栏杆：按设计图示尺寸以长度计算。

(3)橡胶支座、钢支座、盆式支座：按设计图示数量计算。

(4)桥梁伸缩装置：以米计量，按设计图示尺寸以延长米计算。

(5)隔声屏障：按设计图示尺寸以面积计算。

(6)桥面排(泄)水管：按设计图示以长度计算。

(7)防水层：按设计图示尺寸以面积计算。

2. 工程量计算示例

【例 4-22】 某桥梁钢筋栏杆如图 4-28 所示，采用 ϕ25 的钢筋(3.85kg/m)布设在 75m 长的桥梁两边，每两根混凝土栏杆间有 100 根钢筋，试计算钢筋栏杆工程量。

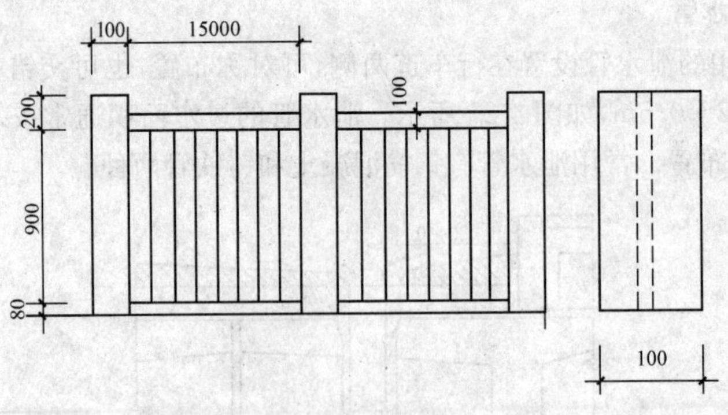

图 4-28　钢筋栏杆

【解】 由题意可知：

(1)按设计图示尺寸以质量计算，则

$$金属栏杆工程量=\frac{75}{15}\times100\times0.9\times3.85\times2=3465kg=3.465t$$

(2)按设计图示尺寸以延长米计算，则

$$金属栏杆工程量=\frac{75}{15}\times100\times0.9\times2=900m$$

【例 4-23】 某桥梁工程采用板式橡胶支座，如图 4-29 所示，工程中共采用该支座 30 个，试计算其工程量。

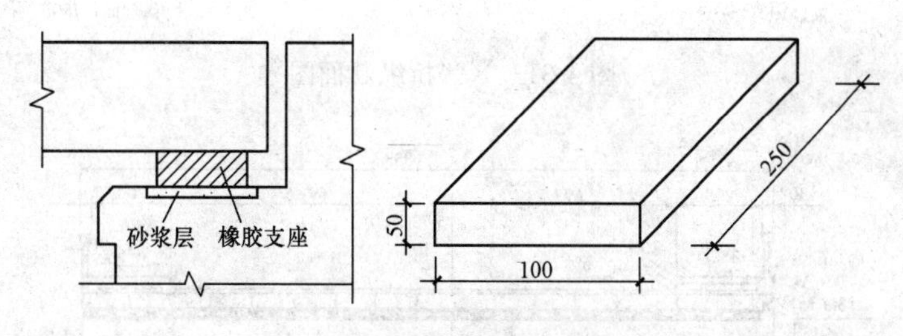

图 4-29　板式橡胶支座

【解】 由题意可知：

板式橡胶支座工程量=30 个

【例 4-24】 某桥梁工程中，其人行道部分采用 U 形镀锌铁皮式伸缩装置，其构造如图 4-30 所示，该伸缩装置的纵向长度为 2m，试计算其工程量。

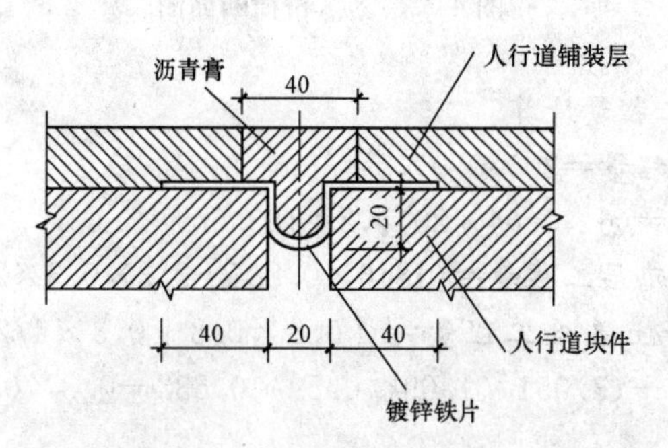

图 4-30　U 形伸缩缝尺寸(单位:cm)

【解】 由题意可知：

桥梁伸缩装置工程量=2m

第十一节　桥涵工程工程量清单编制示例

【例 4-25】 如图 4-31 和图 4-32 所示，为一座三跨非预应力板梁小型桥梁工程。试编制该桥梁工程分部分项工程量清单。

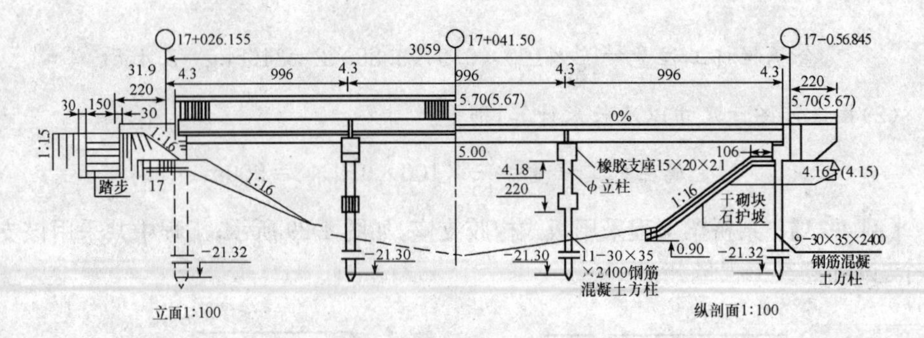

图 4-31　××桥纵断面图

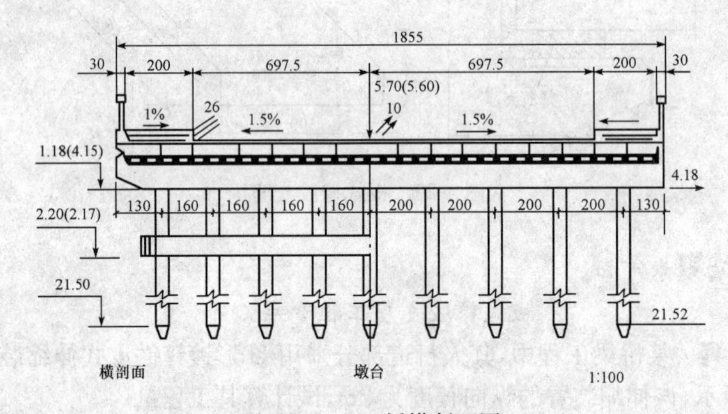

图 4-32　××桥横断面图

【解】　(1)清单工程量计算

1)挖一般土方工程量＝20×0.9×2＝36m³

2)挖淤泥工程量＝(6×0.64×20)×2＝153.6m³

3)桥台素混凝土垫层工程量＝(18.6×0.851＋2.2×0.3×2)×0.1×2＝3.43m³

4)桥台钢筋混凝土盖梁工程量＝{[0.8×0.8＋0.3×1/2×(0.61＋0.72)]×(17.79－0.3190×2)＋(3.051×1.69－0.59×0.532－0.8×0.12×1/2)×0.3×2}＝34.55m³

5)桥墩承台(有底模)工程量＝(17.42×0.8＋0.42×1.34)×0.6×2 只＝17.4m³

6)墩身工程量＝0.32×3.14×(4.18－3.79)×22 根＝8.6m³

7)墩盖梁工程量＝(17.79×0.8－0.4×0.85×1/2×2＋0.3×0.32×2)×0.8×2＝25.09m³

8)桥面铺装工程量＝[0.30×2.3×2＋(0.18＋0.07)×1/2×14]×(30.69×0.32×2)＝61.48m²

9)人行道缘石工程量＝0.618×(30.69－0.32×2)×2＝10.1m

10)碎石垫层工程量＝(18.6×0.851＋2.2×0.3×2)×0.1×2＝3.43m³

11)干砌块石护坡工程量＝1/2×(0.5＋0.25)×32×2＝24m²

12)扶梯踏步工程量＝36－24＝12m³

13)橡胶支座(15cm×20cm×2.1cm)工程量=216个

14)橡胶伸缩缝工程量=18.6÷cos20°×2条=39.59m

15)预制钢筋混凝土方桩[0.3m×0.35 m×(26 、24)m] 工程量=(0.3×0.35 ×26+0.02)×22+0.3×0.35 ×24+0.2)×18根=109.46m³

16)预制非预应力空心板(10m)工程量=3.03×48根+3.45×6根=166.14m³

17)预制人行道板工程量=(0.63+0.3)/2×0.91×0.06×24+0.49×0.91×0.06×216=6.4m³

18)预制混凝土栏杆工程量=60m³

19)填土工程量=[25.1×18.6×(5.685−4.08)×2.12×2]×1/2=1588.54m³

20)余方弃置工程量=153.6m³

工程量计算结果见表4-12。

表4-12　　工程量计算表

工程名称:××桥梁工程

序号	项目编码	项目名称	工程数量	计量单位
1	040101003001	挖基坑土方	36	m³
2	040101005001	挖淤泥	153.6	m³
3	040303001001	混凝土垫层	3.43	m³
4	040303003001	混凝土承台	17.4	m³
5	040303005001	混凝土墩(台)身	8.6	m³
6	040303007001	混凝土台盖梁	34.55	m³
7	040303007002	混凝土墩盖梁	25.09	m³
8	040303019001	桥面铺装	61.48	m²
9	040204005001	现浇侧缘石	10.1	m
10	040305001001	碎石垫层	3.43	m³
11	040305005001	干砌块石护坡	24	m²
12	040305003001	浆砌块料,扶梯踏步	12	m³
13	040309004001	橡胶支座	216	个
14	040309007001	桥梁伸缩装置,橡胶伸缩缝	39.59	m
15	040301001001	预制钢筋混凝土方桩	109.46	m³
16	040304001001	预制混凝土梁,非预应力空心板梁(10m)	166.14	m³
17	040304005001	预制混凝土其他构件,人行道板	6.4	m³
18	040304005002	预制混凝土其他构件,栏杆	60	m³
19	040103001001	回填土	1588.54	m³
20	040103002001	余方弃置	153.6	m³

(2)编制分部分项工程量清单,见表4-13。

表4-13　分部分项工程和单价措施项目清单与计价表

工程名称:××桥梁工程

序号	项目编码	项目名称	项目特征描述	计量单位	工程数量	金额/元	
						综合单价	合计
	0401	土石方工程					
1	040101003001	挖基坑土方	1. 土壤类别:三类土 2. 挖土深度:2m以内	m^3	36		
2	040101005001	挖淤泥	1. 挖掘深度:20m 2. 运距:20m以内	m^3	153.6		
3	040103001001	回填土	密实度:95%	m^3	1588.54		
4	040103002001	余方弃置	运距:淤泥运距100m	m^3	153.6		
	0402	道路工程					
1	040204005001	现浇侧缘石	1. 构件名称:刚石 2. 混凝土强度等级:C25	m	10.1		
	0403	桥涵工程					
1	040301001001	预制钢筋混凝土方桩	1. 桩截面:墩台桩基30×35 2. 混凝土强度等级:C30	m^3	109.46		
2	040303003001	混凝土承台	混凝土强度等级:C20	m^3	17.4		
3	040303005001	混凝土墩(台)身	1. 部位:墩柱 2. 混凝土强度等级:C20	m^3	8.6		
4	040303007001	混凝土墩(台)盖梁	1. 部位:台盖梁 2. 混凝土强度等级:C30	m^3	34.55		
5	040303007002	混凝土墩(台)盖梁	1. 部位:墩盖梁 2. 混凝土强度等级:30	m^3	25.09		
6	040303019001	桥面铺装	1. 混凝土强度等级:C25 2. 厚度:14.5cm	m^2	61.48		
7	040304001001	预制混凝土梁	1. 构件名称:非预应力空心板梁(10m) 2. 混凝土强度等级:C25	m^3	166.14		
8	040304005001	预制混凝土其他构件	1. 构件名称:人行道板 2. 混凝土强度等级:C25	m^3	6.4		
9	040304005002	预制混凝土其他构件	1. 构件名称:栏杆 2. 混凝土强度等级:C30	m^3	60		

续表

序号	项目编码	项目名称	项目特征描述	计量单位	工程数量	金额/元	
						综合单价	合计
10	040305001001	垫层	碎石	m^3	3.43		
11	040305005001	护坡	1. 材料品种：干砌块石 2. 厚度：40cm	m^2	24		
12	040305003001	浆砌块料	1. 部位：扶梯踏步 2. 材料品种、规格：料石 30×20×100 3. 砂浆强度等级：M10	m^3	12		
13	040309004001	橡胶支座	1. 规格：每个 630cm^3 2. 形式：板式	个	216		
14	040309007001	桥梁伸缩装置	橡胶伸缩缝	m	39.59		

第五章　隧道工程工程量清单编制

第一节　隧道工程概述

一、隧道的组成

隧道是修建在地下或水下并铺设铁路供机动车辆通行的建筑物。隧道的结构包括主体建筑物和附属设备两部分。其中，主体建筑物是为了保持岩体的稳定和行车安全而修建的人工永久建筑物，通常指洞身补砌（图5-1、图5-2）和洞门构筑物；附属设备包括避车洞、消防设施、应急通信和防排水设施，长大隧道还有专门的通风和照明设备。

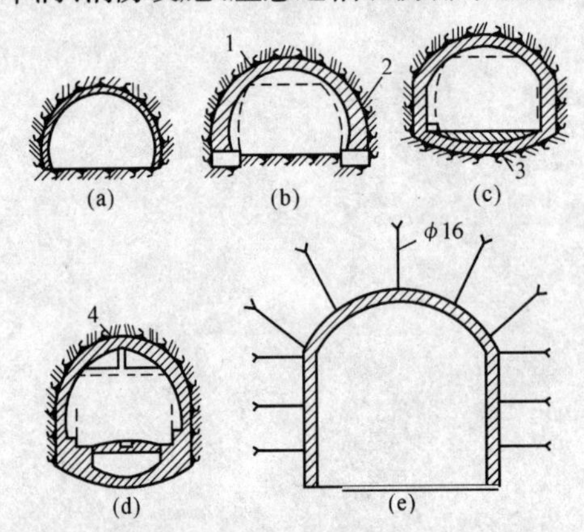

图5-1　山岭隧道衬砌示意图

1—拱圈；2—侧墙；3—抑拱；4—通风道

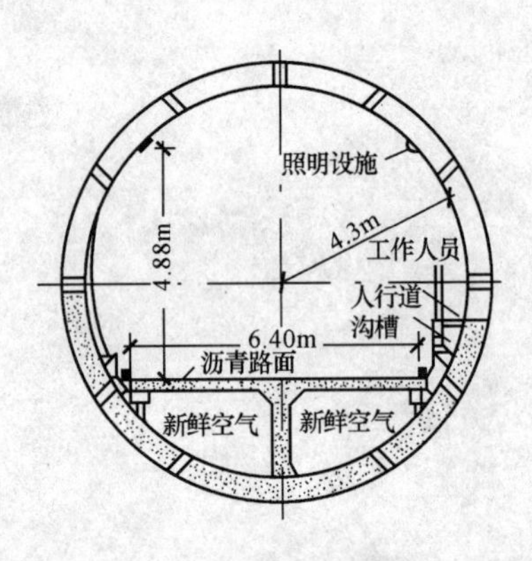

图5-2　采用金属衬砌环的水底隧道

二、隧道的功能及分类

隧道大部分的功能为提供行人、脚踏车（自行车）、一般道路交通、机动车、铁路交通或运河使用，而部分隧道只运送水、石油或其他特定服务，包括军事及商业物流等。

(1)按照隧道所处的地质条件分类：分为土质隧道和石质隧道。

(2)按照隧道的长度分类：分为短隧道（铁路隧道规定：$L \leqslant 500m$；公路隧道规定：$L \leqslant 250m$）、中长隧道（铁路隧道规定：$500m < L \leqslant 3000m$；公路隧道规定：$250m < L < 1000m$）、长隧道（铁路隧道规定：$3000m < L \leqslant 10000m$；公路隧道规定 $1000m \leqslant L \leqslant 3000m$）和特长隧道（铁路隧道规定：$L > 10000m$；公路隧道规定：$L > 3000m$）。

(3)按照国际隧道协会(ITA)定义的隧道的横断面面积的大小划分标准分类:分为极小断面隧道(2～3m²)、小断面隧道(3～10m²)、中等断面隧道(10～50m²)、大断面隧道(50～100m²)和特大断面隧道(大于 100m²)。

(4)按照隧道所在的位置分类:分为山岭隧道、水底隧道和城市隧道。

(5)按照隧道埋置的深度分类:分为浅埋隧道和深埋隧道。

(6)按照隧道的用途分类:分为交通隧道、水工隧道、市政隧道和矿山隧道。

第二节　隧道岩石开挖工程量清单编制

一、隧道岩石开挖清单项目设置

《市政工程工程量清单计价规范》附录 D.1 中隧道岩石开挖共有 7 个清单项目。各清单项目设置的具体内容见表 5-1。

表 5-1　　隧道岩石开挖清单项目设置

项目编码	项目名称	项目特征	计量单位	工作内容
040401001	平洞开挖	1. 岩石类别 2. 开挖断面 3. 爆破要求 4. 弃碴运距	m²	1. 爆破或机械开挖 2. 施工面排水 3. 出碴 4. 弃碴场内堆放、运输 5. 弃碴外运
040401002	斜井开挖			
040401003	竖井开挖			
040401004	地沟开挖	1. 断面尺寸 2. 岩石类别 3. 爆破要求 4. 弃碴运距		
040401005	小导管	1. 类型 2. 材料品种 3. 管径、长度	m	1. 制作 2. 布眼 3. 钻孔 4. 安装
040401006	管棚			
040401007	注浆	1. 浆液种类 2. 配合比	m³	1. 浆液制作 2. 钻孔注浆 3. 堵孔

二、隧道岩石开挖清单项目特征描述

1. 平洞、斜井和竖井开挖

平洞是指隧道设计轴线与水平线平行,或与水平线形成一个较小夹角的隧道。斜

井是隧道设计轴线与水平线形成一个较大夹角的隧道。竖井指设计轴线垂直于水平线的隧道。

(1)岩石类别。岩石分为松石、次坚石、普坚石、特坚石,可参考表2-10。

(2)开挖断面。大断面洞室因断面大小不同而采用不同的施工方法。首先是从稳定围岩角度考虑的,其次考虑开挖进度,便于凿岩和装运岩石等因素。因此,针对不同洞室的跨度和高度,就有不同的开挖方法。岩石条件差时,选择合适的开挖方法尤为重要,许多情况下,这关系到洞室开挖能否顺利甚至能否成功的问题。在围岩坚固稳定,且开挖后的施工期内无须大量的临时支护的条件下,若洞室断面面积小于100m²,应采用全断面开挖法施工,这样能有效地加快施工进度。

(3)爆破要求。爆破作业要做到安全生产,杜绝各种危险事故的发生。爆破材料应贮存在干燥、通风的仓库中,库内温度应保持在18~30℃,其周围5m的范围内,要清除一切树木和草皮。库内应有消防设施,炸药和雷管应分别贮存,不同性质的炸药也应分开贮存。爆破材料贮存仓库与住宅区、工厂、铁路、桥梁等的安全距离应符合有关规定,并要建立严格的保管、消防、领退制度。炸药和雷管、硝铵炸药和黑色火药均应分别运送。运输工具之间要相隔一定的安全距离,雨、雪天应有防雨、消防措施,中途停车时须离开房屋、桥梁、铁路200m以上。爆破作业对人员、设备及各种建筑物都有危害因素。爆破操作时,装药必须用木棒把炸药轻轻压入炮眼,严禁冲捣和使用金属棒;放炮前必须划出警戒范围,立好标志,并有专人警戒。

2. 地沟开挖

根据围岩性质和断面大小,地沟可全断面一次开挖或分部开挖。向上开挖断面小于10m²时可全断面一次开挖成型;断面大于10m²或断面高度大于3.0m时,可设拱部导洞,贯通后再自下而上落底。向下开挖斜洞,可采用全断面法或下台阶法,钻孔与出渣应为单行作业。

3. 小导管

小导管是隧道工程掘进施工过程中的一种工艺方法,主要用于自稳时间短的软弱破碎带、浅埋段、洞口偏压段、砂层段、砂卵石段、断层破碎带等地段的预支护。

超前小导管一般采用直径38~50mm的无缝钢管制作。在小导管的前端做成约10cm长的圆锥状,在尾端焊接直径6~8mm钢筋箍。距后端100cm内不开孔,剩余部分按20~30cm梅花形布设直径6mm的溢浆孔。

4. 管棚

管棚一般是沿地下工程断面的一部分或全部,以一定的间距环向布设,形成钢管棚护。管棚通常可分为长管棚和短管棚。

(1)长管棚:长度为10~45m,直径较粗,一次超前量大,单次钻入或打入长钢管作业时间较长,但减少了安装钢管次数,减少了与开挖作业之间的干扰。

(2)短管棚:长度小于10m的小钢管,一次超前量小,基本上与开挖作业交替进行,占用循环时间较大,但钻孔安装或顶入安装较易。

5. 注浆

小导管注浆是浅埋暗挖隧道支护的一种措施。在软弱、破碎地层中凿空后极易塌孔，且施作超前锚杆比较困难或者结构断面较大时，应采取超前小导管支护。超前小导管支护必须配合钢拱架使用。在条件允许时，也可在地面进行超前注浆加固；在有导洞时，也可在导洞内对隧道周边进行径向注浆加固。

小导管注浆应采用水泥浆或水泥砂浆。浆液必须充满钢管及周围空隙，注浆量和注浆压力应由试验确定。注浆材料应具备良好的可注性，固结后应有一定的强度、抗渗、稳定、耐久且收缩小，浆液须无毒，注浆工艺应简单、方便、安全。注浆材料的选用和配比的确定，应根据工程条件，经试验确定。

三、隧道岩石开挖清单工程量计算

1. 工程量计算规则

(1)平洞开挖、斜井开挖、竖井开挖、地沟开挖：按设计图示结构断面尺寸乘以长度以体积计算。

(2)小导管、管棚：按设计图示尺寸以长度计算。

(3)注浆：按设计注浆量以体积计算。

2. 工程量计算示例

【例 5-1】 某隧道为平洞开挖，光面爆破，长 500m，施工段岩石为微风化的坚硬岩，线路纵坡为 2.0%，设计开挖断面面积为 $65.84m^2$，其断面图如图 5-3 所示，试计算其工程量。

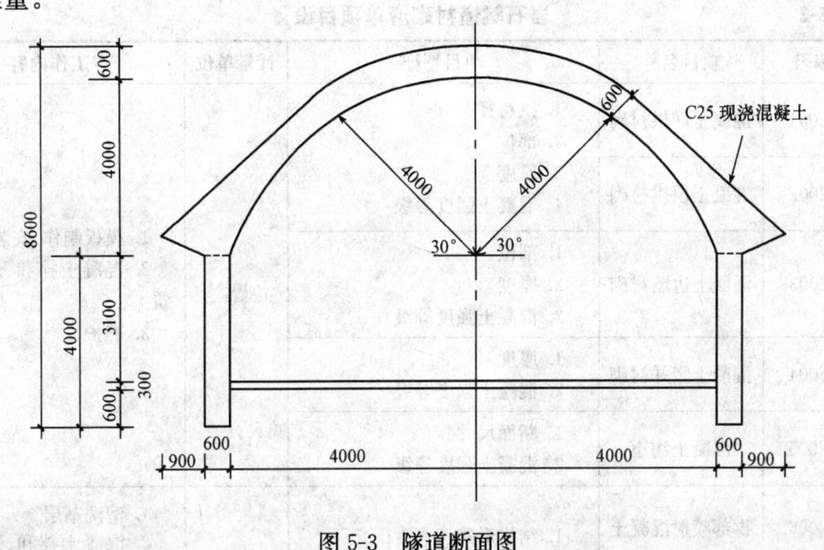

图 5-3　隧道断面图

【解】 由题意可知：

$$平洞开挖工程量 = 65.84 \times 500 = 32920.00m^3$$

【例 5-2】 某隧道工程需开挖地沟，地沟长度为 200m，土质为三类土，地沟底宽为 1.5m，挖深为 1.6m，图 5-4 所示为地沟截面示意图，试计算其工程量。

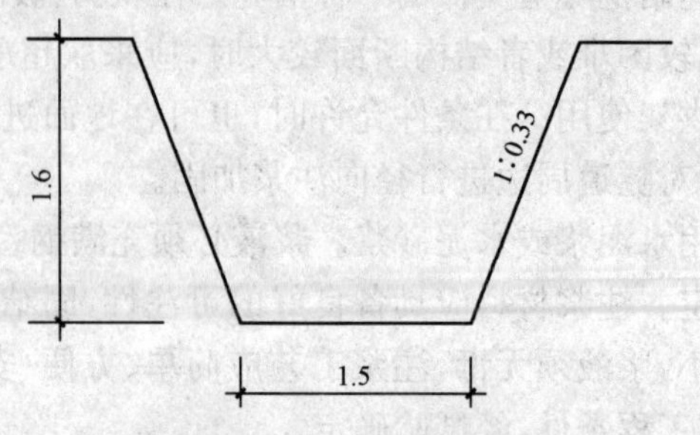

图 5-4 地沟断面示意图(单位：m)

【解】 由题意可知：

地沟开挖工程量＝[(1.5＋1.5＋2×1.6×0.33)×1/2×1.6]×200＝648.96m^3

第三节 岩石隧道衬砌工程量清单编制

一、岩石隧道衬砌清单项目设置

《市政工程工程量清单计价规范》附录 D.2 中岩石隧道衬砌共有 19 个清单项目。各清单项目设置的具体内容见表 5-2。

表 5-2 岩石隧道衬砌清单项目设置

<table>
<tr><th>项目编码</th><th>项目名称</th><th>项目特征</th><th>计量单位</th><th>工作内容</th></tr>
<tr><td>040402001</td><td>混凝土仰拱衬砌</td><td rowspan="2">1. 拱跨径
2. 部位
3. 厚度
4. 混凝土强度等级</td><td rowspan="5">m^3</td><td rowspan="5">1. 模板制作、安装、拆除
2. 混凝土拌和、运输、浇筑
3. 养护</td></tr>
<tr><td>040402002</td><td>混凝土顶拱衬砌</td></tr>
<tr><td>040402003</td><td>混凝土边墙衬砌</td><td>1. 部位
2. 厚度
3. 混凝土强度等级</td></tr>
<tr><td>040402004</td><td>混凝土竖井衬砌</td><td>1. 厚度
2. 混凝土强度等级</td></tr>
<tr><td>040402005</td><td>混凝土沟道</td><td>1. 断面尺寸
2. 混凝土强度等级</td></tr>
<tr><td>040402006</td><td>拱部喷射混凝土</td><td rowspan="2">1. 结构形式
2. 厚度
3. 混凝土强度等级
4. 掺加材料品种、用量</td><td rowspan="2">m^2</td><td rowspan="2">1. 清洗基层
2. 混凝土拌和、运输、浇筑、喷射
3. 收回弹料
4. 喷射施工平台搭设、拆除</td></tr>
<tr><td>040402007</td><td>边墙喷射混凝土</td></tr>
</table>

续表

项目编码	项目名称	项目特征	计量单位	工作内容
040402008	拱圈砌筑	1. 断面尺寸 2. 材料品种、规格 3. 砂浆强度等级	m^3	1. 砌筑 2. 勾缝 3. 抹灰
040402009	边墙砌筑	1. 厚度 2. 材料品种、规格 3. 砂浆强度等级		
040402010	砌筑沟道	1. 断面尺寸 2. 材料品种、规格 3. 砂浆强度等级		
040402011	洞门砌筑	1. 形状 2. 材料品种、规格 3. 砂浆强度等级		
040402012	锚杆	1. 直径 2. 长度 3. 锚杆类型 4. 砂浆强度等级	t	1. 钻孔 2. 锚杆制作、安装 3. 压浆
040402013	充填压浆	1. 部位 2. 浆液成分强度	m^3	1. 打孔、安装 2. 压浆
040402014	仰拱填充	1. 填充材料 2. 规格 3. 强度等级		1. 配料 2. 填充
040402015	透水管	1. 材质 2. 规格	m	安装
040402016	沟道盖板	1. 材质 2. 规格尺寸 3. 强度等级		制作、安装
040402017	变形缝	1. 类别 2. 材料品种、规格 3. 工艺要求		
040402018	施工缝			
040402019	柔性防水层	材料品种、规格	m^2	铺设

注：遇到本节清单项目未列的砌筑构筑物时，应按《市政工程工程量计算规范》（GB 50857—2013）附录C桥涵工程中相关项目编码列项。

二、岩石隧道衬砌清单项目特征描述

1. 混凝土仰拱衬砌

仰拱是为改善上部支护结构受力条件而设置在隧道底部的反向拱形结构，是隧道结构的主要组成部分之一，它一方面要将隧道上部的地层压力通过隧道边墙结构或将路面上的荷载有效地传递到地下，而且还有效地抵抗隧道下部地层传来的反力。仰拱与二次衬砌构成隧道整体，增加结构稳定性。仰拱一般为钢筋混凝土结构。

仰拱初衬混凝土施工应符合以下要求：

(1)仰拱初衬混凝土一般均采用喷混凝土到设计厚度，喷混凝土的强度应符合设计要求。

(2)喷混凝土的厚度应满足钢件保护层的要求。

(3)仰拱初衬混凝土当要采用现浇混凝土时，必须征得设计单位允许，并应有相应变更手续，并应及时通知监理单位监督实施。现浇混凝土的厚度，除满足设计厚度外，其最小厚度应满足混凝土最小构件厚度 20cm 的要求。

二次衬砌应符合下列一般规定：

(1)隧道二次衬砌结构混凝土应密实、表面平整光滑、曲线圆顺，满足设计强度、防水及耐久性要求。

(2)二次衬砌混凝土施工前应对水泥、细集料、粗集料、拌制和养护用水、外加剂、掺合料等原材料进行检验，各项技术指标应符合验收标准的相关规定。

(3)根据现场的具体情况，应适当增加二次衬砌的外放值(施工正误差)，以免侵限。

(4)隧道拱部超挖部分应采用与二次衬砌同强度等级混凝土一次浇筑。

(5)二次衬砌施工的顺序是仰拱超前、墙、拱整体浇筑。边墙基础高度的位置(水平施工缝)应避开剪力最大的截面，并按设计要求做防水处理。

(6)混凝土生产应采用具有自动计量装置的拌和站、拌和输送车、混凝土输送泵、插入式与附着式组合振捣的机械化作业线。

(7)二次衬砌的混凝土，从原材料的检验和选用、混凝土的配比和拌制、浇筑温度的控制和振捣，到衬砌养护的各工序必须按要求操作，防止衬砌裂缝的产生。

2. 混凝土边墙衬砌

混凝土边墙衬砌施工时，边墙基底以上 1m 范围内的超挖，宜用与边墙相同材料一次施工。采用先拱后墙法，墙顶封口应留 7～10cm，在完成边墙 24h 后进行。封口前必须将拱脚黏附的浮渣清除干净。

3. 混凝土竖井衬砌

混凝土竖井衬砌断面尺寸应根据提升能力、机具设备、通风排水等铺设的管道、安装梯等设备的布置以及安全间隙等因素确定。

隧道衬砌断面开挖最大可能高度＝拱顶外缘设计标高＋衬砌施工允许误差＋拱

架(包括模板)预留沉落量+预留支撑沉落量或开挖允许超挖值。

4. 拱部喷射混凝土、边墙喷射混凝土

喷射混凝土是利用压缩空气的力量将混凝土高速喷射到岩面上,在连续高速冲击下,与岩面紧密牢固地粘结在一起,并充填岩面的裂隙和凹坑,使岩面形成完整而稳定的结构。

喷射混凝土原材料应符合下列规定:

(1)喷射混凝土应采用硅酸盐水泥或普通硅酸盐水泥,必要时可采用特种水泥。

(2)喷射混凝土所用细集料细度模数应大于2.5,砂中小于0.075mm的颗粒应不大于20%。

(3)喷射混凝土所用粗集料最大粒径不应大于16mm,当使用短纤维时,最大粒径不应大于10mm,并应采用连续粒级。

(4)速凝剂应采用质量稳定的产品,其与水泥应有良好的相容性,性能指标应符合相关标准的规定。速凝剂的掺量不应大于水泥用量的5%。

(5)喷射混凝土可根据需要掺入其他外加剂,其掺量通过试验确定。

(6)喷射混凝土的配合比设计应根据原材料性能、喷射工艺和设计要求通过试验选定,并应符合下列规定:

1)胶骨比宜为1∶4～1∶5。

2)水胶比宜为0.40～0.50。

3)砂率宜为45%～60%。

4)水泥用量不宜小于400kg/m。

5. 拱圈砌筑

拱圈简称主拱,是建筑物中的弧圈形部分。

拱圈砌筑材料一般为料石,砌筑拱部应先砌筑拱圈,砌筑拱圈前应根据拱圈跨径、厚度、矢高及拱架的情况,设计拱圈砌筑程序。砌筑时,必须随时注意观测拱架的变形情况,必要时调整砌筑程序,以控制拱圈的变形。

6. 边墙、沟道、洞门砌筑

砌筑砂浆的组成材料主要有胶凝材料、细集料等。

(1)胶凝材料。用于砌筑砂浆的胶凝材料主要是水泥和石灰。水泥强度等级应为砂浆强度等级的4～5倍。水泥强度等级过高,将使砂浆中水泥用量不足而导致保水性不良。水泥品种的选择与混凝土相同。

砌筑砂浆用的石灰主要是经"陈伏"的石灰膏。石灰膏拌制的砂浆具有良好的和易性,但硬化缓慢,强度低,建筑工期长。

(2)细集料。砌筑砂浆用砂的最大粒径不应超过灰缝厚度的1/5～1/4,保证砌筑质量。通常砖砌体的灰缝为8～12mm,所以砂的最大粒径规定为2.5mm,石砌体的灰缝较厚,可采用最大粒径为5mm的砂。对砂中泥和泥块含量常做如下限制:不小于M10.0级的砂浆应不超过5%,M2.5～M5.0的砂浆应不超过10%,不大于M1.0

级的砂浆应不超过15%～20%。

对于墙体来说，砌体强度主要取决于砌筑材料（如砖、石）的强度，砂浆强度居于次要地位。实验证明，砂浆强度变化30%～40%，相应的砌体强度的变化仅为5%～7%，因而对砂浆强度要求不高，通常是M2.5～M10。

7. 锚杆

锚杆是用金属或其他高抗拉性能的材料制作的一种杆状构件。按其与被支护体的锚固形式分为端头锚固式锚杆、全长粘结式锚杆、摩擦式锚杆和混合式锚杆。

杆件材料宜用20MnSi钢筋，也可以采用ϕ14～ϕ22的Q235钢筋，长度为2～3.5m，为增加锚固力，杆体内端可劈口叉开。水泥一般选用普通硅酸盐水泥，砂子粒径不大于3mm，并过筛。砂浆配合比一般为水泥∶砂∶水＝1∶(1～1.5)∶(0.45～0.5)。

8. 充填压浆

(1)充填压浆部位。用螺栓连接管片组成的衬砌环，接头处活动性很大，故管片衬砌属几何可变结构。此外，在隧道周围形成一种水泥连接起来的地层壳体，能增强衬砌的防水功能。因此，只有在那些能立即填满衬砌背后空隙的地层中施工时，才可以不进行压浆工作，如在淤泥地层中闭胸挤压施工。

(2)浆液强度。

1)单液水泥浆：主要成分为水泥和外加剂。其固砂体的抗压强度为10～25MPa。

2)水泥-水玻璃浆：主要成分为水泥和水玻璃。其固砂体的抗压强度为5～20MPa。

3)水玻璃类：主要成分为水玻璃外加剂。其固砂体的抗压强度小于3MPa。

4)丙烯酰胺类：主要成分有丙烯酰胺、过硫酸铵、NN′-亚甲基双丙烯酰胺、β-二甲氨基丙腈等。其固砂体的抗压强度为0.4～0.6MPa。

5)脲醛树脂类：主要成分有脲醛树脂或脲素甲醛，酸或酸性盐。其固砂体的抗压强度为2～8MPa。

6)聚氨酯类：主要成分为甲苯二异氰酸酯、聚醚树脂、溶剂催化剂、表面活性剂。其固砂体的抗压强度为6～10MPa。

7)糠醛树脂类：主要成分为糠醛树脂、脲素、硫酸等。其固砂体的抗压强度为1～6MPa。

9. 变形缝

建筑物在外界因素作用下常会产生变形，导致开裂甚至破坏。变形缝是针对这种情况而预留的构造缝。变形缝可分为伸缩缝、沉降缝、防震缝三种。

(1)伸缩缝。建筑构件因温度和湿度等因素的变化会产生胀缩变形。因此，通常在建筑物适当的部位设置垂直缝隙。

(2)沉降缝。沉降缝指同一建筑物高低相差悬殊，上部荷载分布不均匀，或建在不同地基土壤上时，为避免不均匀沉降使墙体或其他结构部位开裂而设置的建筑构造缝。

(3)抗震缝。抗震缝是指为使建筑物较规则,有利于结构抗震而设置的缝,基础可不断开。它的设置目的是将大型建筑物分隔为较小的部分,形成相对独立的防震单元,避免因地震造成建筑物整体震动不协调,而产生破坏。

10. 施工缝

施工缝是指受到施工工艺的限制,按计划中断施工而形成的接缝。混凝土结构由于分层浇筑,在本层混凝土与上一层混凝土之间形成的缝隙,就是最常见的施工缝。所以,施工缝并不是真正意义上的缝,而应该是一个面。

施工缝连接方式应符合设计要求。设计无具体要求时,对于素混凝土结构,应在施工缝处埋设直径不小于16mm的连接钢筋。连接钢筋埋入深度和露出长度均不应小于钢筋直径的15d,间距不大于20cm,使用光圆钢筋时两端应设半圆形标准弯钩,使用带肋钢筋时可不设弯钩。混凝土施工缝的处理还应符合下列要求:

(1)当旧混凝土面和外露钢筋(预埋件)暴露在冷空气中时,应对距离新、旧混凝土施工缝1.5m范围内的旧混凝土和长度在1.0m范围内的外露钢筋(预埋件)进行防寒、保温。

(2)当混凝土不需加热养护,且在规定的养护期内不致冻结时,对于非冻胀性地基或旧混凝土面,可直接浇筑混凝土。

(3)当混凝土需加热养护时,新浇筑混凝土与邻接的已硬化混凝土或岩土介质间的温差不得大于15℃;与混凝土接触的地基面的温度不得低于2℃。混凝土开始养护时的温度应按施工方案通过热工计算确定,但不得低于5℃,细薄截面结构不宜低于10℃。

(4)应凿除已浇筑混凝土表面的水泥砂浆和松弱层,凿毛后露出的新鲜混凝土面积不低于75%。凿毛时,混凝土强度应符合下列规定:

1)用人工凿毛时,不低于2.5MPa。

2)用风动机等机械凿毛时,不低于10MPa。

(5)经凿毛处理的混凝土面应用水冲洗干净,但不得存有积水。在浇筑新混凝土前,对垂直施工缝应在旧混凝土面上刷一层水泥净浆,对水平施工缝应在旧混凝土面上铺一层厚10～20mm、比混凝土水胶比略小的胶砂比为1∶2的水泥砂浆,或铺一层厚约30cm的混凝土,其粗集料应比新浇筑混凝土减少10%。

(6)施工缝为斜面时,旧混凝土应浇筑成或凿成台阶状。

11. 柔性防水层

柔性防水层常选用沥青类卷材与合成橡胶卷材。沥青类以选用编织卷材为宜,其强度高、韧性好,尤其是玻璃布油毡更适于水下工程,但价格稍高。沥青类卷材一般用浇油摊铺法粘贴,顶板要从中间向两边摊铺,边墙则自下而上摊铺,搭接相叠宽度10～15cm,搭口要求不翘。合成橡胶卷材采用异丁橡胶制成,层厚2mm,采用层数视水头大小而定。

当水深20m左右时可采用3～5厚防水层。卷材防水一般须在外面再设一道保护层，其构成视管段部位而异，管段边墙外，可用木板或混凝土做保护层，有的隧道边墙不设保护层，而是将顶板的保护层延伸到边墙上，以形成护弦。管段顶板上一般设10～15cm厚的钢筋混凝土保护层，同时起到防锚作用。为防止“钩锚”，管段的两上角应做成圆形或钝角。

三、岩石隧道衬砌清单工程量计算

1. 工程量计算规则

(1)混凝土仰拱衬砌、混凝土顶拱衬砌、混凝土边墙衬砌、混凝土竖井衬砌、混凝土沟道：按设计图示尺寸以体积计算。

(2)拱部喷射混凝土、边墙喷射混凝土：按设计图示尺寸以面积计算。

(3)拱圈砌筑、边墙砌筑、砌筑沟道、洞门砌筑：按设计图示尺寸以体积计算。

(4)锚杆：按设计图示尺寸以质量计算。

(5)充填压浆：按设计图示尺寸以体积计算。

(6)仰拱充填：按设计图示回填尺寸以体积计算。

(7)透水管、沟道盖板、变形缝、施工缝：按设计图示尺寸以长度计算。

(8)柔性防水层：按设计图示尺寸以面积计算。

2. 工程量计算示例

【例5-3】 某隧道工程施工段K0＋40～K0＋80，需要边墙衬砌，已知边墙厚度为0.4m，高度为4m，混凝土强度等级为C20，石粒最大粒径为15mm，试计算其工程量。

【解】 由题意可知：

混凝土边墙衬砌工程量＝40×4×0.4＝64m^3

【例5-4】 某隧道长148m，采用平洞开挖，隧道拱圈采用M10水泥砂浆，MU10烧结普通砖砌筑，砌筑尺寸如图5-5所示，试计算拱圈砌筑工程量。

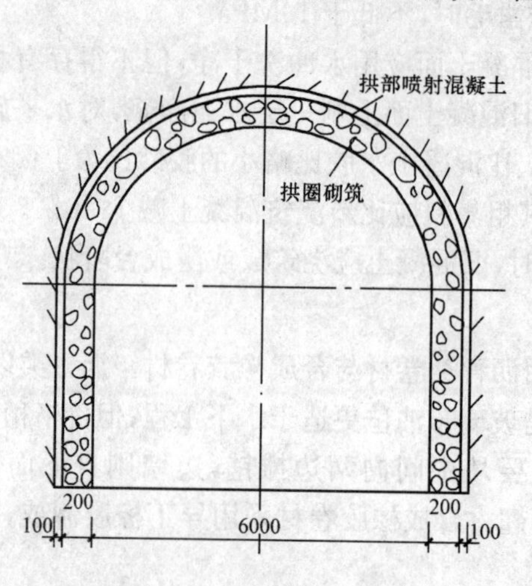

图5-5 拱圈砌筑示意图

【解】 由题意可知：

拱圈砌筑工程量 $=(1/2\times\pi\times3.2^2-1/2\times\pi\times3^2)\times148$

$=288.27\text{m}^3$

【例 5-5】 某隧道工程，边墙喷射混凝土，隧道长 80m，如图 5-6 所示，边墙厚度为 0.6m，高 8m，初喷 6mm，混凝土强度为 25MPa，石料最大粒径 25mm，试计算边墙喷射混凝土工程量。

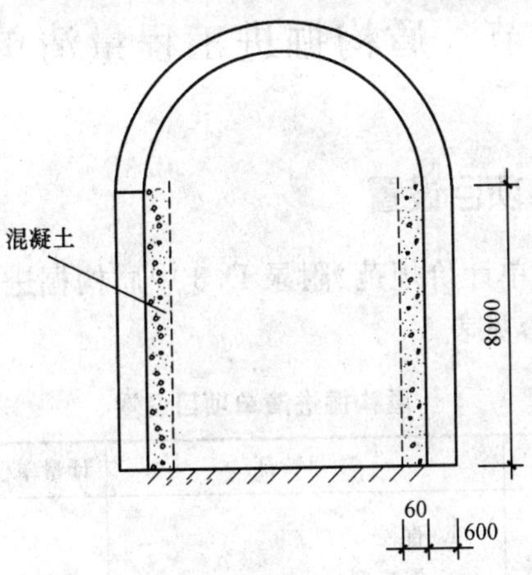

图 5-6　边墙喷射混凝土示意图

【解】 由题意可知：

边墙喷射混凝土工程量 $=2\times8\times80=1280.00\text{m}^2$

【例 5-6】 某隧道拱部设置 7 根锚杆，采用 $\phi25$ 钢筋，长度为 2.2m，采用梅花形布置，如图 5-7 所示。已知 $\phi25$ 单根钢筋理论质量为 3.85kg/m。试计算锚杆工程量。

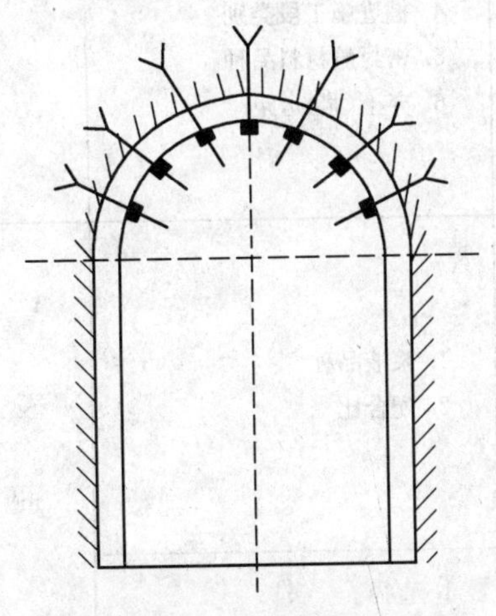

图 5-7　锚杆布置示意图

【解】 由题意可知：

$$锚杆工程量=7\times2.2\times3.85=59.29kg=0.059t$$

【例 5-7】 某隧道工程，由于工程需要，需要设置柔性防水层，采用环氧树脂，防水层长为 150m，宽为 12m，试计算其工程量。

【解】 由题意可知：

$$柔性防水层工程量=150\times12=1800m^2$$

第四节 盾构掘进工程量清单编制

一、盾构掘进清单项目设置

《市政工程工程量清单计价规范》附录 D.3 中盾构掘进共有 10 个清单项目。各清单项目设置的具体内容见表 5-3。

表 5-3 **盾构掘进清单项目设置**

项目编码	项目名称	项目特征	计量单位	工作内容
040403001	盾构吊装及吊拆	1. 直径 2. 规格型号 3. 始发方式	台·次	1. 盾构机安装、拆除 2. 车架安装、拆除 3. 管线连接、调试、拆除
040403002	盾构掘进	1. 直径 2. 规格 3. 形式 4. 掘进施工段类别 5. 密封舱材料品种 6. 弃土(浆)运距	m	1. 掘进 2. 管片拼装 3. 密封舱添加材料 4. 负环管片拆除 5. 隧道内管线路铺设、拆除 6. 泥浆制作 7. 泥浆处理 8. 土方、废浆外运
040403003	衬砌壁后压浆	1. 浆液品种 2. 配合比	m^3	1. 制浆 2. 送浆 3. 压浆 4. 封堵 5. 清洗 6. 运输
040403004	预制钢筋混凝土管片	1. 直径 2. 厚度 3. 宽度 4. 混凝土强度等级		1. 运输 2. 试拼装 3. 安装

续表

项目编码	项目名称	项目特征	计量单位	工作内容
040403005	管片设置密封条	1. 管片直径、宽度、厚度 2. 密封条材料 3. 密封条规格	环	密封条安装
040403006	隧道洞口柔性接缝环	1. 材料 2. 规格 3. 部位 4. 混凝土强度等级	m	1. 制作、安装临时防水环板 2. 制作、安装、拆除临时止水缝 3. 拆除临时钢环板 4. 拆除洞口环管片 5. 安装钢环板 6. 柔性接缝环 7. 洞口钢筋混凝土环圈
040403007	管片嵌缝	1. 直径 2. 材料 3. 规格	环	1. 管片嵌缝槽表面处理、配料嵌缝 2. 管片手孔封堵
040403008	盾构机调头	1. 直径 2. 规格 3. 始发方式	台·次	1. 钢板、基座铺设 2. 盾构拆卸 3. 盾构调头、平行移运定位 4. 盾构拼装 5. 连接管线、调试
040403009	盾构机转场运输	1. 直径 2. 规格 3. 始发方式		1. 盾构机安装、拆除 2. 车架安装、拆除 3. 盾构机、车架转场运输
040403010	盾构基座	1. 材质 2. 规格 3. 部位	t	1. 制作 2. 安装 3. 拆除

注：1. 衬砌壁后压浆清单项目在编制工程量清单时，其工程数量可为暂估量，结算时按现场签证数量计算。

2. 盾构基座是指常用的钢结构，如果是钢筋混凝土结构，应按《市政工程工程量计算规范》(GB 50857—2013)附录 D. 7 沉管隧道中相关项目进行列项。

3. 钢筋混凝土管片按成品编制，购置费用应计入综合单价中。

二、盾构掘进清单项目特征描述

1. 盾构吊装、吊拆

盾构是一个既可以支承地层压力，又可以在地层中推进的活动钢筒结构。钢筒的前端设置有支撑和开挖土体的装置，钢筒的中段安装有顶进所需千斤顶；钢筒尾部可以拼装预制或现浇隧道衬砌环。

按盾构断面形状不同可将盾构分为圆形、拱形、矩形和马蹄形四种。圆形因其抵抗地层中的土压力和水压力较好，衬砌拼装简便，可采用通用构件，易于更换，因而应用较广泛。按开挖方式不同可将盾构分为手工挖掘式、半机械挖掘式和机械挖掘式三种。按盾构前部构造不同可将盾构分为敞胸式和闭胸式两种。按排除地下水与稳定开挖面的方式不同可将盾构分为人工井点降水、泥水加压、土压平衡式的无气压盾构，局部气压盾构，全气压盾构等。

2. 盾构掘进

(1)隧道盾构掘进形式。盾构掘进有干式出土和水力出土两种形式。

(2)隧道盾构掘进直径。干式出土直径有 $\phi\leqslant$4000mm、$\phi\leqslant$5000mm、ϕ6000mm 和 ϕ7000mm；水力出土直径有 $\phi\leqslant$4000mm、$\phi\leqslant$5000mm、$\phi\leqslant$6000mm、$\phi\leqslant$7000mm。

(3)盾构掘进方式主要有负环掘进、出洞段掘进、正常段掘进、进洞段掘进。

1)负环掘进适用从拼装后靠负环起，到盾尾离开出洞井外壁止。

2)出洞段掘进适用从盾尾离开洞井外壁，到盾尾出洞井外壁 40m。

3)正常段掘进适用从出洞段掘进结束，到进洞段掘进开始。

4)进洞段掘进适用于盾构切口离进洞外壁 5 倍盾构直径起到盾构通过井壁坐入基座止。

3. 衬砌壁后压浆

衬砌压浆材料的凝结时间可以调节，材料应具有一定的触变性，在压注过程中和易性好，不离析，不堵塞管路。压浆材料的强度应相当于或高于土层的抗压强度，以利于减少扰动土的固结变形。但注浆后，要求浆体在盾构向前推进一段距离后才增长强度，这样既起到充填作用，又可保护盾尾密封装置。此外，还要求浆体的收缩量小，并具有一定的抗渗能力。

4. 预制钢筋混凝土管片

(1)预制钢筋混凝土管片类型。预制管片的种类很多，按预制材料分为铸铁管片、钢管片、钢筋混凝土管片、钢与钢筋混凝土组合管片；按结构形式分为平板形管片、箱形管片。

(2)预制钢筋混凝土管片直径。管片按直径分 6 个步距，包括配筋、钢模安拆、厂拌混凝土浇捣、蒸养、水养等工作内容。管片外径分为 3.5m、5m、7m、10m、12m。

5. 管片设置封条

管片设置封条要有足够的承压能力（纵缝密封垫比环缝稍低）、弹性复原力和粘着力，使密封垫在盾构千斤顶顶力的往复作用下仍能保证具有良好的弹性变形性能。因此，管片设置封条一般采用弹性密封垫，弹性密封防水主要是利用接缝弹性材料的挤密来达到防水目的。

弹性密封垫有未定型和定型制品两种，未定型制品有现场浇涂的液状或膏状材料，如焦油聚氨酯弹性体。定型制品通常使用的材料是各种不同硬度的固体氯丁橡胶、泡沫氯丁橡胶、丁基橡胶或天然橡胶、乙丙胶改性的橡胶及遇水膨胀防水橡胶等加工制成的各种不同断面的带形制品，其断面形式有抓斗形、齿槽形（也称梳形）等品种。

6. 管片嵌缝

嵌缝填料要求具有良好的不透水性、粘结性、耐久性、延伸性、耐药性、抗老化性，适应一定变形的弹性，特别要能与潮湿的混凝土结合好，具有不流坠的抗下垂性，以便于在潮湿状态下施工。

目前采用环氧树脂系、聚硫橡胶系、聚氨酯或聚硫改性的环氧焦油系及尿素系树脂材料较多。环氧焦油系材料嵌缝效果好，对管片接缝变形有一定的适应性。此外也有采用预制橡胶条来做嵌缝材料的，此法适用于拼装精确的管片环上，具有更换方便、作业环境不污染等优点。但T形缝和十字形缝接头处理困难，而且要靠此完全嵌密止水也有问题，一般只能起到引水作用。

三、盾构掘进清单工程量计算

1. 工程量计算规则

(1)盾构吊装及吊拆：按设计图示数量计算。

(2)盾构掘进：按设计图示掘进长度计算。

(3)衬砌壁后压浆：按管片外径和盾构壳体外径所形成的充填体积计算。

(4)预制钢筋混凝土管片：按设计图示尺寸以体积计算。

(5)管片设置密封条：按设计图示数量计算。

(6)隧道洞口柔性接缝环：按设计图示以隧道管片外径周长计算。

(7)管片嵌缝：按设计图示数量计算。

(8)盾构机调头、盾构机转场运输：按设计图示数量计算。

(9)盾构基座：按设计图示尺寸以质量计算。

2. 工程量计算示例

【例 5-8】 某隧道工程，采用盾构法施工，全长为 500m，图 5-8 所示为盾构法施工图，盾构为圆形普通盾构，试计算其工程量。

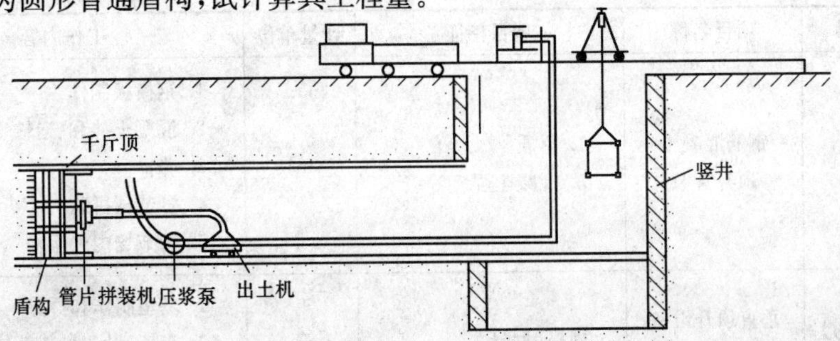

图 5-8　盾构法施工图

【解】 由题意可知：

$$盾构吊装及吊拆工程量=1台·次$$

【例 5-9】 某隧道工程采用盾构法施工，盾构尺寸如图 5-9 所示，在盾构推进中由盾尾的同号压浆泵进行压浆，压浆长度为 7m，浆液为水泥砂浆，砂浆强度等级为 M5，石料最大粒径为 25mm，配合比为水泥∶砂子=1∶3，水灰比为 0.5，试计算衬砌壁后压浆工程量。

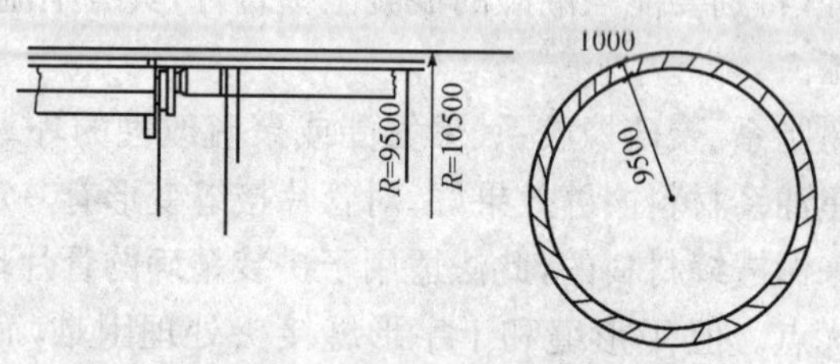

图 5-9　盾构尺寸图

【解】 由题意可知：

$$衬砌壁后压浆工程量=\pi\times(10.5^2-9.5^2)\times7=439.82\text{m}^3$$

【例 5-10】 某隧道工程采用盾构法施工，随着盾构的掘进，盾尾一次拼装衬砌管片 8 个，在管片与管片之间用密封防水橡胶条密封，试计算管片设置密封条工程量。

【解】 由题意可知：

$$管片设置密封条工程量=8-1=7环$$

第五节　管节顶升、旁通道工程量清单编制

一、管节顶升、旁通道清单项目设置

《市政工程工程量清单计价规范》附录 D. 4 中管节顶升、旁通道共有 12 个清单项目。各清单项目设置的具体内容见表 5-4。

表 5-4　　**管节顶升、旁通道清单项目设置**

项目编码	项目名称	项目特征	计量单位	工作内容
040404001	钢筋混凝土顶升管节	1. 材质 2. 混凝土强度等级	m^3	1. 钢模板制作 2. 混凝土拌和、运输、浇筑 3. 养护 4. 管节试拼装 5. 管节场内外运输
040404002	垂直顶升设备安装、拆除	规格、型号	套	1. 基座制作和拆除 2. 车架、设备吊装就位 3. 拆除、堆放

续表

项目编码	项目名称	项目特征	计量单位	工作内容
040404003	管节垂直顶升	1. 断面 2. 强度 3. 材质	m	1. 管节吊运 2. 首节顶升 3. 中间节顶升 4. 尾节顶升
040404004	安装止水框、连系梁	材质	t	制作、安装
040404005	阴极保护装置	1. 型号 2. 规格	组	1. 恒电位仪安装 2. 阳极安培 3. 阴极安装 4. 参变电极安装 5. 电缆敷设 6. 接线盒安装
040404006	安装取、排水头	1. 部位 2. 尺寸	个	1. 顶升口揭顶盖 2. 取排水头部安装
040404007	隧道内旁通道开挖	1. 土壤类别 2. 土体加固方式	m^3	1. 土体加固 2. 支护 3. 土方暗挖 4. 土方运输
040404008	旁通道结构混凝土	1. 断面 2. 混凝土强度等级		1. 模板制作、安装 2. 混凝土拌和、运输、浇筑 3. 洞门接口防水
040404009	隧道内集水井	1. 部位 2. 材料 3. 形式	座	1. 拆除管片建集水井 2. 不拆除管片建集水井
040404010	防爆门	1. 形式 2. 断面	扇	1. 防爆门制作 2. 防爆门安装
040404011	钢筋混凝土复合管片	1. 图集、图纸名称 2. 构件代号、名称 3. 材质 4. 混凝土强度等级	m^3	1. 构件制作 2. 试拼装 3. 运输、安装
040404012	钢管片	1. 材质 2. 探伤要求	t	1. 钢管片制作 2. 试拼装 3. 探伤 4. 运输、安装

二、管节顶升、旁通道清单项目特征描述

1. 管节垂直顶升

管节垂直顶升是隧道推进中的一项新工艺。这种不开槽的施工方法适用于下列情况：

(1)管道穿越铁路、公路、河流或建筑物时。

(2)街道狭窄，两侧建筑物多时。

(3)在交通量大的市区街道施工，管道既不能改线又不能断绝交通时。

(4)现场条件复杂，与地面工程交叉作业，相互干扰，易发生危险时。

(5)管道覆土较深，开槽土方量大，并需要支撑时。

影响顶升施工的因素包括地质、管道埋深、管道种类、管衬及接口、管径大小、管节长、施工环境、工期等，其中主要因素是地质和管节长。

2. 安装止水框、连系梁

止水框就是止水钢板，与管道外侧连接，达到止水的作用。连系梁是用来做构件联系的梁。连系梁不能用来抵抗弯矩和剪力。它一般由钢筋混凝土制作而成。

3. 阴极保护装置

阴极保护是防止电化学腐蚀及生物贴腐出水口的一种有效手段。它包括恒电位仪、阳极、参比电极安装，过渡箱的制作安装和电缆铺设等内容。

4. 安装取、排水头

取、排水头是指隧道内取排水构筑物的进排水部分。安装取排水头的施工场地周围应有足够供堆料、锚固、下滑牵引以及安装施工机具、设备和牵引绳段的地段。

安装取、排水头的部位应考虑距离大堤中心 200m 范围内滩地上揭顶盖，200m 范围是指达到最低水位时，滩地露出部分水深不超过 0.5m。它包括进出水口的围护工程或水下揭顶盖。

5. 隧道内旁通道开挖

旁通道一般设于区间隧道的中部、线路的最低处。在实际工程中，常将旁通道与地下泵站结合起来合并建设。其基本构造形式有全贯通式、上行侧式、下行侧式、上下行侧式和深井侧式泵站等。

旁通道断面跨度一般为 2.0～3.0m，墙高 2.5～3.5m，按断面形式不同可分为矩形、圆形或直墙拱形。

6. 隧道内集水井

(1)隧道内集水部位。隧道四周的排水沟和集水井应设置在拟建地下建(构)筑物的边缘以外净距 0.4m 处，并设在地下水走向的上游。根据地下水量大小、基坑平面形状及水泵能力，集水井每隔 30～40m 设置一个。

(3)隧道内集水井形式。集水井的容积须保证水泵停转 10～15min 时集水不至溢出，并与构筑物边线的距离必须大于井的深度。为防止井壁塌落，可用挡土板加固

或用砖干砌加固。集水井的深度随着挖土的加深而加深，要经常低于挖土面 0.7～1.0m。当基坑挖到设计标高后，井底应低于坑底 1～2m，并铺设 30cm 碎石做反滤层，以免在抽水时将泥砂抽出，并防止坑底的土被搅动。

7. 防爆门

防爆门是安装在风井口，防止瓦斯、煤尘爆炸时毁坏通风机的安装设施。为了使防爆措施真正达到保护设备和部件免遭损坏的目的，必须合理选择防爆门的形式、面积和额定动作压力。

防爆门分为甲、乙、丙三级，甲级耐火极限为 1.2h，主要用于防火墙上；乙级耐火极限为 0.9h，主要用于防烟楼梯的前室和楼梯口；丙级耐火极限为 0.6，主要用于管道检查口。

三、管节顶升、旁通道清单工程量计算

1. 工程量计算规则

(1)钢筋混凝土顶升管节：按设计图示尺寸以体积计算。

(2)垂直顶升设备安装、拆除：按设计图示数量计算。

(3)管节垂直顶升：按设计图示以顶升长度计算。

(4)安装止水框、连系梁：按设计图示尺寸以质量计算。

(5)阴极保护装置，安装取、排水头：按设计图示数量计算。

(6)隧道内旁通道开挖、旁通道结构混凝土：按设计图示尺寸以体积计算。

(7)隧道内集水井、防爆门：按设计图示数量计算。

(8)钢筋混凝土复合管片：按设计图示尺寸以体积计算。

(9)钢管片：按设计图示以质量计算。

2. 工程量计算示例

【例 5-11】 某隧道工程在 K0＋50～K0＋150 施工段，利用管节垂直顶升进行隧道推进，顶力可达 4×10^3kN，管节采用钢筋混凝土制成，垂直顶升断面如图 5-10 所示，试计算管节垂直顶升工程量。

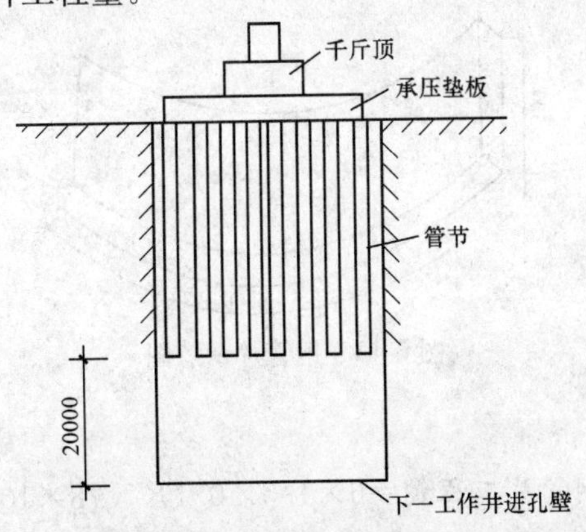

图 5-10　管节垂直顶升断面示意图

【解】 由题意可知：

管节顶升工程量＝20.00m

【例 5-12】 某隧道施工时为了排水需要以及确保隧道顶部的稳定性，特设置如图 5-11 所示的止水框和连系梁，止水框材质选用密度为 7.85×10^3 kg/m³ 的优质钢材，连系梁材质选用密度为 7.87×10^3 kg/m³ 的优质钢材，试计算止水框和连系梁工程量（止水框板厚 10cm）。

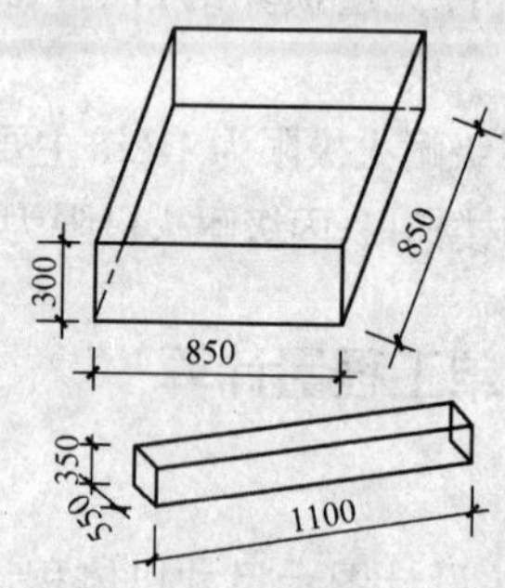

图 5-11　止水框、连系梁示意图

【解】 由题意可知：

止水框工程量＝$[(0.85\times0.3)\times4+0.85\times0.85]\times0.1\times7.85\times10^3$＝1367.86kg
＝1.368t

连系梁工程量＝$0.35\times0.55\times1.1\times7.87\times10^3$＝1666.47kg
＝1.666t

【例 5-13】 某隧道工程需开挖旁通道。已知隧道通道全长为 70m，断面尺寸为 2500mm×2000mm，土为三类土，试计算其工程量。

【解】 由题意可知：

隧道内旁通道开挖工程量＝$2.5\times2\times70$＝350m³

【例 5-14】 某隧道工程采用盾构掘进，需要用高精度钢制作钢管片，尺寸如图 5-12所示，试计算其工程量。

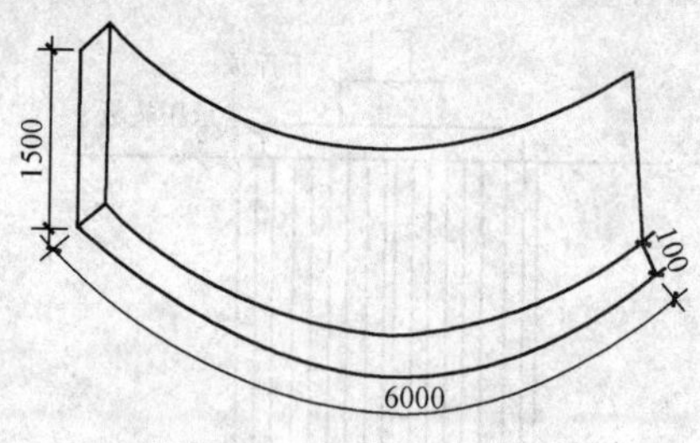

图 5-12　钢管片示意图

【解】 由题意可知：

钢管片工程量＝$6\times1.5\times0.1\times7.78\times10^3$
＝7.002×10^3kg＝7t

第六节　隧道沉井工程量清单编制

一、隧道沉井清单项目设置

《市政工程工程量清单计价规范》附录 D. 5 中隧道沉井共有 7 个清单项目。各清单项目设置的具体内容见表 5-5。

表 5-5　　隧道沉井清单项目设置

<table>
<tr><th>项目编码</th><th>项目名称</th><th>项目特征</th><th>计量单位</th><th>工作内容</th></tr>
<tr><td>040405001</td><td>沉井井壁混凝土</td><td>1. 形状
2. 规格
3. 混凝土强度等级</td><td rowspan="6">m^3</td><td>1. 模板制作、安装、拆除
2. 刃脚、框架、井壁混凝土浇筑
3. 养护</td></tr>
<tr><td>040405002</td><td>沉井下沉</td><td>1. 下沉深度
2. 弃土运距</td><td>1. 垫层凿除
2. 排水挖土下沉
3. 不排水下沉
4. 触变泥浆制作、输送
5. 弃土外运</td></tr>
<tr><td>040405003</td><td>沉井混凝土封底</td><td>混凝土强度等级</td><td>1. 混凝土干封底
2. 混凝土水下封底</td></tr>
<tr><td>040405004</td><td>沉井混凝土板底</td><td>混凝土强度等级</td><td>1. 模板制作、安装、拆除
2. 混凝土拌和、运输、浇筑
3. 养护</td></tr>
<tr><td>040405005</td><td>沉井填心</td><td>材料品种</td><td>1. 排水沉井填心
2. 不排水沉井填心</td></tr>
<tr><td>040405006</td><td>沉井混凝土隔墙</td><td>混凝土强度等级</td><td>1. 模板制作、安装、拆除
2. 混凝土拌和、运输、浇筑
3. 养护</td></tr>
<tr><td>040405007</td><td>钢封门</td><td>1. 材质
2. 尺寸</td><td>t</td><td>1. 钢封门安装
2. 钢封门拆除</td></tr>
</table>

注：沉井垫层按《市政工程工程量计算规范》(GB 50857—2013)附录 C 桥涵工程中相关项目编码列项。

二、隧道沉井清单项目特征描述

1. 沉井井壁混凝土

(1)沉井按平面形状可分为矩形、长圆形及圆形三种。

(2)井顶标高。沉井顶面的设计标高，除应符合使用要求外，由于在终沉后尚需进行封底及内部充填、安装及接高作业，对于先开挖基坑，在基坑内有良好的排水条件下，宜高于坑底 0.3m 以上；用于人工筑岛或地面制作的沉井，宜高于岛面或地面 0.3m 以上，以防止地面水流入井内。用于水中或岸边构筑物的井顶设计标高应高于施工期间最高水位(加浪高)0.5m 以上。由于使用要求需将井顶埋入水中或土内的沉井，应在井顶周围设置临时围护结构，其顶面设计标高应符合上述要求，直到地下部分全部施工完成，开始回填土前方可拆除临时围护结构。

(3)井壁混凝土坍落度一般为 3～5cm，底板混凝土坍落度为 2～3cm。井壁混凝土用插入式振动器捣实，底板混凝土用平板振动器振实。

2. 沉井下沉

沉井下沉有排水下沉和不排水下沉两种方式。前者适用于渗水量不大(每 $1m^2$ 不大于 $1m^3/min$)、稳定的黏性土，或在砂砾层中渗水量虽很大，但排水并不困难时使用；后者适用于严重的流砂地层中和渗水量大的砂砾层中使用，以及地下水无法排除或大量排水会影响附近建筑物安全的情况。

(1)排水下沉。当沉井所穿过的土层较稳定，不会因排水产生流砂、管涌和井底土体失稳时，可采用排水挖土下沉的施工方法。排水引起地下水位降低和地面沉降，可能影响周围建筑物正常使用时，要采取必要的安全措施。采用排水下沉的出土方式，可根据水源、土壤特性和排泥条件分别选用水力机械出土或抓斗挖土。

(2)不排水下沉。沉井穿过的土层不稳定，地下水涌量大，会发生流砂、管涌土体失稳时，应采用不排水下沉。下沉时井内的水位维持在可使井底土体保持稳定的高度。井内出土方式则按出土条件及周围环境选用水下抓斗挖土或水力机械出土。

3. 沉井混凝土封底

沉井封底有排水封底和不排水封底两种方式。前者是将井底水抽干进行封底混凝土浇筑，又称干封底。因其施工操作方便，质量易于控制，是应用较多的一种方法。后者多采用导管法在水中浇筑混凝土封底，施工较为复杂，只有在涌水量很大，难以排干且出现流砂现象时才应用。

对于排水下沉的井，当井内无渗水时，可直接灌注封底混凝土；当井内有少许渗水，又易于抽干时，可在井底挖引水沟数道，沟内填片石或上盖混凝土板，将水引到集水井内。集水井用预制混凝土圆管接高，并将抽水机笼头置于管内抽水，封底混凝土即可在井底无水的情况下灌筑。抽水必须延续到混凝土终凝时为止。最后灌注水下混凝土封填集水井。不排水下沉的沉井，须用水下混凝土封底。封底厚度对于不填充的空心沉井应不小于取土井最小边长的 1.5 倍，并应高出凹槽 0.5m。对于用砌体填充的实心沉井，应在封底混凝土强度满足抽水后受力要求时，方可抽水填充。一般封底厚度不小于 1.5m。

4. 沉井混凝土底板

沉井底板混凝土的强度等级及相关要求同沉井井壁混凝土。沉井底板混凝土应用平板振动器振实。为减少用水量,可掺入如水质素磺酸盐、水溶性树脂磺酸盐等减水剂。

5. 沉井填心

沉井填心是指用砂石料填充沉井内部区域。按沉井下沉的方法不同其填心的过程也有所差异。

沉井填心材料有砂石、碎石、砂浆、钢筋混凝土等。

6. 钢封门

钢封门是沉管隧道最终接头的一种重要形式,用于管段沉放就位后对迎海面的敞口进行封堵。钢封门是以两面为钢板,中间加横肋连接的中空钢结构,封门厚度为1m。

安装就位后在封板空腔内浇筑水下混凝土,以增强封门的刚度。由于管段就位后需要封堵的敞口区为一个倒写的"凹"字形,因此钢封门沿竖向进行分幅。综合考虑加工与起吊安装的方便共设六幅,其中Ⅰ、Ⅵ幅为管段两侧的长幅,Ⅱ～Ⅴ为骑在管段顶部的短幅。钢封门的顶部由钢封门导梁限位,长幅的底部卡在底板的枕梁上,短幅的底部卡在管段顶部预留的止推槛上。封门之间为承插式连接,考虑到管段沉放会有一定的误差,连接处均有一定的容错范围设计。

三、隧道沉井清单工程量计算

隧道沉井工程量计算规则为:

(1)沉井井壁混凝土:按设计尺寸以外围井筒混凝土体积计算。

(2)沉井下沉:按设计图示井壁外围面积乘以下沉深度以体积计算。

(3)沉井混凝土底封、沉井混凝土底板、沉井填心、沉井混凝土隔墙:按设计图示尺寸以体积计算。

(4)钢封门:按设计图示尺寸以质量计算。

第七节 混凝土结构工程量清单编制

一、混凝土结构清单项目设置

《市政工程工程量清单计价规范》附录D.6中混凝土结构共有8个清单项目。各清单项目设置的具体内容见表5-6。

表 5-6　混凝土结构清单项目设置

项目编码	项目名称	项目特征	计量单位	工作内容
040406001	混凝土地梁	1. 类别 2. 混凝土强度等级	m^3	1. 模板制作、安装、拆除 2. 混凝土拌和、运输、浇筑 3. 养护
040406002	混凝土底板			
040406003	混凝土柱			
040406004	混凝土墙			
040406005	混凝土梁			
040406006	混凝土平台、顶板			
040406007	圆隧道内架空路面	1. 厚度 2. 混凝土强度等级		
040406008	隧道内其他结构混凝土	1. 部位、名称 2. 混凝土强度等级		

注：1. 隧道洞内道路路面铺装应按《市政工程工程量计算规范》(GB 50857—2013)附录B道路工程相关清单项目编码列项。

2. 隧道洞内顶部和边墙内衬的装饰应按《市政工程工程量计算规范》(GB 50857—2013)附录C桥涵工程相关清单项目编码列项。

3. 隧道内其他结构混凝土包括楼梯、电缆沟、车道侧石等。

4. 垫层、基础应按《市政工程工程量计算规范》(GB 50857—2013)附录C桥涵工程相关清单项目编码列项。

5. 隧道内衬弓形底板、侧墙、支承墙应按本表混凝土底板、混凝土墙的相关清单项目编码列项，并在项目特征中描述其类别、部位。

二、混凝土结构清单项目特征描述

1. 混凝土地梁

地梁又称基础梁，是指在地下混凝土结构中用现浇混凝土梁来保证地基的整体稳定性。地梁圈起来有闭合的特征，与构造柱构成抗震防裂体系，减缓不均匀沉降的副作用。其与地圈梁有区别，(地梁)基础梁主要起联系作用，增强水平面刚度，有时兼做底层填充墙的承托梁，不考虑抗震作用。

2. 混凝土柱

柱是指建筑物中直立的起支持作用的构件。一般用木、石、型钢或钢筋混凝土制成。柱是框架结构和厂房中主要承重构件之一。按柱的截面构造尺寸分为矩形柱、工字形柱、双肢柱、管柱。

3. 混凝土墙

混凝土墙是指市政地下铁道车站、隧道暗埋段、引道段沉井内部等处现浇的钢筋混凝土墙。钢筋混凝土墙身应与基础一次浇筑而成，且浇筑混凝土应连续不间断，并分层浇捣。

4. 混凝土梁、底板

混凝土梁、底板混凝土的浇筑应符合以下要求：

(1)混凝土应按一定厚度、顺序和方向分层浇筑，应在地下层混凝土初凝或能重塑前浇筑完成上层混凝土，上下层同时浇筑时，上层与下层前后浇筑距离应保持 1.5m 以上，在倾斜面上浇筑混凝土时，应从低处开始逐层扩展升高，保持水平分层，混凝土分层浇筑厚度不应超过表 5-7 的规定。

表 5-7　混凝土分层浇筑厚度　(单位：mm)

项次	浇筑层厚度	捣实方法	
1	30	用插入式振动器	
2	300	用附着式振动器	
3	25	用表面振动器	无筋或配筋稀疏时
	15		配筋较密时
4	20	人工捣实	无筋或配筋稀疏时
	15		配筋较密时

注：列表规定可根据结构和振动器型号等情况适当调整。

(2)自高处向模板内倾卸混凝土时，为防止混凝土的离析，应符合以下要求：

1)从高处直接倾卸时，其自由倾落高度一般不宜超过 2m，以不发生离析为度。

2)当倾落高度超过 2m 时，应通过串筒、溜管或振动溜管等设施下落；倾落高度超过 10m 时，应设置减速装置。

3)在串筒出料口下面，混凝土堆积高度不宜超过 1m。

(3)各层混凝土的浇筑工作不应间断。由前层混凝土浇筑后，到浇筑次层混凝土时的间歇时间应尽量缩短，其最大间歇时间应根据水泥的凝结时间、水胶比以及混凝土的硬化条件等决定。

(4)腹板底部为扩大 T 形梁，应先浇筑扩大部分并振实后再浇筑其上部腹板。

(5)U 形梁或拱肋，可上下一次浇筑或分两次浇筑。一次浇筑时，应先浇筑底板(同时腹板部位浇筑至底板承托顶面)，待底板混凝土稍沉实后再浇筑腹板。分两次浇筑时，先浇筑底板至底板承托顶面，按施工缝处理后，再浇筑腹板混凝土。

(6)梁、板构件浇筑完毕后，应标明型号、制作日期和上下方向。

5. 混凝土平台、顶板

(1)平台。平台是指连接两个梯段之间的水平部分，用来供楼梯转折，连通某个楼层或供使用者在攀登了一定的距离后略事休息。平台的标高有时与某个楼层相一致，有时介于两个楼层之间，与楼层标高相一致的平台称为正平台，介于两个楼层之间的平台称为半平台。平台按其功能可分为休息平台和工作平台。

(2)顶板。顶板是指房屋最上层覆盖的外围护结构，其主要功能是用以抵御自然界的不利因素影响，以便以下空间有一个良好的使用环境，在结构上，顶板是上层承重结构，它应能支承自重和作用在顶板上的各种活荷载，同时，起着对房屋上部的水平支撑作用。

6. 圆隧道内架空路面

圆隧道内架空路面的铺设应平整、稳固，缝隙勾填应密实；架空路面架空层中不得堵塞，架空高度及变形缝做法应符合设计要求。架空路面的质量必须符合设计要求，严禁有断裂和露筋等缺陷。

三、混凝土结构清单工程量计算

1. 工程量计算规则

隧道工程混凝土结构工程量计算规则为：按设计图示尺寸以体积计算。

2. 工程量计算示例

【例 5-15】 计算图 5-13 所示有梁板混凝土柱工程量。

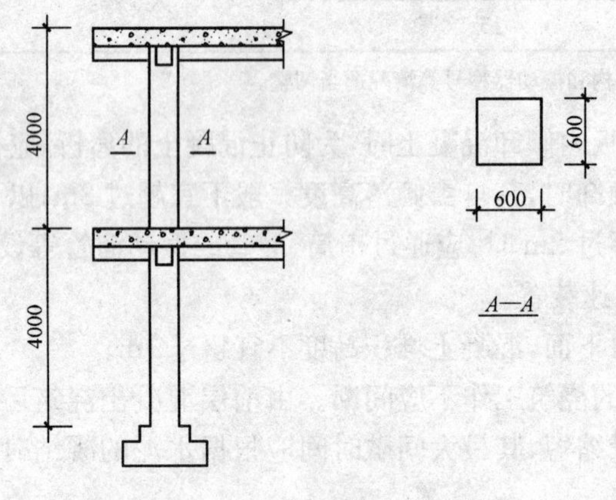

图 5-13 有梁板混凝土柱示意图

【解】 由题意可知：

$$混凝土柱工程量=0.6\times0.6\times(4+4)=2.88m^3$$

【例 5-16】 某隧道工程，需设置一面钢筋混凝土墙，已知钢筋混凝土墙长 20m，宽 5m，厚度为 0.6m，采用 C30 商品混凝土，石粒最大粒径为 15mm，试计算其工程量。

【解】 由题意可知：

$$混凝土墙工程=5\times20\times0.6=60m^3$$

【例 5-17】 某隧道工程全长为 50m，图 5-14 为圆隧道内架空路面示意图，试计算其架空路面工程量。

【解】 由题意可知：

$$圆隧道架空路面工程量=6\times50\times0.15=45m^3$$

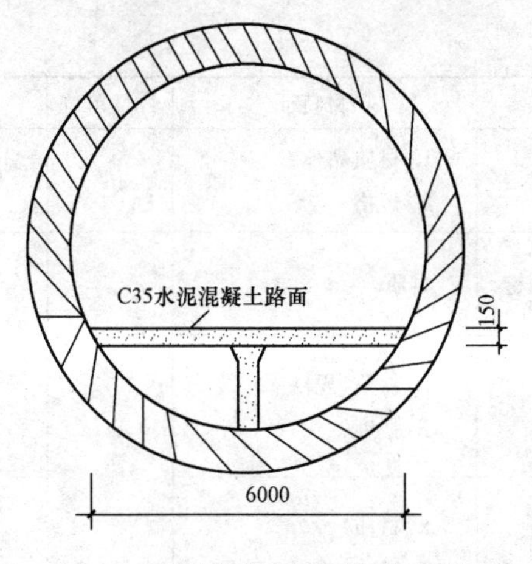

图 5-14　圆隧道内架空路面示意图

第八节　沉管隧道工程量清单编制

一、沉管隧道清单项目设置

《市政工程工程量清单计价规范》附录 D.7 中沉管隧道共有 22 个清单项目。各清单项目设置的具体内容见表 5-8。

表 5-8　　**沉管隧道清单项目设置**

<table>
<tr><th>项目编码</th><th>项目名称</th><th>项目特征</th><th>计量单位</th><th>工作内容</th></tr>
<tr><td>040407001</td><td>预制沉管底垫层</td><td>1. 材料品种、规格
2. 厚度</td><td>m^3</td><td>1. 场地平整
2. 垫层铺设</td></tr>
<tr><td>040407002</td><td>预制沉管钢底板</td><td>1. 材质
2. 厚度</td><td>t</td><td>钢底板制作、安装</td></tr>
<tr><td>040407003</td><td>预制沉管
混凝土板底</td><td rowspan="3">混凝土强度等级</td><td rowspan="3">m^3</td><td>1. 模板制作、安装、拆除
2. 混凝土拌和、运输、浇筑
3. 养护
4. 底板预埋注浆管</td></tr>
<tr><td>040407004</td><td>预制沉管
混凝土侧墙</td><td rowspan="2">1. 模板制作、安装、拆除
2. 混凝土拌和、运输、浇筑
3. 养护</td></tr>
<tr><td>040407005</td><td>预制沉管
混凝土顶板</td></tr>
</table>

续表

<table>
<tr><th>项目编码</th><th>项目名称</th><th>项目特征</th><th>计量单位</th><th>工作内容</th></tr>
<tr><td>040407006</td><td>沉管外壁防锚层</td><td>1. 材质品种
2. 规格</td><td>m^2</td><td>铺设沉管外壁防锚层</td></tr>
<tr><td>040407007</td><td>鼻托垂直剪力键</td><td>材质</td><td rowspan="3">t</td><td>1. 钢剪力键制作
2. 剪力键安装</td></tr>
<tr><td>040407008</td><td>端头钢壳</td><td>1. 材质、规格
2. 强度</td><td>1. 端头钢壳制作
2. 端头钢壳安装
3. 混凝土浇筑</td></tr>
<tr><td>040407009</td><td>端头钢封门</td><td>1. 材质
2. 尺寸</td><td>1. 端头钢封门制作
2. 端头钢封门安装
3. 端头钢封门拆除</td></tr>
<tr><td>040407010</td><td>沉管管段浮运
临时供电系统</td><td rowspan="3">规格</td><td rowspan="3">套</td><td>1. 发电机安装、拆除
2. 配电箱安装、拆除
3. 电缆安装、拆除
4. 灯具安装、拆除</td></tr>
<tr><td>040407011</td><td>沉管管段浮运
临时供排水系统</td><td>1. 泵阀安装、拆除
2. 管路安装、拆除</td></tr>
<tr><td>040407012</td><td>沉管管段浮运
临时通风系统</td><td>1. 进排风机安装、拆除
2. 风管路安装、拆除</td></tr>
<tr><td>040407013</td><td>航道疏浚</td><td>1. 河床土质
2. 工况等级
3. 疏浚深度</td><td rowspan="4">m^3</td><td>1. 挖泥船开收工
2. 航道疏浚挖泥
3. 土方驳运、卸泥</td></tr>
<tr><td>040407014</td><td>沉管河床基槽开挖</td><td>1. 河床土质
2. 工况等级
3. 挖土深度</td><td>1. 挖泥船开收工
2. 沉管基槽挖泥
3. 沉管基槽清淤
4. 土方驳运、卸泥</td></tr>
<tr><td>040407015</td><td>钢筋混凝土块沉石</td><td>1. 工况等级
2. 沉石深度</td><td>1. 预制钢筋混凝土块
2. 装船、驳运、定位沉石
3. 水下铺平石块</td></tr>
<tr><td>040407016</td><td>基槽抛铺碎石</td><td>1. 工况等级
2. 石料厚度
3. 沉石深度</td><td>1. 石料装运
2. 定位抛石、水下铺平石块</td></tr>
<tr><td>040407017</td><td>沉管管节浮运</td><td>1. 单节管段质量
2. 管段浮运距离</td><td>kt · m</td><td>1. 干坞放水
2. 管段起浮定位
3. 管段浮运
4. 加载水箱制作、安装、拆除
5. 系缆柱制作、安装、拆除</td></tr>
</table>

续表

项目编码	项目名称	项目特征	计量单位	工作内容
040407018	管段沉放连接	1. 单节管段质量 2. 管段下沉深度	节	1. 管段定位 2. 管段压水下沉 3. 管段端面对接 4. 管节拉合
040407019	砂肋软体排覆盖	1. 材料品种 2. 规格	m^2	水下覆盖软体排
040407020	沉管水下压石		m^3	1. 装石船开收工 2. 定位抛石、卸石 3. 水下铺石
040407021	沉管接缝处理	1. 接缝连接形式 2. 接缝长度	条	1. 按缝拉合 2. 安装止水带 3. 安装止水钢板 4. 混凝土拌和、运输、浇筑
040407022	沉管底部压浆固封充填	1. 压浆材料 2. 压浆要求	m^3	1. 制浆 2. 管底压浆 3. 封孔

二、沉管隧道清单项目特征描述

1. 预制沉管底垫层

预制沉管底垫层材料由水泥、砂、石子、外加剂组成。水泥宜采用强度等级不低于42.5MPa的普通硅酸盐水泥和矿渣硅酸盐水泥。砂采用中砂或细砂，含泥量不得大于3%。石子、卵石或碎石，粒径为5～40mm，最大粒径不应超过50mm，并不得大于垫层厚度的2/3，含泥量不得大于2%。

预制沉管混凝土垫层强度等级按设计要求配制，但不应小于C15，混凝土垫层厚度不得小于100mm。

2. 预制沉管钢底板

沉管底部钢板可以在浮运、沉放时起保护管段的作用。

在船坞制作场地上，如果管段下的地层发生不均匀沉降，那么就可能会使管段产生裂缝。因此，一般在船坞底的砂层上铺设一块6mm厚的钢板，往往将它和底板混凝土直接浇筑在一起，这样它不但能起到底板防水的作用，而且在浮运、沉放过程中能防止外力对底板的破坏。也可使用9～10cm的钢筋混凝土板来代替这种底部的钢板，在它上面贴上防水膜，并将防水膜从侧墙一直延伸到顶板上，这种替代方法的作用与钢板完全相同，但为了使它和混凝土底板能紧密结合，需应用多根锚杆或钢筋穿过防水膜埋到混凝土底板内。

3. 预制沉管混凝土侧墙

预制沉管混凝土侧墙的构造要求同底板。为确保管的水密性，应采取合适的措施控制侧墙的裂缝宽度限值。预防侧墙裂缝的措施应设计混凝土强度等级不宜过高，优化混凝土的配合比设计。配合比设计合理不仅应满足设计要求，同时应有利于现场施工，使经济效益良好，降低水化热，减少水泥用量，避免混凝土收缩裂缝的产生，优选材料，加强现场施工技术管理。要有效地控制混凝土内外温差小于 25℃，还要控制混凝土内部的散热速度一般为 1～2℃/d。

4. 端头钢壳

端头钢壳作为管段间的接头，要有良好的防腐性能。在端头钢壳面板隔腔内灌浆完成后，应进行端头钢壳防腐蚀涂层施工，施工的范围为端头钢壳面板施工后的所有外露表面。涂料施工采用底漆和面漆两种涂料相结合使用的方法，选用的涂料为环氧沥青系。

端头钢壳焊接过程中，应严格控制焊接变形。在管段制作过程中，设置适当的临时支撑，确保端头钢壳不变形；端头钢壳安装后要仔细检查，确保表面没有杂物或油污附着；端头钢壳面板焊接前应做好清洁工作，防止杂物留在隔腔内；面板焊接后应用软木塞临时封住灌浆孔和排气孔防止杂物进入或堵塞孔口；腔内有积水时不得实施注浆。

5. 端头钢封门

端头钢封门由端面钢板、主梁和横肋组成的正交异形板构成，具有装拆方便的特点。

6. 沉管管段浮运临时系统

(1)沉管管段浮运临时供电系统。沉管管段浮运施工现场应布设好临时供电系统，确保管段浮运工作的进行。在施工现场，首先要确定总用电量，以便选择合适的发电机、变压器、各类开关设备和线路导线，从而做到安全、可靠地供电，减少投资，节约开支。

(2)沉管管段浮运临时供排水系统。沉管管段浮运前应做好临时供排水设施。在干坞内预制管段完成后，可向干坞内灌水，使预制管段逐渐浮起。在浮起过程中，利用在干坞四周预先为管段浮运布设的错位，用地锚绳索固定在浮起的管段上，然后通过布置在干坞坞顶布置的绞车将管段逐步牵引出坞。

(3)沉管管段浮运临时通风系统。隧道通风的主要目的就是稀释隧道空间内的一氧化碳、烟雾、异味和粉尘等的浓度，使隧道内的空气环境符合国家卫生标准，有利于人体健康和行车安全。隧道通风分施工期通风和永久性通风。施工期通风是隧道施工期间的临时性通风措施，永久性通风是指隧道内设置通风设施，为隧道的整个运营期进行通风。

7. 航道疏浚

航道疏浚包括临时航道改线的浚挖和浮运管段线路的浚挖。临时航道疏浚必须在沉管基槽开挖以前完成，以保证施工期间河道上正常的安全运输。浮运航道是专门为管段从干坞到隧址浮运时设置的，在管段出坞拖运之前，浮运航前要疏浚好，管段浮运路线的中线应沿着河道深水河槽航行，以减少疏浚挖泥工作量。管段浮运航道必须有足够的水深，根据河床地质情况，应考虑具有0.5m左右的富余水深，并使管段在低水位（平潮水位）时能安全拖运，防止管段搁浅。

航道疏浚深度由于航道深度大多不超过15m，因此一般只有12m、13m左右，所以，通常港务部门疏浚航道用的挖泥船，挖深都不超过20m，常只有15m左右。可是沉管基槽的底深常是22～23m。

8. 沉管河床基槽开挖

沉管基槽的断面主要由三个基本尺度决定，即底宽、深度和（边坡）坡度，应视土质情况、基槽搁置时间以及河道水流情况而定。

（1）沉管基槽的底宽，一般应比管段底宽大4～10cm，不宜定得太小，以免边坡坍塌后，影响管段沉设的顺利进行。沉管基槽的深度应为覆盖层厚度、管段高度以及基础处理所需超挖深度三者之和。沉管基槽边坡的稳定坡度与土层的物理力学性能有密切关系。因此，应对不同的土层，分别采用不同的坡度。

（2）挖土深度，开挖基槽的深度应为管顶覆土厚度、管段高度和基础处理所需超挖深度三者之和。

9. 钢筋混凝土块沉石

钢筋混凝土块沉石又称粗集料，拌制混凝土用的石子分碎石和卵石。

10. 沉管管节浮运

管段在干坞内预制完成后就可在干坞内灌水使预制管段逐渐浮起，浮起过程中利用在干坞四周预先为管段浮运布设的锚位，用地锚绳索固定上浮的管段，然后通过布置在干坞坞顶的绞车将管段逐渐牵引出坞。

单节管段质量应保证管段混凝土的匀质性，这是由于矩形管段在浮运时的干弦（管段在浮运过程中露出水面的高度）只有10～20cm，仅占管段全高的1.2%～2%，如果管段混凝土容重变化幅度稍大，超过1%以上，管段常会浮不起来。

11. 管段沉放连接

管段连接有水下混凝土连接法和水力压接法两种方法。

（1）采用水下混凝土连接法时，先在接头两侧管段的端部安设平堰板（与管段同时制作），待管段沉放完后，在前后两块平堰板左右两侧，水中安放圆弧形堰板，围成一个圆形钢围堰，同时在隧道衬砌的外边，用钢檐板把隧道内外隔开，最后往围堰内灌注水下混凝土，形成管段的连接。

（2）水力压接法指利用作用在管段上的巨大水压力，使安装在管段前端面（靠近既设管段或连接井的端面）周边上的一圈胶垫发生压缩变形，形成一个水密性相当可靠的管段接头。

12. 沉管接缝处理

（1）接缝连接形式。施工缝可分为两种，一种是底板与竖墙之间的施工缝，也可称作纵向施工缝；另一种是管段长度方向分段施工时的留缝，可称作横向施工缝。

(2)接缝长度。一般将横向施工缝做成变形缝，变形缝间隔 15～20m（节段长），以使管段结构不因隧道纵向变形而开裂。

13. 沉管底部压浆固封充填

在管段沉设结束后，沿着管段两侧边及后端底边抛堆砂、石封闭槛，槛高到管底以上 1m 左右，以封闭管底周边。然后从隧道内部，用通常的压浆设备，通过预埋在管段底板上的压浆孔，向管底空隙压注混合砂浆。

(1)压浆材料为由水泥、黄砂、黏土或斑脱土以及缓凝剂配成的混合砂浆。其强度只需不低于地基土体的固有强度即可，一般只需 0.5MPa。

(2)压浆要求，压浆的压力不必太大，以防顶起沉管管段，一般比水压大 1/5 左右。

三、沉管隧道清单工程量计算

1. 工程量计算规则

(1)预制沉管底垫层：按设计图示沉管底面积乘以厚度以体积计算。

(2)预制沉管钢底板：按设计图示尺寸以质量计算。

(3)预制沉管混凝土板底、预制沉管混凝土侧墙、预制沉管混凝土顶板：按设计图示尺寸以体积计算。

(4)沉管外壁防锚层：按设计图示尺寸以面积计算。

(5)鼻托垂直剪力键、端头钢壳、端头钢封门：按设计图示尺寸以质量计算。

(6)沉管管段浮运临时供电系统、沉管管段浮运临时供排水系统、沉管管段浮运临时通风系统：按设计图示管段数量计算。

(7)航道疏浚：按河床原断面与管段浮运时设计断面之差以体积计算。

(8)沉管河床基槽开挖：按河床原断面与槽设计断面之差以体积计算。

(9)钢筋混凝土块沉石、基槽抛铺碎石：按设计图示尺寸以体积计算。

(10)沉管管节浮运：按设计图示尺寸和要求以沉管管节质量和浮运距离的复合单位计算。

(11)管段沉放连接：按设计图示数量计算。

(12)砂肋软体排覆盖：按设计图示尺寸以沉管顶面积加侧面外表面积计算。

(13)沉管水下压石：按设计图示尺寸以顶、侧、压石的体积计算。

(14)沉管接缝处理：按设计图示数量计算。

(15)沉管底部压浆固封充填：按设计图示尺寸以体积计算。

2. 工程量计算示例

【例 5-18】 某隧道工程，全长 150m，预制沉管垫层采用碎石，厚度为 500mm，已知沉管底面宽度为 5000mm，试计算其工程量。

【解】 由题意可知：

$$预制沉管底垫层工程量=0.5\times5\times150=375m^3$$

【例 5-19】 某隧道沉管工程，预制沉管采用钢底板，已知钢板长为 100m，厚为 10mm，宽度为 10m，试计算其工程量。

【解】 由题意可知：

预制沉管钢底板工程量＝100×10×0.01×7.78×10³kg＝77.8t

【例 5-20】 某水底隧道全长为 300m，采用预制沉管混凝土板底，混凝土强度等级采用 C35，石粒最大粒径为 15mm，图 5-15 所示为混凝土板底示意图，试计算其工程量。

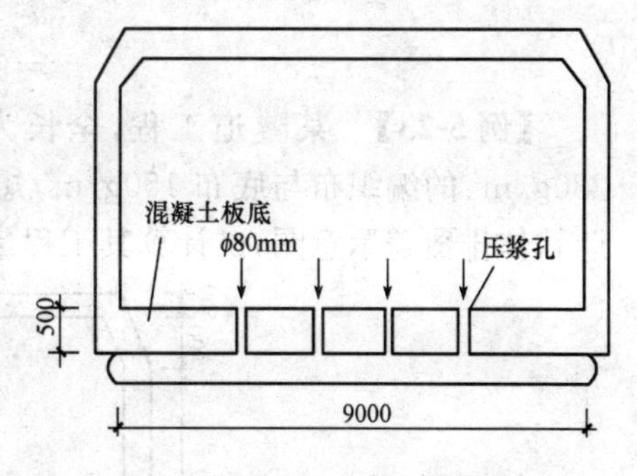

图 5-15　混凝土板底示意图

【解】 由题意可知：

预制沉管混凝土板底工程量＝300×9×0.5＝1350m³

【例 5-21】 某水底沉管隧道工程，需为沉管而开挖基槽，已知基槽开挖全长为 200m，河床土质为砂，较硬黏土，开挖深度为 6m，图 5-16 所示为基槽开挖断面示意图，试计算其工程量。

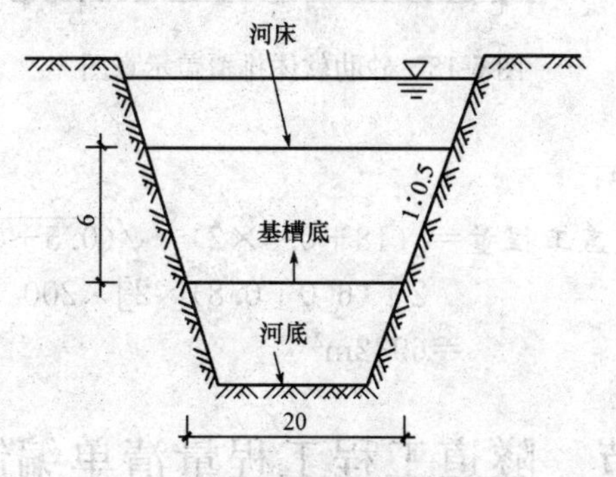

图 5-16　基槽开挖断面示意图

【解】 由题意可知：

$$沉管河床基槽开挖工程量=(20+20+2\times6\times0.5)\times6\times\frac{1}{2}\times200=27600m^3$$

【例 5-22】 某沉管隧道工程基槽抛铺碎石，全长为 400m，图 5-17 所示为基槽抛铺碎石断面示意图，抛铺厚度为 1m，碎石粒径为 40mm，试计算其工程量。

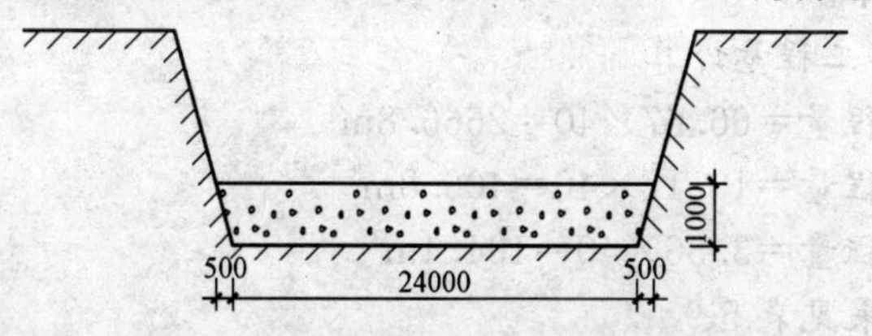

图 5-17　基槽抛铺碎石断面示意图

【解】 由题意可知：

$$基槽抛铺碎石工程量=(24+24+0.5\times2)\times1.0\times\frac{1}{2}\times400$$

$$=9800m^3$$

【例 5-23】 某隧道工程，全长为 200m，采用砂肋软体排覆盖，排体选用面布 $230g/m^2$ 的编织布与底布 $150g/m^2$ 短纤涤纶针刺无纺土工布复合，图 5-18 所示为砂肋软体排覆盖示意图，试计算其工程量。

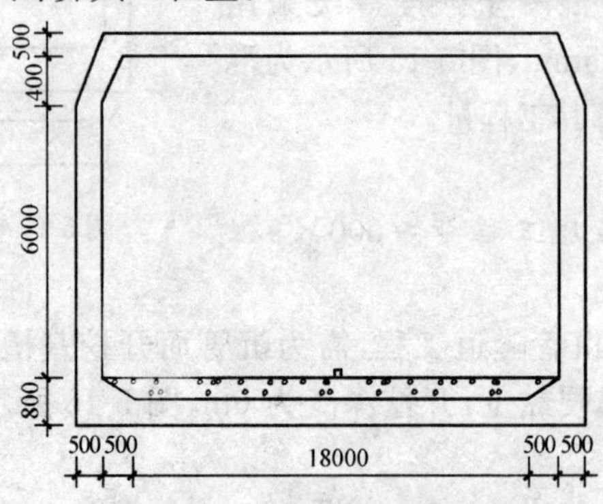

图 5-18 砂肋软体排覆盖示意图

【解】 由题意可知：

$$砂肋软体排覆盖工程量=[(18+0.5\times2)+\sqrt{(0.5+0.4)^2+0.5^2}\times2+(6.0+0.8)\times2]\times200$$

$$=6932m^2$$

第九节 隧道工程工程量清单编制示例

【例 5-24】 ××隧道工程长度为 160m，洞口桩号为 K2＋400～K2＋550，其中 K2＋420～K2＋460 段岩石为普坚石，此段隧道的设计断面如图 5-19 所示，设计开挖断面积为 $66.67m^2$，拱部衬砌断面积为 $10.17m^2$。边墙厚为 600mm，混凝土强度等级为 C20，边墙断面积为 $3.36m^2$。设计要求主洞超挖部分必须用与衬砌同强度等级混凝土充填，招标文件要求开挖出的废渣运至距洞口 950m 处弃置场弃置（两洞口外 950m 处均有弃置场地）。试根据上述条件编制隧道 K2＋420～K2＋460 段的隧道开挖和衬砌工程量清单。

【解】 (1)清单工程量计算

1)平洞开挖工程量 $=66.67\times40=2666.8m^3$

2)拱部衬砌工程量 $=10.17\times40=406.8m^3$

3)边墙衬砌工程量 $=3.36\times40=134.4m^3$

工程量计算结果见表 5-9。

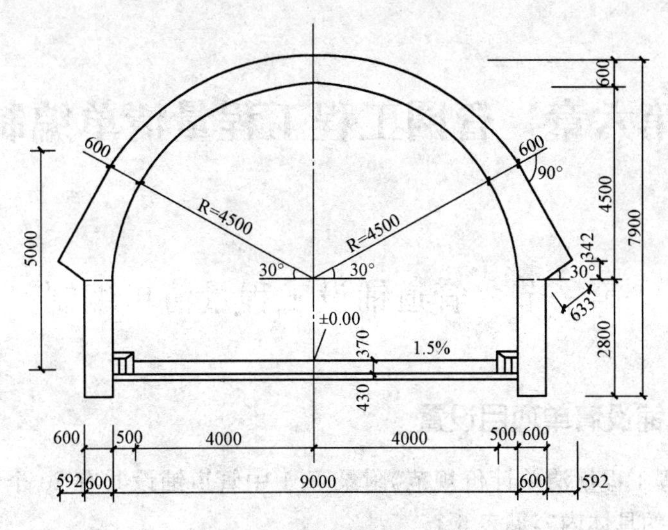

图 5-19　隧道衬砌设计示意图

表 5-9　　**工程量计算表**

工程名称：××隧道工程

序号	项目编码	项目名称	工程数量	计量单位
1	040401001001	平洞开挖	2666.8	m^3
2	040402002001	混凝土顶拱衬砌	406.8	m^3
3	040402003001	混凝土边墙衬砌	134.4	m^3

(2)编制分部分项工程量清单，见表 5-10。

表 5-10　　**分部分项工程和单价措施项目清单与计价表**

工程名称：××隧道工程

序号	项目编码	项目名称	项目特征描述	计量单位	工程数量	金额/元	
						综合单价	合计
1	040401	隧道岩石开挖					
1.1	040401001001	平洞开挖	1. 岩石类别：普通坚石 2. 开挖断面：设计断面 66.67m^2 3. 弃碴运距：外运 1000m 以内	m^3	2666.8		
2	040402	岩石隧道衬砌					
2.1	040402002001	混凝土顶拱衬砌	1. 部位、厚度：拱顶厚度 60cm 2. 混凝土强度：C20	m^3	406.8		
2.2	040402003001	混凝土边墙衬砌	1. 部位、厚度：拱顶厚度 60cm 2. 混凝土强度：C20	m^3	134.4		

第六章　管网工程工程量清单编制

第一节　管道铺设工程量清单编制

一、管道铺设清单项目设置

《市政工程工程量清单计价规范》附录 E.1 中管道铺设共有 20 个清单项目。各清单项目设置的具体内容见表 6-1。

表 6-1　　管道铺设清单项目设置

<table>
<tr><th>项目编码</th><th>项目名称</th><th>项目特征</th><th>计量单位</th><th>工作内容</th></tr>
<tr><td>040501001</td><td>混凝土管</td><td>1. 垫层、基础材质及厚度
2. 管座材质
3. 规格
4. 接口方式
5. 铺设深度
6. 混凝土强度等级
7. 管道检验及试验要求</td><td rowspan="4">m</td><td>1. 垫层、基础铺筑及养护
2. 模板制作、安装、拆除
3. 混凝土拌和、运输、浇筑、养护
4. 预制管枕安装
5. 管道铺设
6. 管道接口
7. 管道检验及试验</td></tr>
<tr><td>040405002</td><td>钢管</td><td rowspan="2">1. 垫层、基础材质及厚度
2. 材质及规格
3. 接口方式
4. 铺设深度
5. 管道检验及试验要求
6. 集中防腐运输</td><td rowspan="2">1. 垫层、基础铺筑及养护
2. 模板制作、安装、拆除
3. 混凝土拌和、运输、浇筑、养护
4. 管道铺设
5. 管道检验及试验
6. 集中防腐运输</td></tr>
<tr><td>040405003</td><td>铸铁管</td></tr>
<tr><td>040405004</td><td>塑料管</td><td>1. 垫层、基础材质及厚度
2. 材质及规格
3. 连接形式
4. 铺设深度
5. 管道检验及试验要求</td><td>1. 垫层、基础铺筑及养护
2. 模板制作、安装、拆除
3. 混凝土拌和、运输、浇筑、养护
4. 管道铺设
5. 管道检验及试验</td></tr>
</table>

续表

项目编码	项目名称	项目特征	计量单位	工作内容
040405005	直埋式预制保温管	1. 垫层材质及厚度 2. 材质及规格 3. 接口方式 4. 铺设深度 5. 管道检验及试验要求	m	1. 垫层铺筑及养护 2. 管道铺设 3. 接口处保温 4. 管道检验及试验
040501006	管道架空跨越	1. 管道架设高度 2. 管道材质及规格 3. 接口方式 4. 管道检验及试验要求 5. 集中防腐运距	m	1. 管道架设 2. 管道检验及试验 3. 集中防腐运输
040501007	隧道(沟、管)内管道	1. 基础材质及厚度 2. 混凝土强度等级 3. 材质及规格 4. 接口方式 5. 管道检验及试验要求 6. 集中防腐运距	m	1. 基础铺筑、养护 2. 模板制作、安装、拆除 3. 混凝土拌和、运输、浇筑、养护 4. 管道铺设 5. 管道检验及试验 6. 集中防腐运输
040501008	水平导向钻进	1. 土壤类别 2. 材质及规格 3. 一次成孔长度 4. 接口方式 5. 管道检验及试验要求 6. 集中防腐运距	m	1. 设备安装、拆除 2. 定位、成孔 3. 管道接口 4. 拉管 5. 纠偏、监测 6. 泥浆制作、注浆 7. 管道检测及试验 8. 集中防腐运输 9. 泥浆、土方外运
040501009	夯管	1. 土壤类别 2. 材质及规格 3. 一次夯管长度 4. 接口方式 5. 管道检验及试验要求 6. 集中防腐运距	m	1. 设备安装、拆除 2. 定位、夯管 3. 管道接口 4. 纠偏、监测 6. 管道检测及试验 7. 集中防腐运输 8. 土方外运

续表

项目编码	项目名称	项目特征	计量单位	工作内容
0405010010	顶(夯)管工作坑	1. 土壤类别 2. 工作坑平面尺寸及深度 3. 支撑、围护方式 4. 垫层、基础材质及厚度 5. 混凝土强度等级 6. 设备、工作台主要技术要求	座	1. 支撑、围护 2. 模板制作、安装、拆除 3. 混凝土拌和、运输、浇筑、养护 4. 工作坑内设备、工作台安装及拆除
040501011	预制混凝土工作坑	1. 土壤类别 2. 工作坑平面尺寸及深度 3. 垫层、基础材质及厚度 4. 混凝土强度等级 5. 设备、工作台主要技术要求 6. 混凝土构件运距		1. 混凝土工作坑制作 2. 下沉、定位 3. 模板制作、安装、拆除 4. 混凝土拌和、运输、浇筑、养护 5. 工作坑内设备、工作台安装及拆除 6. 混凝土构件运输
040501012	顶管	1. 土壤类别 2. 顶管工作方式 3. 管道材质及规格 4. 中继间规格 5. 工具管材质及规格 6. 触变泥浆要求 7. 管道检验及试验要求 8. 集中防腐运距	m	1. 管道顶进 2. 管道接口 3. 中继间、工具管及附属设备安装拆除 4. 管内挖、运土及土方提升 5. 机械顶管设备调向 6. 纠偏、监控 7. 触变泥浆制作、注浆 8. 洞口止水 9. 管道检测及试验 10. 集中防腐运输 11. 泥浆、土方外运
040501013	土壤加固	1. 土壤类别 2. 加固填充材料 3. 加固方式	1. m 2. m^3	打孔、调浆、灌注
040501014	新旧管连接	1. 材质及规格 2. 连接方式 3. 带(不带)介质连接	处	1. 切管 2. 钻孔 3. 连接
040501015	临时放水管线	1. 材料及规格 2. 铺设方式 3. 接口形式	m	管线铺设、拆除

续表

项目编码	项目名称	项目特征	计量单位	工作内容
040501016	砌筑方沟	1. 断面规格 2. 垫层、基础材质及厚度 3. 砌筑材料品种、规格、强度等级 4. 混凝土强度等级 5. 砂浆强度等级、配合比 6. 勾缝、抹面要求 7. 盖板材质及规格 8. 伸缩缝(沉降缝)要求 9. 防渗、防水要求 10. 混凝土构件运距	m	1. 模板制作、安装、拆除 2. 混凝土拌和、运输、浇筑、养护 3. 砌筑 4. 勾缝、抹面 5. 盖板安装 6. 防水、止水 7. 混凝土构件运输
040501017	混凝土方沟	1. 断面规格 2. 垫层、基础材质及厚度 3. 混凝土强度等级 4. 盖板材质及规格 5. 伸缩缝(沉降缝)要求 6. 防渗、防水要求 7. 混凝土构件运距		1. 模板制作、安装、拆除 2. 混凝土拌和、运输、浇筑、养护 3. 盖板安装 4. 防水、止水 5. 混凝土构件运输
040501018	砌筑渠道	1. 断面规格 2. 垫层、基础材质及厚度 3. 砌筑材料品种、规格、强度等级 4. 混凝土强度等级 5. 砂浆强度等级、配合比 6. 勾缝、抹面要求 7. 伸缩缝(沉降缝)要求 8. 防渗、防水要求		1. 模板制作、安装、拆除 2. 混凝土拌和、运输、浇筑、养护 3. 渠道砌筑 4. 勾缝、抹面 5. 防水、止水
040501019	混凝土渠道	1. 断面规格 2. 垫层、基础材质及厚度 3. 混凝土强度等级 4. 伸缩缝(沉降缝)要求 5. 防渗、防水要求 6. 混凝土构件运距		1. 模板制作、安装、拆除 2. 混凝土拌和、运输、浇筑、养护 3. 防水、止水 4. 混凝土构件运输
040501020	警示(示踪)带铺设	规格		铺设

注：1. 管道架空跨越铺设的支架制作、安装及支架基础、垫层应按《市政工程工程量计算规范》(GB 50857—2013)附录E.3支架制作及安装相关清单项目编码列项。

2. 管道铺设项目中的做法如为标准设计，也可在项目特征中标注标准图集号。

二、管道铺设清单项目特征描述

1. 混凝土管

混凝土管的规格为：DN100～DN600，L 为 1000mm；管口形式有承插口、平口、圆弧口、企口，如图 6-1 所示。

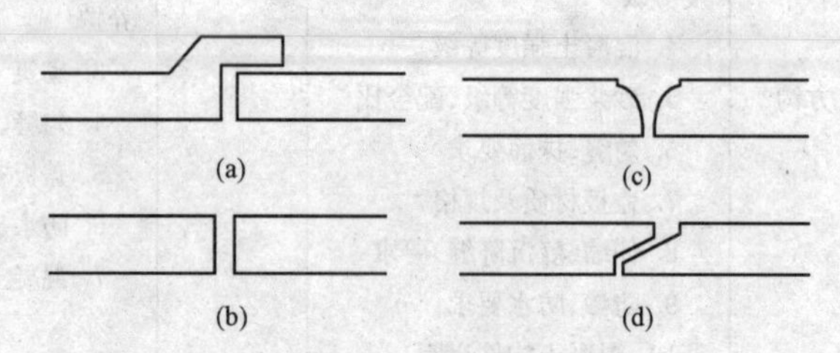

图 6-1 管口形式

(a)承插口；(b)平口；(c)圆弧口；(d)企口

钢筋混凝土管可分为预应力钢筋混凝土管和自应力钢筋混凝土管。

(1)预应力钢筋混凝土管规格：公称直径为 DN400～DN2000，有效长度为 5000mm，静水压力为 0.4～1.2MPa。给水管成本低，且有较好的耐腐蚀性、良好的抗裂性能，但是它自重大，运输及安装均不方便。

(2)自应力钢筋混凝土管的工作压力为 0.1～0.4MPa，管径一般为 DN100～DN600，具有良好的抗渗性、耐久性、耐腐蚀性、施工安装方便、水力条件好等优点，但是自重大、质地脆，在搬运时严禁抛掷和碰撞。

管道的埋设深度对工程造价、施工及管道维护有着重要的影响。管道的埋深分管顶覆土厚度和埋设深度。为了降低工程造价，缩短工期，管道填设深度越小越好。但是为了满足技术上的要求，覆土厚度应有一个最小的限制，称为最小覆土厚度。污水管道的最小覆土厚度为最小埋设深度，根据外部荷载、管材强度、土壤的冰冻深度与上游管道衔接等情况确定。

混凝土管和钢筋混凝土管的接口形式有刚性和柔性两种。

混凝土管道铺设时首先应稳管，排水管道安装常用坡度板法和边线法控制管道中心与高程。边线法控制管道中心和高程较坡度板法速度快，但准确度不如坡度板法。

2. 钢管

钢管具有自重轻、强度高、抗应变性能好、接口操作方便、承受管内水压力较高、管内水流水力条件好的优点，但钢管的耐腐蚀性能差，容易生锈，应做防腐处理。用于给排水工程中的钢管主要有焊接钢管、无缝钢管。

(1)焊接钢管。焊接钢管也称焊管，是用钢板或钢带经过卷曲成型后焊接制成的钢管。焊接钢管按焊缝的形式分为直缝卷制焊接钢管和螺旋卷制焊接钢管。

1)直缝卷制焊接钢管常用规格见表 6-2。

表 6-2　**直缝卷焊钢管参考规格**

公称直径 DN/mm	外径/mm	壁厚/mm	质量/(kg/mm)
150	159	4.5 6	17.15 22.64
200	219	6	31.51
225	245	7	41.09
250	273	6 8	39.50 52.30
300	325	6 8	47.20 62.60
350	377	6 9	54.90 81.60
400	426	6 9	62.14 92.60

2)螺旋缝卷焊管规格见表 6-3。

表 6-3　**螺旋卷焊钢管规格**　(单位:mm)

壁厚 / 外径	6	7	8	9	10
219	32.02	37.10	42.13	47.11	—
245	35.86	41.59	47.26	52.88	—
273	40.01	46.12	52.78	59.10	—
325	47.70	55.40	63.04	70.64	—
337	55.40	64.37	73.30	82.18	91.01

(2)无缝钢管。无缝钢管常用普通碳素钢、优质碳素钢或低合金钢制造而成。按制造方法可分为热轧钢管和冷轧钢管两种。无缝钢管的规格用“管外径×壁厚”表示,符号为 $D\times\delta$,单位均为 mm(如 159×4.5)。无缝钢管常用于输送氧气、乙炔管道、室外供热管道和高压水管线。

钢管检查应符合以下要求:

(1)表面应无裂缝、变形、壁厚不均等缺陷。

(2)检查直管管口断面有无变形,是否与管身垂直。

(3)管身内外是否锈蚀,凡锈蚀管子,在安装前应进行除锈,刷防锈漆。

(4)镀锌管的锌层是否完整均匀。

钢管铺设应逐根测量、编号进行，宜选用管径公差最小的管节组对铺设。若为长串下管时，管段的长度、吊距，应根据管径、壁厚、外防腐材料的种类及下管方法，在施工设计中加以规定。

3. 铸铁管

铸铁管是给水管网及运输水管道最常用的管材，其抗腐蚀性好、经久耐用，价格较钢管低，但是质脆、不耐震动和弯折。铸铁管属于压力流管道，即管道中的水是在压力的作用下进行流动的，故而其埋深只需满足冰冻线、地面荷载和跨越障碍物即可，对管道内部的水力要素没有影响。

(1)垫层要求。铸铁管一般可直接铺设在天然地基上，这就要求地基原状土不得被扰动，如果超挖，应用碎石或砂子进行回填，并振密捣实。当沟槽为岩石或坚硬地基时，应按设计规定施工；若设计无规定时，为保证管身受力的合理性，防止管身防腐层的破坏，管身下方应铺设砂垫层。

(2)材料及规格。铸铁管分为给水铸铁管和排水铸铁管两种，直径规格均用公称直径“*DN*”表示。

给水铸铁管常用灰口铸铁或球墨铸铁浇铸而成，出厂前内外表面已用防锈沥青漆防腐。按压力分为高压给水铸铁管(≤1.0MPa)、普压给水铸铁管(≤0.75MPa)和低压给水铸铁管(≤0.5MPa)三种。按接口形式分为承插式给水铸铁管和法兰式给水铸铁管两种。其公称直径、壁厚及规格质量见表6-4。

表6-4　给水铸铁管外径壁厚及规格质量

公称直径 *DN*	承插直管				双盘直管			
	壁厚/mm	长度/m	每根质量/kg	每米质量/kg	壁厚/mm	长度/m	每根质量/kg	每米质量/kg
75	9.0	3	58.5	19.50	9.0	3	59.5	19.83
100	9.0	3	75.5	25.17	9.0	3	76.4	25.47
125	9.0	4	119.0	29.75	9.0	3	93.1	31.03
150	9.0	4	149.0	37.25	9.0	3	116.0	38.67
200	10.0	4	207.0	51.75	10.0	4	207.0	51.75
250	10.8	4	277.0	69.25	10.8	4	280.0	70.00
300	11.4	4	348.0	87.00	11.4	4	353.0	88.25
350	12.0	4	426.0	106.50	12.0	4	434.0	108.50
400	12.8	4	519.0	129.75	12.8	4	525.0	131.25
450	13.4	4	610.0	152.50	13.4	4	622.0	155.50
500	14.0	4	706.0	176.50	14.0	4	721.0	180.25

排水铸铁管因管壁较薄，不能承受较大压力，常用于生活污水和雨水管道。在生产工艺设备振动较小的场所，也可用做生产排水管道。排水铸铁管管径一般

为50～200mm。

(3)接口方式。城市给水管网使用的铸铁管的接口多为承插式。我国生产的承插式铸铁管包括砂型浇注管与离心连续浇注管两种。砂型浇注管的插口端设置了小台，用作挤密油麻、胶圈等填料；离心连续浇注管的插口端尚未设小台，在承口内壁有突缘，仍可挤密填料。铸铁管承插式接口包括刚性和柔性两大类。

刚性接口是承插铸铁管的主要接口形式之一，由嵌缝材料和密封填料组成，嵌缝的主要作用是使承插口缝隙均匀，增加接口的黏着力，保证密封填料击打密实，而且能防止填料掉入管内。嵌缝的材料有油麻、橡胶圈、粗麻绳和石棉绳等，其中给水管线常用前两种材料。

(4)管道检验要求。给水铸铁管检验应符合以下要求：

1)铸铁管、管件应符合设计要求和国家现行的有关标准，并有出厂合格证。

2)管身内外应整洁，不得有裂缝、砂眼、碰伤。检查时可用小锤轻轻敲打管口、管身，声音嘶哑处即有裂缝，有裂缝的管材不得使用。

3)承口内部、插口端部附有毛刺、砂粒和沥青应清除干净。

4)铸铁管内外表面的漆层应完整光洁，附着牢固。

4. 塑料管

塑料管是以合成树脂为主要成分，加入适量添加剂，在一定温度和压力下塑制成型的有机高分子材料管道，分为用于室内外输送冷、热水和低温地板辐射采暖管道的聚乙烯(PE)管、聚丙烯(PP-R)管、聚丁烯(PB)管等，适用于输送生活污水和生产污水的有聚氯乙烯(PVC-U)管。

常见硬聚氯乙烯塑料管规格见表6-5，聚丙烯塑料管产品规格见表6-6。

表6-5　硬聚氯乙烯塑料管规格

外径/mm	轻型			重型		
	壁厚/mm	近似质量		壁厚/mm	近似质量	
		kg/m	kg/根		kg/m	kg/根
10	—	—	—	1.5	0.06	0.24
12	—	—	—	1.5	0.07	0.28
16	—	—	—	2.0	0.13	0.53
20	—	—	—	2.0	0.17	0.68
25	1.5	0.17	0.68	2.5	0.27	1.07
32	1.5	0.22	0.88	2.5	0.35	1.40
40	2.0	0.36	1.44	3.0	0.52	2.10
51	2.0	0.45	1.80	3.5	0.77	3.09
65	2.5	0.71	2.84	4.0	1.11	4.47
76	2.5	0.85	3.40	4.0	1.34	5.38
90	3.0	1.23	4.92	4.5	1.82	7.30
110	3.5	1.75	7.00	5.5	2.71	10.90

续表

外径/mm	轻型			重型		
	壁厚/mm	近似质量		壁厚/mm	近似质量	
		kg/m	kg/根		kg/m	kg/根
125	4.0	2.29	9.16	6.0	3.35	13.50
140	4.5	2.88	11.50	7.0	4.38	17.60
160	5.0	3.65	14.60	8.0	5.72	23.00
180	5.5	4.52	18.10	9.0	7.26	29.20
200	6.0	5.48	21.90	10.0	9.00	36.00

表 6-6　　聚丙烯塑料管的产品规格

项目	规格															
外径/mm	40	50	68	75	90	110	140	160	225	280	315	355	400	—		
壁厚/mm	2.1	2.6	3.3	3.9	4.7	5.7	7.3	8.3	11.7	14.5	16.3	18.4	20.7	—		
外径/mm	27	34	47.8	60.5	76	90.5	114									
壁厚/mm	2.5	3.5	4.0	4.5	5.0	5.5	6.5									
质量/(kg/m)	—	—	0.6	0.75	—	—	—									
外径/mm	16	20	25	32	40	50	63	75	90	110	125	140	160	180	200	225
壁厚/mm	2.0	2.0	2.1	2.1	2.4	2.6	3.3	3.9	4.7	5.7	6.5	7.5	8.3	9.4	10.4	11.7
质量/(kg/m)	0.08	0.1	0.13	0.18	0.25	0.4	0.65	0.8	1.2	1.5	1.95	2.35	3.4	4.5	6.54	7.5
外径/mm	16	20	25	32	40	50	63	75	90	110	125	140	160	200		
壁厚/mm	2	2	2.5	2.5	3	3.5	4	4	4.5	5.5	7	7	8	10		
外径/mm	16	0	25	32	40	50	63	75	90	110	125	140	160			
壁厚/mm			2.0	2.2	2.8	3.4	4.3	5.1	6.1	7.5	8.5	9.5	10.8			
外径/mm	20	25	32	40	50	63	75	90	110							
壁厚/mm	2.0	2.0	3.0	3.0	4.0	5.0	6.0	7.0	8.0							
外径/mm	49	60	61	76	93	94	110	113	160	170						
壁厚/mm	2,8	2.5,4.0	1.0	3.0,4.5	3.5,5.5	5.0	6.0	4.5,6.5	8.5	9.0						

注：1. 常温下使用压力为 0.6MPa。

2. 颜色一般为白、灰色。

3. 工业用管长度一般为 4m。

硬聚氯乙烯管材的安装采用承插、法兰、丝扣及焊接等方法。管道弯制及零部件除采用现成制品外，在现场加工通常采用热加工的办法制作。

塑料管检验应符合以下要求：

(1)塑料管、复合管应有制造厂名称、生产日期、工作压力等标记，并具有出厂合格证。

(2)塑料管、复合管的管材、配件、胶粘剂，应是同一厂家的配套产品。

(3)管壁应光滑、平整，不允许有气泡、裂口、凹陷、颜色不均等缺陷。

5. 直埋式预制保温管

直埋式预制保温管是由输送介质的钢管(工作管)、聚氨酯硬质泡沫塑料(保温层)、高密度聚乙烯外套管(保护层)紧密结合而成。高温预制直埋保温管是一种保温性能好、安全可靠、工程造价低的直埋预制保温管。它有效地解决了城镇集中供热中130～600℃高温输热用预制直埋保温管的保温、滑动润滑和裸露管端的防水问题。

高温预制直埋保温管主要由以下四部分组成:

(1)工作钢管。根据输送介质的技术要求分别采用有缝钢管、无缝钢管、双面埋弧螺旋焊接钢管。

(2)保温层。采用硬质聚氨酯泡沫塑料。新型保温层方案为内层采用20～30mm气凝胶毡,外层采用聚氨酯高压发泡技术。

(3)保护壳。采用高密度聚乙烯或玻璃钢。

(4)渗漏报警线。制造高温预制直埋保温管时,在靠近钢管的保温层中,埋设有报警线,一旦管道某处发生渗漏,通过警报线的传导,便可在专用检测仪表上报警并显示出漏水的准确位置和渗漏程度的大小,以便通知检修人员迅速处理漏水的管段,保证热网安全运行。

6. 管道架空跨越

管道架空跨越分直管、拱管和悬垂管三种跨越类型。

(1)直管跨越最为常见,可由数根管道单层或多层平行敷设。管道通过固定管座或活动管座(不用管座时则直接搁置)与支承结构连接,形成多跨连续梁。

(2)当需跨越较大跨度时,可采用拱管或悬垂管。拱管的拱轴常为圆弧形,两端用固定管座固接在支承结构上,形成无铰拱。悬垂管比拱管能跨越更大的跨度,有自然成型(制作时为直管,安装后成悬垂线形)和预成型(制作时做成悬垂线形)两种,两端通过铰接的固定管座与支承结构连接。

管道跨越的容许跨度视荷载、管道断面和材料设计强度以及允许垂度、拱轴高跨比与悬垂度等参数而定。

7. 隧道(沟、管)内管道

给水管道穿越铁路和重要公路时,一般是在铁路和重要公路的路基下垂直穿越,为避免管道受损,通常在管道外套一管径较大的管道,此种做法称为沟、管内铺设管道。沟、管内管材常采用钢制套管或钢筋混凝土套管。

套管直径需根据施工方法而定,大开挖施工时,应比给水管直径大300mm,顶管法施工时套管直径可参见《给水排水设计手册》的有关规定,一般比管道直径大500～800mm。套管管顶距铁路轨底或公路路面距离不宜小于1.2m,以减轻动荷载对管道的冲击。

8. 水平导向钻进

水平导向钻进法是一种能够快速铺装地下管线的方法。可根据预先设计的铺管线路,驱动装有楔形钻头的钻杆按照预定的方向绕过地下障碍钻进,直至抵达目的地。

然后卸下钻头换装适当尺寸的扩孔器，使之能够在拉回钻杆的同时将钻孔扩大至所需直径，并将需要铺装的管线同时返程牵回钻孔入口处。

水平导向钻进法利用特殊设计的回程扩孔器和泥浆混合泵，保证新铺管线不受损坏；根据施工现场条件，可以不挖掘工作井，铺装直径为 51～1000mm 的各种材质的管线；钻进设备采用集成式设计，安装速度快；钻进系统适用各种地质，不会出现卡钻情况；特殊设计的楔形钻头可随时调整钻进方向，从而绕避障碍；一体式钻杆为钻进各种地质提供足够的强度和韧度；钻杆自动装卸系统使操作效率更高，工作更安全；导向定位系统可以测至 30 多米的深度，确保施工路线准确无误；导向钻进长度可达 600m。

9. 顶管

管道顶进作业是采用顶管法敷设管道的重要工序。其基本程序是：在敷设管道前，应事先在管的一端建造一个工作坑（也称竖井）。在工作坑内的顶进轴线后方布置后背墙、千斤顶，将敷设的管道放在千斤顶前面的导轨上，在管道的最前端安装工具管。当管道高程、中心位置调整准确后，开启千斤顶使工具管的刃角切入土层，此时，工人可进入工作面挖掘刃角切入土层的泥土，并随时将弃土通过运土设备从顶进坑吊运至地面。当千斤顶达到最大行程后缩回时，放入顶铁，继续顶进。如此不断加入顶铁，管道不断向土中延伸。当坑内导轨上的管道几乎全部顶入土中后，缩回千斤顶，吊去全部顶铁，将下一节管段吊下坑，安装在管段的后面，接着继续顶进。随着顶进管段的加长，所需顶力也逐渐加大，为了减小顶力，在管道的外围可注入润滑剂或在管道中间设置中继间，以使顶力始终控制在顶进单元长度所需的顶力范围内。顶进时应遵照“先挖后顶、随挖随顶”的原则，应该连续作业，尽量避免中途停止，钢管连接时管子轴线应一致，管口应对齐。其错口不得大于管壁厚的 10%，且不大于 2mm；连接管段时，不得切割管端；管段焊接后，经检验合格方可继续顶进。

10. 混凝土渠道

混凝土渠道是指在施工现场支模浇制的渠道，图 6-2 所示为大型排水渠道示意图。

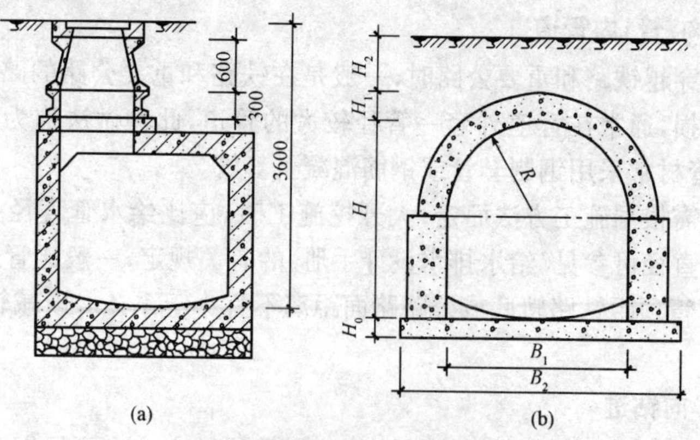

图 6-2　大型排水渠道示意图

(a)矩形钢筋混凝土渠道；(b)大型钢筋混凝土渠道

11. 砌筑渠道

砌筑渠道采用的材料有砖、石、陶土块、混凝土块、钢筋混凝土块等。施工材料的选择，应根据当地的供应情况，就地取材。大型排水渠道通常由渠顶、渠底和基础以及渠身构成。如图 6-3 所示为石砌拱形渠道。

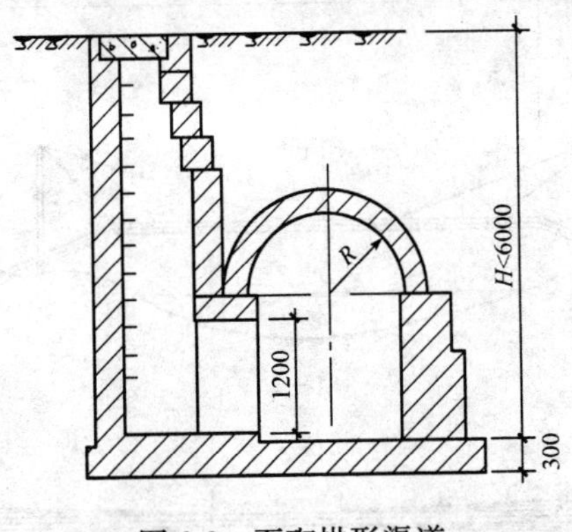

图 6-3　石砌拱形渠道

三、管道铺设清单工程量计算

1. 工程量计算规则

(1)混凝土管、钢管、铸铁管、塑料管、直埋式预制保温管：按设计图示中心线长度以延长米计算。不扣除附属构筑物、管件及阀门等所占长度。

(2)管道架空跨越：按设计图示中心线长度以延长米计算。不扣除管件及阀门等所占长度。

(3)隧道(沟、管)内管道：按设计图示中心线长度以延长米计算。不扣除附属构筑物、管件及阀门等所占长度。

(4)水平导向钻进、夯管：按设计图示长度以延长米计算。扣除附属构筑物(检查井)所占长度。

(5)顶(夯)管工作坑、预制混凝土工作坑：按设计图示数量计算。

(6)顶管：按设计图示长度以延长米计算。扣除附属物(检查井)所占的长度。

(7)土壤加固：

1)按设计图示加固段长度以延长米计算。

2)按设计图示加固段体积以立方米计算。

(8)新旧管连接：按设计图示数量计算。

(9)临时放水管线：按放水管线长度以延长米计算，不扣除管件、阀门所占长度。

(10)砌筑方沟、混凝土方沟、砌筑渠道、混凝土渠道：按设计图示尺寸以延长米计算。

(11)警示(示踪)带铺设：按铺设长度以延长米计算。

2. 工程量计算示例

【例 6-1】 某市政排水管渠在修建过程中采用斜拉索架空管，如图 6-4 所示，试计算其工程量。

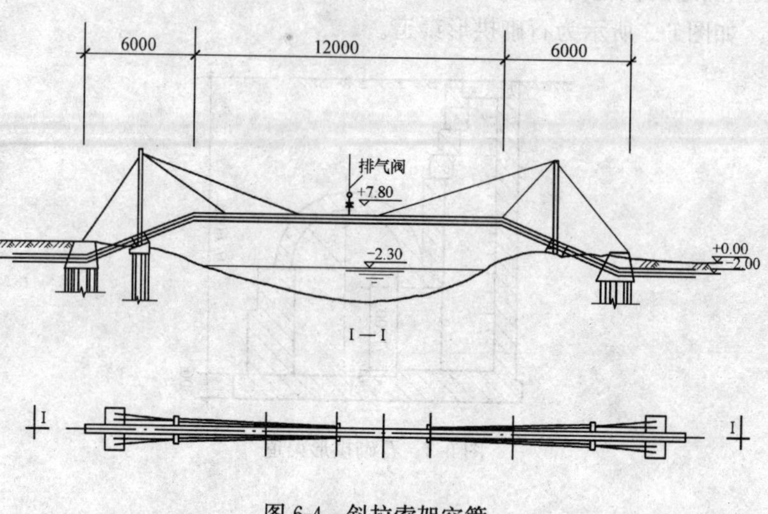

图 6-4　斜拉索架空管

【解】 由题意可知：

$$管道架空跨越工程量=2\sqrt{(7.8+2)^2+6^2}+12=34.98\text{m}$$

【例 6-2】 图 6-5 所示为顶管法施工示意图，已知工作坑为边长 2m 的正方形，三类土，开挖深度为 3.5m，顶进距离为 12m，试计算顶管工程量。

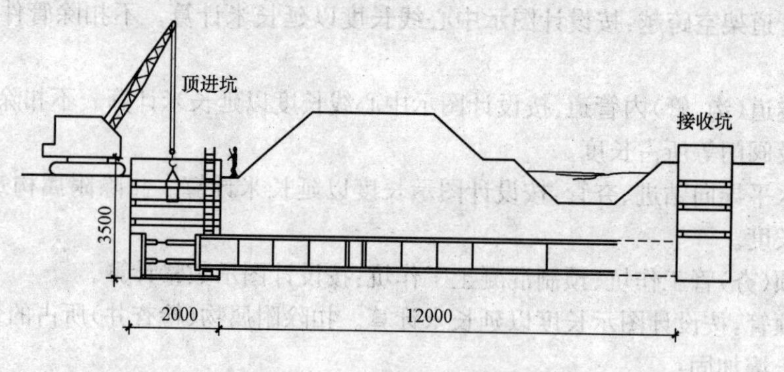

图 6-5　顶管施工示意图

【解】 由题意可知：

$$顶管工程量=12\text{m}$$

【例 6-3】 图 6-6 所示为某砖筑管道方沟示意图，管道方沟总长为 120m，试计算其工程量。

【解】 由题意可知：

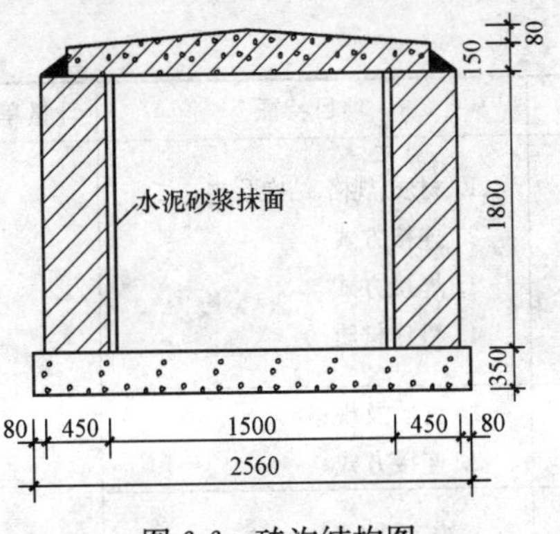

图 6-6　砖沟结构图

砌筑方沟工程量＝120m

【例 6-4】　某市政管网工程采用大型砌筑渠道，渠道总长 150m，采用碎石垫层，钢筋混凝土基础，试计算其工程量。

【解】　由题意可知：

砌筑渠道工程量＝150m

第二节　管件、阀门及附件安装工程量清单编制

一、管件、阀门及附件安装清单项目设置

《市政工程工程量清单计价规范》附录 E. 2 中管件、阀门及附件安装共有 18 个清单项目。各清单项目设置的具体内容见表 6-7。

表 6-7　　管件、阀门及附件安装清单项目设置

<table>
<tr><th>项目编码</th><th>项目名称</th><th>项目特征</th><th>计量单位</th><th>工作内容</th></tr>
<tr><td>040502001</td><td>铸铁管管件</td><td rowspan="2">1. 种类
2. 材质及规格
3. 接口形式</td><td rowspan="5">个</td><td>安装</td></tr>
<tr><td>040502002</td><td>钢管管件制作、安装</td><td>制作、安装</td></tr>
<tr><td>040502003</td><td>塑料管管件</td><td>1. 种类
2. 材质及规格
3. 连接方式</td><td rowspan="3">安装</td></tr>
<tr><td>040502004</td><td>转换件</td><td>1. 材质及规格
2. 接口形式</td></tr>
<tr><td>040502005</td><td>阀门</td><td>1. 种类
2. 材质及规格
3. 连接方式
4. 试验要求</td></tr>
</table>

续表

<table>
<tr><th>项目编码</th><th>项目名称</th><th>项目特征</th><th>计量单位</th><th>工作内容</th></tr>
<tr><td>040502006</td><td>法兰</td><td>1. 材质、规格、结构形式
2. 连接方式
3. 焊接方式
4. 垫片材质</td><td rowspan="6">个</td><td>安装</td></tr>
<tr><td>040502007</td><td>盲堵板
制作、安装</td><td>1. 材质及规格
2. 连接方式</td><td rowspan="2">制作、安装</td></tr>
<tr><td>040502008</td><td>套管
制作、安装</td><td>1. 形式、材质及规格
2. 管内填料材质</td></tr>
<tr><td>040502009</td><td>水表</td><td>1. 规格
2. 安装方式</td><td rowspan="3">安装</td></tr>
<tr><td>040502010</td><td>消火栓</td><td>1. 规格
2. 安装部位、方式</td></tr>
<tr><td>040502011</td><td>补偿器
（波纹管）</td><td rowspan="2">1. 规格
2. 安装方式</td></tr>
<tr><td>040502012</td><td>除污器
组成、安装</td><td>套</td><td>组成、安装</td></tr>
<tr><td>040502013</td><td>凝水缸</td><td>1. 材料品种
2. 型号及规格
3. 连接方式</td><td rowspan="6">组</td><td>1. 制作
2. 安装</td></tr>
<tr><td>040502014</td><td>调压器</td><td rowspan="3">1. 规格
2. 型号
3. 连接方式</td><td rowspan="5">安装</td></tr>
<tr><td>040502015</td><td>过滤器</td></tr>
<tr><td>040502016</td><td>分离器</td></tr>
<tr><td>040502017</td><td>安全水封</td><td rowspan="2">规格</td></tr>
<tr><td>040502018</td><td>检漏（水）管</td></tr>
</table>

注：040502013 项目的凝水井应按《市政工程工程量计算规范》（GB 50857—2013）附录 E.4 管道附属构筑物相关清单项目编码列项（参见本章第四节）。

二、管件、阀门及附件安装清单项目特征描述

1. 铸铁管管件

（1）铸铁给水管件。铸铁给水管的安装，分为承插和法兰连接两种，在一般工程中常采用承插式，用石棉水泥打口。管路中所用的管件有异径管、三通、四通、弯头等，如图 6-7 所示。

（2）铸铁排水管件。铸铁排水管件种类式样很多，如图 6-8 所示；此外，存水弯还可分为 S 弯和 P 弯。铸铁下水管管件的管壁薄，承插口浅，几何形状比较复杂，异形

管件种类多。

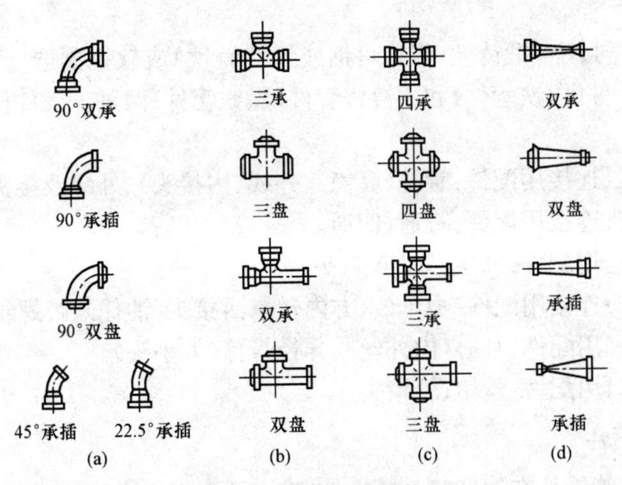

图 6-7　给水铸铁管件

(a)弯头；(b)三通；(c)四通；(d)异径管

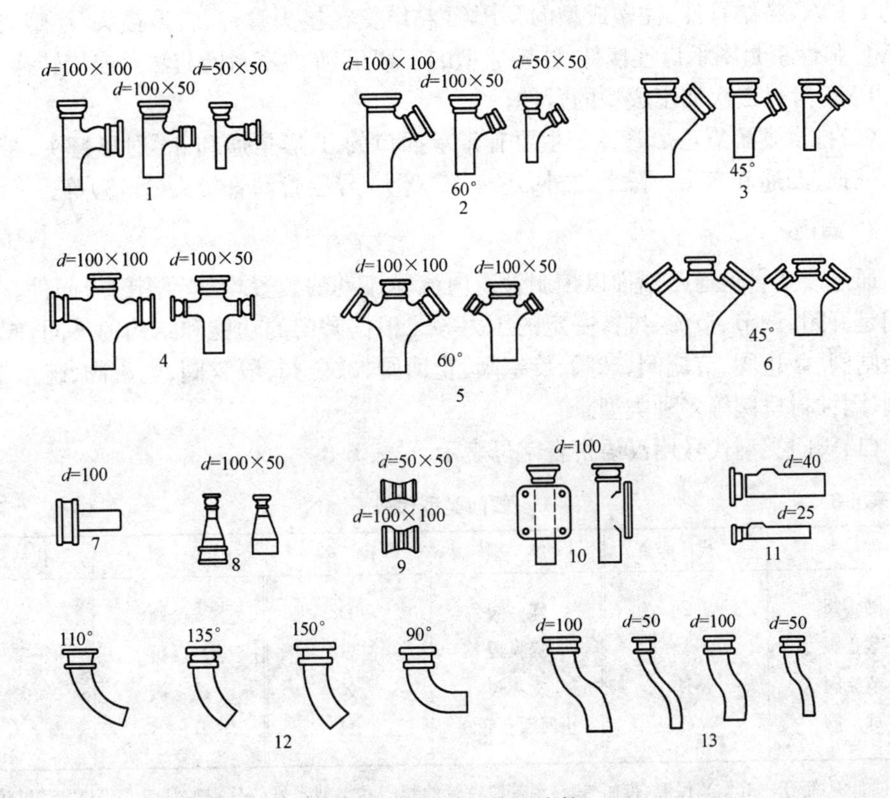

图 6-8　排水铸铁管连接件

1—直角三通；2—60°斜三通；3—45°斜三通；4—直角四通；5—60°斜四通；6—45°斜四通；7—异径管(大小头)；8—异径管(大小头)；9—管箍；10—检查管；11—有接头短管；12—弯头；13—乙字管

2. 钢制管件

钢制管件主要用可锻铸铁(俗称玛钢或韧性铸铁)或软钢制造。管件按镀锌或不镀锌分为镀锌管件(白铁管件)和不镀锌管件(黑铁管件)两种。管件按其用途,可分为以下6种:

(1)管路延长连接用配件:管箍(套筒)、外线(内接头)、外螺及接头(短外螺)。

(2)管路分支连接用配件:三通、四通。

(3)管路转弯用配件:90°弯头、45°弯头。

(4)节点碰头连接用配件:根母(六方内丝)、活接头(油任)、带螺纹法兰盘。

(5)管子变径用配件:补心(内外丝)、异径管箍(大小头)。

(6)管子堵口用配件:丝堵、管堵头。

3. 塑料管管件

常用的塑料管管件有硬聚氯乙烯管件、排水硬聚氯乙烯管件两种。

(1)硬聚氯乙烯管件。给水用UPVC管件按不同用途和制作工艺可分为注塑成型的UPVC粘结管件、注塑成型的UPVC粘结变径接头管件、转换接头、注塑成型的UPVC弹性密封圈承口连接件、注塑成型的UPVC弹性密封圈与法兰连接转换接头、用UPVC管材二次加工成型的管件。

(2)排水硬聚氯乙烯管件。主要有带承插口的T形三通和90°肘形弯头,带承插口的三通、四通和弯头。除此之外,还有45°弯头、异径管和管接头(管箍)等。

4. 阀门

通过改变管道通路断面以控制管道内流体流动的装置均称为阀门或阀件。它的作用是开闭、调节、节流、维持一定的压力等。根据阀门的功能和结构的不同,阀门可分为闸阀、截止阀、节流阀、球阀、旋塞阀、止回阀、减压阀、隔膜阀、电磁阀、疏水器、安全阀、耐蚀衬里阀等多种类型。

(1)阀门类型代号用汉语拼音字母表示,见表6-8。

表6-8 阀门类型代号

类型	代号	类型	代号	类型	代号
闸阀	Z	蝶阀	D	安全阀	A
截止阀	J	隔膜阀	G	减压阀	Y
节流阀	L	旋塞阀	X	疏水阀	S
球阀	Q	止回阀和底阀	H		

注:低温(低于—40℃)、保温(带加热套)和带波纹管的阀门在类型代号前分别加“D”、“B”和“W”汉语拼音字母。

(2)阀门连接形式代号用阿拉伯数字表示,见表6-9。

表 6-9　阀门连接形式及代号

连接形式	代　号	连接形式	代　号
内螺纹	1	对夹	7
外螺纹	2	卡箍	8
法兰	4	卡套	9
焊　接	6		

注:焊接包括对焊和承插焊。

(3)阀门结构形式代号用阿拉伯数字表示,见表 6-10。

表 6-10　阀门结构形式及代号

阀门类别	结构代号									
	1	2	3	4	5	6	7	8	9	0
闸阀	明杆楔式单闸板	明杆楔式双闸板	明杆平行式单闸板	明杆平行式双闸板	暗杆楔式单闸板	暗杆楔式双闸板	暗杆平行式单闸板	暗杆平行式双闸板	—	—
截止阀	直通式	直角式	直通式	直角式	直流式	平衡直流式	平衡角式	节流式	—	—
旋塞阀	直通式	调节式	直通填料式	三通填料式	保温式	三通保温式	油封直通式	油封三通式	液面指示器	—
止回阀	直通升降式	立式升降式	—	单瓣旋启式	多瓣旋启式	双瓣旋启式	—	—	—	—
疏水阀	浮球式	—	浮桶式	—	钟形浮球式	—	—	脉冲式	热动力式	—
减压阀	薄膜式	弹簧薄膜式	活塞式	波纹管式	杠杆式	—	—	—	—	—
弹簧式安全阀	封式				不封式				—	带散热器全启式
	微启式	全启式	带扳手微启式	带扳手全启式	微启式	全启式	带扳手微启式	带扳手全启式		
杠杆式安全阀	单杠杆微启式	单杠杆全启式	双杠杆微启式	双杠杆全启式	—	脉冲式	—	—	—	—
调节阀	薄膜弹簧式				薄膜杠杆式		活塞弹簧式		浮子式	—
	带散热片	不带散热片	—	—	阀前	阀后	阀前	阀后		
	气开式	气关式	气开式	气关式	—	—	—	—		

(4)阀体材料代号用汉语拼音字母表示,见表 6-11。

表 6-11 阀体材料的代号

阀体材料	代　号	阀体材料	代　号
灰铸铁(HT25－27)	Z	铬钼钢(Gr5Mo)	I
可锻铸铁(KT30－6)	K	铬镍钛钢(1Gr18Ni9Ti)	P
球墨铸铁(QT40－15)	Q	铬镍钼钛钢(Gr18Ni12Mo2Ti)	R
铜合金(H62)	T		
碳素钢(ZG25Ⅱ)	C	铬钼钒钢(12GrMoV)	V

注：*PN*≤1.6MPa 的灰铸铁阀体和 *PN*≥2.5MPa 的碳素钢阀体，省略本代号。

阀门安装前，应做耐压强度试验。试验应从每批(同牌号、同规格、同型号)数量中抽查 10%，且不少于 1 个，如有漏、裂不合格的应再抽查 20%，仍有不合格的则须逐个试验。对于安装在主干管上起切断作用的闭路阀门，应逐个做强度和严密性试验。强度和严密性试验压力应为阀门出厂规定压力。

5. 法兰

(1)法兰类型。法兰是用钢、铸铁、热塑性或热固性增强塑料制成的空心环状圆盘，盘上开一定数量的螺栓孔。法兰通常有固定法兰、接合法兰、带帽法兰、对接法兰、栓接法兰、突面法兰等类型。

(2)法兰材质。在中、低压碳素钢管的法兰连接中，法兰用 Q235 或 20 号钢制造。工作压力≤2.5MPa 时，一般采用光滑面平焊钢法兰；工作压力为 2.5～6.0MPa 时，可采用凹凸面平焊钢法兰。

(3)法兰规格。法兰常用公称直径 *DN* 和公称压力 *PN* 表示，例如钢法兰：*DN*100、*PN*1.6，表示法兰的公称直径为 100mm，公称压力为 1.6MPa。光滑面平焊钢法兰和凹凸面平焊钢法兰的尺寸见表 6-12 和表 6-13。

表 6-12 ***PN*＝1MPa 平焊型光滑面法兰尺寸** (单位：mm)

公称直径	管子	法兰					螺栓		橡胶石棉垫片		
DN	*dn*	*D*	D_1	D_2	*b*	质量/kg	数量	直径×长度	外径	内径	厚度
10	14	90	60	40	12	0.458	4	M12×40	40	14	
15	18	95	65	45	12	0.511	4	M12×40	45	18	1.5
20	25	105	75	58	14	0.748	4	M12×45	58	25	
25	32	115	85	68	14	0.89	4	M12×45	68	32	1.5
32	38	135	100	78	16	1.40	4	M16×50	78	38	
40	45	145	110	88	18	1.71	4	M16×55	88	45	
50	57	160	125	102	18	2.09	4	M16×55	102	57	1.5
70	76	180	145	122	20	2.84	4	M16×60	122	76	
80	89	195	160	138	20	3.24	4	M16×60	138	89	
100	108	215	180	158	22	4.01	8	M16×65	158	108	1.5
125	133	245	210	188	24	5.40	8	M16×70	188	133	2.0

续表

公称直径	管子	法兰					螺栓		橡胶石棉垫片		
150	159	280	240	212	24	6.12	8	M20×70	212	159	
175	194	310	270	242	24	7.44	8	M20×70	242	194	2.0
200	219	335	295	268	24	8.24	8	M20×70	268	219	
225	245	365	325	295	24	9.30	8	M20×70	295	245	
250	273	390	350	320	26	10.70	12	M20×75	320	273	2.0
300	325	440	400	370	28	12.90	12	M120×80	370	325	
350	377	500	460	430	28	15.9	16	M20×80	430	377	
400	426	565	515	482	30	21.8	16	M22×85	482	426	3.0
450	478	615	565	532	30	24.4	20	M22×85	532	478	

表 6-13　　*PN*＝2.5MPa 凹凸面平焊钢法兰尺寸　　(单位:mm)

公称直径	管子	法兰						法兰质量/kg		螺　栓		橡胶石棉垫片		
DN	D_0	D	D_1	D_2	D_4	D_6	b	凸面	凹面	数量	直径×长度	外径	内径	厚度
15	18	95	65	45	39	40	16	0.838	0.77	4	M12×50	39	18	
20	25	105	75	58	50	51	18	1.011	0.93	4	M12×50	50	25	1.5
25	32	115	85	68	57	58	18	1.24	1.11	4	M12×50	57	32	
32	38	135	100	78	65	66	20	2.04	1.88	4	M16×60	65	38	
40	45	145	110	88	75	76	22	2.70	2.5	4	M16×65	75	45	1.5
50	57	160	125	102	87	88	24	2.82	2.6	4	M16×70	87	57	
65	76	180	145	122	109	110	24	3.25	3.19	8	M16×70	109	76	1.5
80	89	195	160	138	120	121	26	4.20	3.84	8	M16×70	120	89	1.5
100	108	230	190	162	149	150	28	4.36	5.64	8	M20×80	149	108	2
125	133	270	220	188	175	176	30	8.70	7.82	8	M22×85	175	133	
150	159	300	250	218	203	204	30	10.90	9.9	8	M22×85	203	159	2
200	219	360	310	278	259	260	32	15.30	13.7	12	M22×90	259	219	
250	273	425	370	335	312	313	34	19.9	17.9	12	M27×100	312	273	2
300	325	485	430	390	363	364	36	28.5	25.1	16	M27×105	363	325	2
400	426	610	550	505	473	474	44	46.8	43.0	16	M30×120	473	426	3

6. 水表

水表是一种计量用水量的工具,用来计量液体流量的仪表称为流量计,通常把室内给水系统中用的流量计叫做水表。室内给水系统广泛采用流速式水表,它主要由表壳、翼轮测量机构、减速指示机构等部分组成。

常用水表有旋翼式水表(*DN*15～*DN*150)、水平螺翼式水表(*DN*100～*DN*400)和翼轮复式水表(主表 $DN50\sim DN400$,副表 $DN15\sim DN40$)三种。

(1)旋翼式水表。旋翼式水表的翼轮转轴与水流方向垂直,装有平直叶片,流动阻力较大,适于测小的流量,多用于小直径管道上。按计数机构是否浸于水中,又可分为湿式和干式两种。湿式水表的计数机构浸于水中,装在度盘上的厚玻璃可承受水压,其结构较简单,密封性好,计量准确,价格便宜,故应用广泛,适用于不超过40℃、不含杂质的净水管道上。干式水表的计数机构用金属圆盘与水隔开,结构较复杂,适用于90℃以下的热水管道上。表6 14为LXS湿式旋翼水表的技术数据。水表计数度盘上指针所指示的数值是累计的流量,即所测得流量的总和,而不是流量的瞬时值。

表6-14 叶轮湿式旋翼水表技术数据

型号	公称直径/mm	流量/(m^3/h)					最大示值/(m^3/h)	外形尺寸/mm		
		特性	最大	额定	最小	灵敏度		长 L	宽 B	高 H
LXS-15	15	3	1.5	1.0	0.045	0.017	10000	243	97	117
LXS-20	20	5	2.5	1.6	0.075	0.025	10000	293	97	118
LXS-25	25	7	3.5	2.2	0.090	0.03	10000	343	101	128.8
LXS-32	32	10	5.0	3.2	0.12	0.04	10000	358	101	130.8
LXS-40	40	20	10.0	6.3	0.22	0.07	100000	385	126	150.8
LXS-50	50	30	15.0	10.0	0.40	0.09	100000	280	160	200
LXS-80	80	70	35.0	22.0	1.10	0.30	1000000	370	316	275
LXS-100	100	100	50.0	32.0	1.40	0.40	1000000	370	328	300
LXS-150	150	200	100.0	63.0	2.40	0.55	1000000	500	400	388

(2)螺翼式水表。螺翼式水表的翼轮转轴与水流方向平行,装有螺旋叶片,流动阻力小,适于测大的流量,多用在较大直径(大于 $DN80$)的管道上。表6-15为水平螺翼式水表技术数据。

表6-15 水平螺翼式水表技术数据

直径/mm	流通能力/(m^3/h)	流量/(m^3/h)			最小示值/m^3	最大示值/m^3
		最大	额定	最小		
80	65	100	60	3	0.1	10^5
100	110	150	100	4.5	0.1	10^5
150	270	300	200	7	0.1	10^5
200	500	600	400	12	0.1	10^7
250	800	950	450	20	0.1	10^7
300	—	1500	750	35	0.1	10^7
400	—	2800	1400	60	0.1	10^7

(3)翼轮复式水表。翼轮复式水表同时配有主表和副表，主表前面设有开闭器，当通过流量小时，开闭器自闭，水流经旁路通过副水表计量；当通过流量大时，靠水力顶开开闭器，水流同时从主、副水表通过，两表同时计量。主、副水表均属叶轮式水表，能同时记录大小流量，因此，当建筑物内用水量变化幅度较大时，可采用复式水表，其技术数据见表6-16。

表6-16　翼轮复式水表技术数据

型　号	公称直径/mm		流　量/(m^3/h)				系数 K	水头损失/m	
	主表	副表	额定	最小	最大	灵敏度		额定	最大
LXF-50	50	15	7	0.06	14	0.03	784	0.63	2.5
LXF-75	75	20	11	0.10	21	0.048	176.4	0.63	2.5
LXF-100	100	20	13	0.10	26	0.048	270.4	0.63	2.5
LXF-150	150	25	41	0.15	82	0.06	2689	0.63	2.5
LXF-200	200	25	45	0.15	92	0.12	3240	0.63	2.5

7. 补偿器

采暖系统的热补偿器包括波球形、弯管、填料式及套管式补偿器四类。

补偿器一般应整体吊装就位，在捆绑绳扣时，准确掌握补偿器重心，保持就位时有正确方位，对于波形补偿器，严禁将捆绑绳直接捆系在波峰、波谷处或两端的直管段上，而应在加固支撑并用木板垫好后，捆系在垫板上，铅垂吊装填料式补偿器时，不得在法兰上捆系绳扣，应采取措施，防止外壳与插管之间发生位移或脱落。

8. 除污器

除污器是指阻留系统中污物的装置，除污器是热水锅炉供暖系统中一个不可缺少的装置，其在热水锅炉供暖系统中的作用是非常重要的，安装、使用、管理正确与否将影响锅炉的安全运行。

安装除污器时要仔细查看进、出水口，避免装反。除污器的前后应安装压力表，以便观察除污器的运行状况，除污器还应设旁通管路，以便在除污器出现问题及检修时不影响供暖系统正常运行。

三、管件、阀门及附件安装清单工程量计算

1. 工程量计算规则

管件、阀门及附件安装工程量计算规则为：按设计图示数量计算。

2. 工程量计算示例

【例6-5】 某市政给水工程采用镀锌钢管铺设，主干管直径为500mm，支管直径为200mm，如图6-9所示，试计算阀门安装工程量。

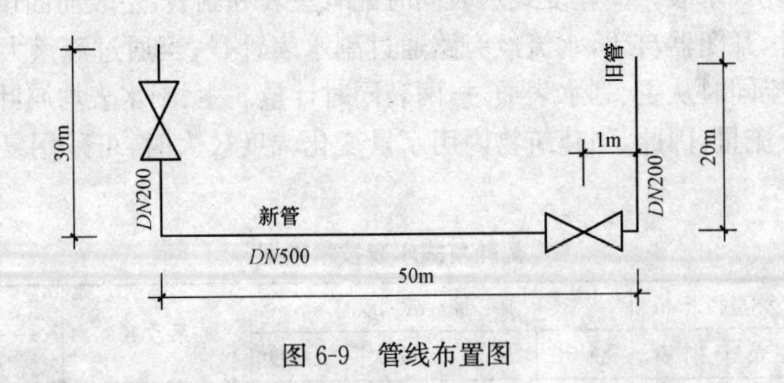

图 6-9 管线布置图

【解】 由题意可知：

阀门安装工程量：DN500 管道阀门工程量＝1 个

DN200 管道阀门工程量＝1 个

【例 6-6】 某市政工程，需要设置图 6-10 所示 SX 系列地下式消火栓 10 个，型号为 SX65－16，试计算其工程量。

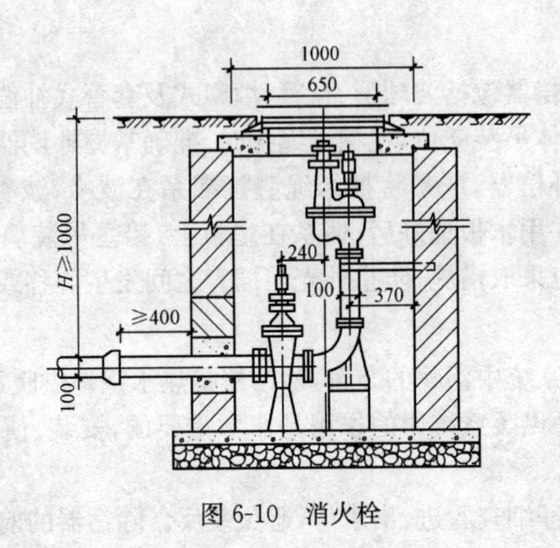

图 6-10 消火栓

【解】 由题意可知：

消火栓工程量＝10 个

第三节 支架制作及安装工程量清单编制

一、支架制作及安装清单项目设置

《市政工程工程量清单计价规范》附录 E.3 中支架制作及安装共有 4 个清单项目。各清单项目设置的具体内容见表 6-17。

表 6-17　　　支架制作及安装清单项目设置

项目编码	项目名称	项目特征	计量单位	工作内容
040503001	砌筑支墩	1. 垫层材质、厚度 2. 混凝土强度等级 3. 砌筑材料、规格、强度等级 4. 砂浆强度等级、配合比	m^3	1. 模板制作、安装、拆除 2. 混凝土拌和、运输、浇筑、养护 3. 砌筑 4. 勾缝、抹面
040503002	混凝土支墩	1. 垫层材质、厚度 2. 混凝土强度等级 3. 预制混凝土构件运距		1. 模板制作、安装、拆除 2. 混凝土拌和、运输、浇筑、养护 3. 预制混凝土支墩安装 4. 混凝土构件运输
040503003	金属支架制作、安装	1. 垫层、基础材质及厚度 2. 混凝土强度等级 3. 支架材质 4. 支架形式 5. 预埋件材质及规格	t	1. 模板制作、安装、拆除 2. 混凝土拌和、运输、浇筑、养护 3. 支架制作、安装
040503004	金属吊架制作、安装	1. 吊架形式 2. 吊架材质 3. 预埋件材质及规格		制作、安装

二、支架制作及安装清单项目特征描述

1. 支墩

支墩是指为防止管内水压引起水管配件接头移位而砌筑的墩座。支墩的主要形式有水平弯管支墩、三通支墩、纵向向上弯管支墩及纵向向下弯管支墩等多种形式。详见有关给水标准图集。图 6-11 所示为水平弯管支墩图。

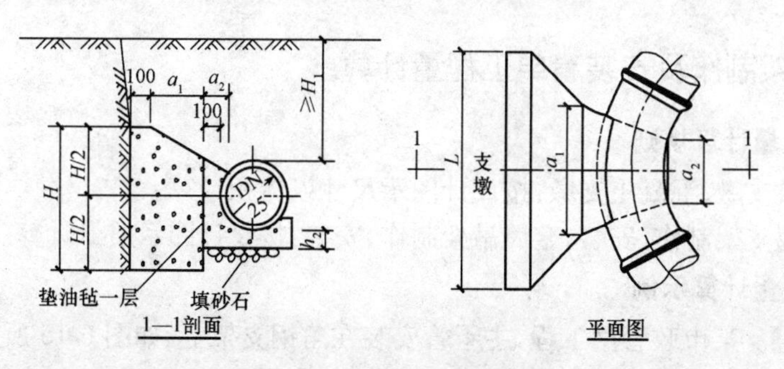

图 6-11　水平弯管支墩图

2. 支架

管道支架也称管架，它的作用是支撑管道，限制管道变形和位移，承受从管道传来的内压力、外荷载及温度变形的弹性力，并通过它将这些力传递到支撑结构上或地上。

在管道工程中，管道支架有以下两种形式：

(1)架空敷设的水平管道支架。当水平管道沿柱或墙架空敷设时，可根据荷载的大小、管道的根数、所需管架的长度及安装方式等分别采用各种形式生根在柱上的支架(简称柱架)，或生根在墙上的支架(简称墙架)，如图 6-12 所示。

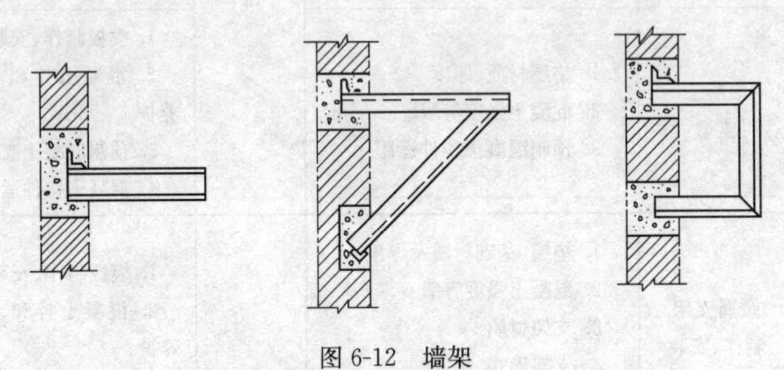

图 6-12 墙架

(2)地上平管和垂直弯管支架。一些管道离地面较近或离墙、柱、梁、楼板底等的距离较大，不便于在上述结构上生根，则可采用生根在地上的地上平管支架，如图 6-13所示。图 6-14 所示则为地上垂直弯管支架。

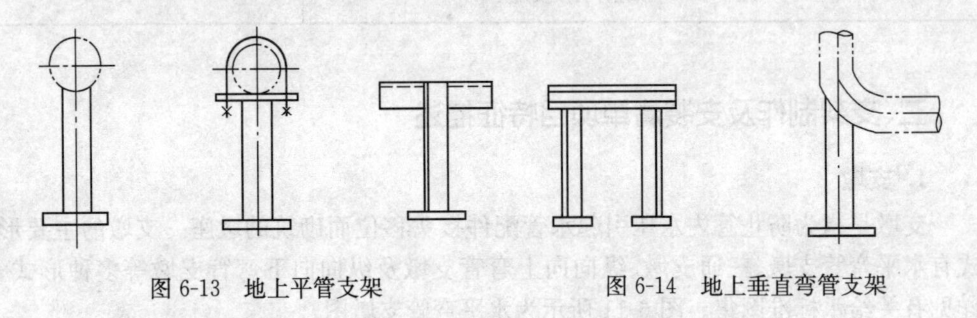

图 6-13 地上平管支架　　图 6-14 地上垂直弯管支架

三、支架制作及安装清单工程量计算

1. 工程量计算规则

(1)砌筑支墩、混凝土支墩：按设计图示尺寸以体积计算。

(2)金属支架制作、安装，金属吊架制作、安装：按设计图示质量计算。

2. 工程量计算示例

【例 6-7】 某市政管网工程，主干管安装在角钢支架上，如图 6-15 所示，主干管直径为 500mm，试计算角钢支架工程量(角钢理论质量为 2.654kg/m)。

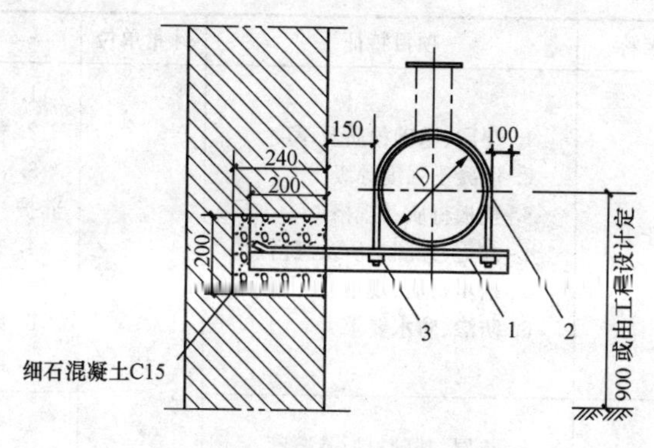

图 6-15　角钢支架
1—支架；2—夹环；3—螺母

【解】　由题意可知：

金属支架制作、安装工程量＝(0.2＋0.15＋0.5＋0.1)×2.654
＝2.521kg＝0.003t

第四节　管道附属构筑物工程量清单编制

一、管道附属构筑物清单项目设置

《市政工程工程量清单计价规范》附录 E.4 中管道附属构筑物共有 9 个清单项目。各清单项目设置的具体内容见表 6-18。

表 6-18　**管道附属构筑物清单项目设置**

项目编码	项目名称	项目特征	计量单位	工作内容
040504001	砌筑井	1. 垫层、基础材质及厚度 2. 砌筑材料品种、规格、强度等级 3. 勾缝、抹面要求 4. 混凝土强度等级 5. 砂浆强度等级、配合比 6. 盖板材质及规格 7. 井盖、井圈材质及规格 8. 踏步材质、规格 10. 防渗、防水要求	座	1. 垫层铺筑 2. 模板制作、安装、拆除 3. 混凝土拌和、运输、浇筑、养护 4. 砌筑、勾缝、抹面 5. 井圈、井盖安装 6. 盖板安装 7. 踏步安装 8. 防水、止水

续表

<table>
<tr><th>项目编码</th><th>项目名称</th><th>项目特征</th><th>计量单位</th><th>工作内容</th></tr>
<tr><td>040504002</td><td>混凝土井</td><td>1. 垫层、基础材质及厚度
2. 混凝土强度等级
3. 盖板材质及规格
4. 井盖、井圈材质及规格
5. 踏步材质、规格
6. 防渗、防水要求</td><td rowspan="2">座</td><td>1. 垫层铺筑
2. 模板制作、安装、拆除
3. 混凝土拌和、运输、浇筑、养护
4. 井圈、井盖安装
5. 盖板安装
6. 踏步安装
7. 防水、止水</td></tr>
<tr><td>040504003</td><td>塑料检查井</td><td>1. 垫层、基础材质及厚度
2. 检查井材质及规格
3. 井筒、井盖、井圈材质及规格</td><td>1. 垫层铺筑
2. 模板制作、安装、拆除
3. 混凝土拌和、运输、浇筑、养护
4. 检查井安装
5. 井筒、井圈、盖板安装</td></tr>
<tr><td>040504004</td><td>砖砌井筒</td><td>1. 井筒规格
2. 砌筑材料品种、规格
3. 砌浆、勾缝、抹面要求
4. 砂浆强度等级、配合比
5. 踏步材质、规格
6. 防渗、防水要求</td><td rowspan="2">m</td><td>1. 砌浆、勾缝、抹面
2. 踏步安装</td></tr>
<tr><td>040504005</td><td>预制混凝土井筒</td><td>1. 井筒规格
2. 踏步规格</td><td>1. 运输
2. 安装</td></tr>
<tr><td>040504006</td><td>砌体出水口</td><td>1. 垫层、基础材质及厚度
2. 砌筑材料品种、规格
3. 砌筑、勾缝、抹面要求
4. 砂浆强度等级、配合比</td><td rowspan="4">座</td><td>1. 垫层铺筑
2. 模板制作、安装、拆除
3. 混凝土拌和、运输、浇筑、养护
4. 砌筑、勾缝、抹面</td></tr>
<tr><td>040504007</td><td>混凝土出水口</td><td>1. 垫层、基础材质及厚度
2. 混凝土强度等级</td><td>1. 垫层铺筑
2. 模板制作、安装、拆除
3. 混凝土拌和、运输、浇筑、养护</td></tr>
<tr><td>040504008</td><td>整体化粪池</td><td>1. 材质
2. 型号、规格</td><td>安装</td></tr>
<tr><td>040504009</td><td>雨水口</td><td>1. 雨水箅子及圈口材质、型号、规格
2. 垫层、基础材质及厚度
3. 混凝土强度等级
4. 砌筑材料品种、规格
5. 砂浆强度等级、配合比</td><td>1. 垫层铺筑
2. 模板制作、安装、拆除
3. 混凝土拌和、运输、浇筑、养护
4. 砌筑、勾缝、抹面
5. 雨水箅子安装</td></tr>
</table>

注：管道附属构筑物为标准定型构筑物时，在项目特征中应标注标准图集编号及页码。

二、管道附属构筑物清单项目特征描述

1. 砌筑井

砌筑井又称砌筑检查井，为便于对管渠系统做定期检查和清通，必须设置检查井。砌筑检查井的材料有砖、石料和砂浆。

市政给水排水构筑物大多采用机制普通黏土砖砌筑而成。砌筑井室用砖应采用普通黏土砖，其强度不应低于MU7.5。机制普通黏土砖的外形为直角平行六面体，标准尺寸为240mm×115mm×53mm。在砌筑时考虑到灰缝为10mm，则每4块砖长、8块砖宽和16块砖厚的长度约为1m，每块砖重约为2.5kg。

砌筑石材分为毛石和料石两大类。毛石又称片石或块石，是经过爆破直接获得的石块。按平整程度又可分为乱毛石和平毛石。料石又称条石，是由人工或机械开采出比较规则的六面体石块，再经凿琢而成。按其加工后的外形规则程度分为毛料石、粗料石、半细料石和细料石等。砌筑用的石料应采用质地坚实无风化和裂纹的料石或块石，其强度等级不应低于MU20及设计要求。

检查井及井室允许偏差见表6-19。

表6-19　检查井及井室允许偏差　(单位:mm)

项目		允许偏差
井身尺寸	长、宽	±20
	直径	±20
井盖与路面高程差	非路面	20
	路面	5
井底高程	$D<1000$	±10
	$D>1000$	±15

2. 混凝土井

混凝土井主要包括混凝土砌块式、预制拼装式、现场浇筑式以及现浇和预制的组合形式。混凝土砌块式检查井井身所用的混凝土砌块主要包括普通圆环形砌块、倾斜型圆环砌块和水平方向环抱着进水管和出水管特殊形状的砌块，预制拼装式井体的整体性好、易回填、抗震性能好，容易做到管材井体和水柔性密合连接。

3. 出水口

出水口设在岸边的称为岸边式出水口。为使污水与河水较好混合，污水出水口一般采用淹没式，即出水管的管底标高低于水体的常年水位，也可采用河床分散式出水口，即将污水管道顺河底用铸铁管或钢管引至江心，用分散排水口将污水排入水体。雨水出水口也可采用非淹没式，即管底标高最好高于水体最高水位或正常水位，以免河水倒灌。当出水口标高高于水体水面太多时，应设单级或多级跌水消能，以防止产生冲刷。采用岸边式出水口时，出水口与岸边的连接部分应设挡土墙护坡，以保护河

岸和出水管，底板也要防冲加固。

4. 化粪池

化粪池指的是将生活污水分格沉淀，及对污泥进行厌氧消化的小型处理构筑物。其原理是固化物在池底分解，上层的水化物体进入管道流走，防止了管道堵塞，给固化物体（粪便等垃圾）有充足的时间水解。

5. 雨水口

雨水口是指管道排水系统汇集地表水的设施，由进水箅、井身及支管等组成。分为偏沟式、平篦式和联合式。

道路、广场草地，甚至一些建筑的屋面雨水首先通过篦子汇入雨水口，再经过连接管道流入河流或湖泊。雨水口是雨水进入城市地下的入口，是收集地面雨水的重要设施，把天降的雨水直接送往城市河湖水系的通道，既是城市排水管系汇集雨水径流的瓶颈，又是城市非点源污染物进入水环境的首要通道。它既为城市道路排涝，又为城市水体补水。

三、管道附属构筑物清单工程量计算

1. 工程量计算规则

(1)砌筑井、混凝土井、塑料检查井：按设计图示数量计算。

(2)砖砌井筒、预制混凝土井筒：按设计图示尺寸以延长米计算。

(3)砌体出水口、混凝土出水口、整体化粪池、雨水口：按设计图示数量计算。

2. 工程量计算示例

【例 6-8】 某市政管道工程需砌筑地面操作立式阀门井 4 座，试计算其工程量。

【解】 由题意可知：

砌筑井工程量＝4 座

【例 6-9】 某排水管渠工程，设置出水口 10 座，图 6-16 所示为门字式出水口示意图，试计算其工程量。

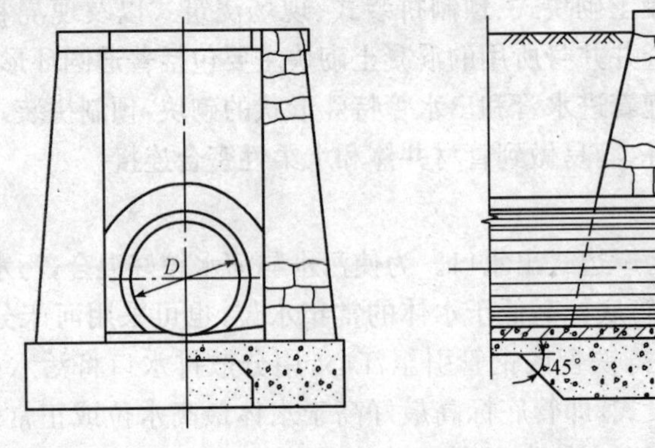

图 6-16　门字式砌体出水口示意图

【解】 由题意可知：

砌体出水口工程量＝10 座

第五节　管网工程工程量清单编制示例

【例 6-10】 某热力外线工程热力小室安装工程图如图 6-17 所示。该小室内主要材料如下：

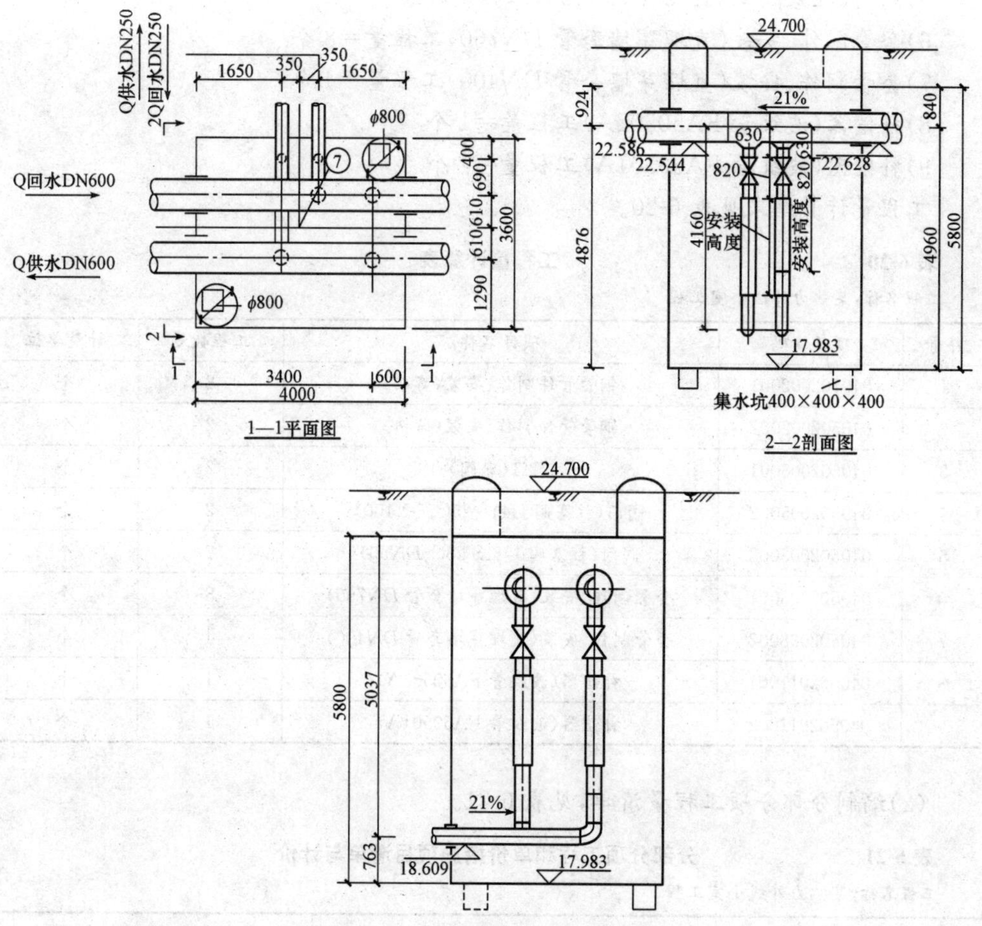

图 6-17　某热力外线小室工程图

(1)横向型波纹管补偿器 FA50502A、$DN250$、$T=150°$、$PN1.6$。

(2)横向型波纹管补偿器 FA50501A、$DN250$、$T=150°$、$PN1.6$。

(3)球阀 $DN250$、$PN2.5$。

(4)机制弯头 90°、$DN250$、$R=1.00$。

(5)柱塞阀 U41S-25C、$DN100$、$PN2.5$；柱塞阀 U41S-25C、$DN50$、$PN2.5$。

(6)机制三通 $DN600\sim250$。

(7)直埋穿墙套管 $DN760$(含保温)；直埋穿墙套管 $DN400$(含保温)。

试根据上述条件编制该热力外线小室工程工程量清单。

【解】 (1)清单工程量计算

1)钢管管件制作、安装(弯头)工程量=2个

2)钢管管件制作、安装(三通)工程量=2个

3)阀门(球阀)工程量=2个

4)阀门(柱塞阀 U41S-25C、*DN*100)工程量=2个

5)阀门(柱塞阀 U41S-25C、*DN*50)工程量=2个

6)套管制作、安装(直埋穿墙套管 *DN*760)工程量=8个

7)套管制作、安装(直埋穿墙套管 *DN*400)工程量=4个

8)补偿器(波纹管 FA50502A)工程量=1个

9)补偿器(波纹管 FA50501A)工程量=1个

工程量计算结果见表6-20。

表6-20 工程量计算表

工程名称:某热力外线小室工程

序号	项目编码	项目名称	工程数量	计量单位
1	040502002001	钢管管件制作、安装(弯头)	2	个
2	040502002002	钢管管件制作、安装(弯头)	2	个
3	040502005001	阀门(球阀)	2	个
4	040502005002	阀门(柱塞阀 U41S-25C、*DN*100)	2	个
5	040502005003	阀门(柱塞阀 U41S-25C、*DN*50)	2	个
6	040502008001	套管制作、安装(直埋穿墙套管 *DN*760)	8	个
7	040502008002	套管制作、安装(直埋穿墙套管 *DN*400)	4	个
8	040502011001	补偿器(波纹管 FA50502A)	1	个
9	040502011002	补偿器(波纹管 FA50501A)	1	个

(2)编制分部分项工程量清单,见表6-21。

表6-21 分部分项工程和单价措施项目清单与计价

工程名称:某热力外线小室工程

序号	项目编码	项目名称	项目特征描述	计量单位	工程数量	金额/元	
						综合单价	合计
1	040502002001	钢管管件制作、安装	1. 种类:机制弯头90° 2. 规格:*DN*250,*R*=1.00 3. 连接形式:焊接	个	2		
2	0405202002002	钢管管件制作、安装	1. 种类:机制三通 2. 规格:*DN*600~*DN*250 3. 连接形式:焊接	个	2		

续表

序号	项目编码	项目名称	项目特征描述	计量单位	工程数量	金额/元	
						综合单价	合计
3	040502005001	阀门	1. 种类:球阀 2. 材质及规格:钢制、DN250、PN2.5 3. 连接形式:焊接	个	2		
4	040502005002	阀门	1. 种类:柱塞阀 2. 材质及规格:钢制、U41S-25C、DN100、PN=2.5 3. 连接形式:焊接	个	2		
5	040502005003	阀门	1. 种类:柱塞阀 2. 材质及规格:钢制、U41S-25C、DN50、PN=2.5 3. 连接形式:焊接	个	2		
6	040502008001	套管制作、安装	1. 形式、材质及规格:直埋穿墙套管,DN760 2. 连接形式:焊接	个	8		
7	040502008002	套管制作、安装	形式、材质及规格:直埋穿墙套管,DN400	个	4		
8	040502011001	补偿器(波纹管)	1. 材质及规格:FA50502A、DN250、T=150°、PN1.6 2. 安装方式:焊接	个	1		
9	040502011002	补偿器(波纹管)	1. 材质及规格:FA50501A、DN250、T=150°、PN1.6 2. 安装方式:焊接	个	1		

第七章　水处理工程工程量清单编制

第一节　水处理构筑物工程量清单编制

一、水处理构筑物清单项目设置

《市政工程工程量清单计价规范》附录 F.1 中水处理构筑物共有 30 个清单项目。各清单项目设置的具体内容见表 7-1。

表 7-1　　　　水处理构筑物清单项目设置

<table>
<tr><th>项目编码</th><th>项目名称</th><th>项目特征</th><th>计量单位</th><th>工作内容</th></tr>
<tr><td>040601001</td><td>现浇混凝土沉井井壁及隔墙</td><td>1. 混凝土强度等级
2. 防水、抗渗要求
3. 断面尺寸</td><td rowspan="11">m^3</td><td>1. 垫木铺设
2. 模板制作、安装、拆除
3. 混凝土拌和、运输、浇筑
4. 养护
5. 预留孔封口</td></tr>
<tr><td>040601002</td><td>沉井下沉</td><td>1. 土壤类别
2. 断面尺寸
3. 下沉深度
4. 减阻材料种类</td><td>1. 垫木拆除
2. 挖土
3. 沉井下沉
4. 填充减阻材料
5. 余方弃置</td></tr>
<tr><td>040601003</td><td>沉井混凝土底板</td><td>1. 混凝土强度等级
2. 防水、抗渗要求</td><td rowspan="9">1. 模板制作、安装、拆除
2. 混凝土拌和、运输、浇筑
3. 养护</td></tr>
<tr><td>040601004</td><td>沉井内地下混凝土结构</td><td>1. 部位
2. 混凝土强度等级
3. 防水、抗渗要求</td></tr>
<tr><td>040601005</td><td>沉井混凝土顶板</td><td rowspan="6">1. 混凝土强度等级
2. 防水、抗渗要求</td></tr>
<tr><td>040601006</td><td>现浇混凝土池底</td></tr>
<tr><td>040601007</td><td>现浇混凝土池壁（隔墙）</td></tr>
<tr><td>040601008</td><td>现浇混凝土池柱</td></tr>
<tr><td>040601009</td><td>现浇混凝土池梁</td></tr>
<tr><td>040601010</td><td>现浇混凝土池盖板</td></tr>
</table>

续表

项目编码	项目名称	项目特征	计量单位	工作内容
040601011	现浇混凝土板	1. 名称、规格 2. 混凝土强度等级 3. 防水、抗渗要求	m^3	1. 模板制作、安装、拆除 2. 混凝土拌和、运输、浇筑 3. 养护
040601012	池槽	1. 混凝土强度等级 2. 防水、抗渗要求 3. 池槽断面尺寸 4. 盖板材质	m	1. 模板制作、安装、拆除 2. 混凝土拌和、运输、浇筑 3. 养护 4. 盖板安装 5. 其他材料铺设
040601013	砌筑导流壁、筒	1. 砌体材料、规格 2. 断面尺寸 3. 砌筑、勾缝、抹面砂浆强度等级	m^3	1. 砌筑 2. 抹面 3. 勾缝
040601014	混凝土流壁、筒	1. 混凝土强度等级 2. 防水、抗渗要求 3. 断面尺寸	m^3	1. 模板制作、安装、拆除 2. 混凝土拌和、运输、浇筑 3. 养护
040601015	混凝土楼梯	1. 结构尺寸 2. 底板厚度 3. 混凝土强度等级	1. m^2 2. m^3	1. 模板制作、安装、拆除 2. 混凝土拌和、运输、浇筑或预制 3. 养护 4. 楼梯安装
040601016	金属扶梯、栏杆	1. 材质 2. 规格 3. 防腐刷漆材质、工艺要求	1. t 2. m	1. 制作、安装 2. 除锈、防腐、刷油
040601017	其他现浇混凝土构件	1. 构件名称、规格 2. 混凝土强度等级	m^3	1. 模板制作、安装、拆除 2. 混凝土拌和、运输、浇筑 3. 养护
040601018	预制混凝土板	1. 图集、图纸名称 2. 构件代号、名称 3. 混凝土强度等级 4. 防水、抗渗要求	m^3	1. 模板制作、安装、拆除 2. 混凝土拌和、运输、浇筑 3. 养护 4. 构件安装 5. 接头灌浆 6. 砂浆制作 7. 运输
040601019	预制混凝土槽	1. 图集、图纸名称 2. 构件代号、名称 3. 混凝土强度等级 4. 防水、抗渗要求	m^3	1. 模板制作、安装、拆除 2. 混凝土拌和、运输、浇筑 3. 养护 4. 构件安装 5. 接头灌浆 6. 砂浆制作 7. 运输
040601020	预制混凝土支墩	1. 图集、图纸名称 2. 构件代号、名称 3. 混凝土强度等级 4. 防水、抗渗要求	m^3	1. 模板制作、安装、拆除 2. 混凝土拌和、运输、浇筑 3. 养护 4. 构件安装 5. 接头灌浆 6. 砂浆制作 7. 运输
040601021	其他预制混凝土构件	1. 部位 2. 图集、图纸名称 3. 构件代号、名称 4. 混凝土强度等级 5. 防水、抗渗要求	m^3	1. 模板制作、安装、拆除 2. 混凝土拌和、运输、浇筑 3. 养护 4. 构件安装 5. 接头灌浆 6. 砂浆制作 7. 运输

续表

项目编码	项目名称	项目特征	计量单位	工作内容
040601022	滤板	1. 材质 2. 规格 3. 厚度 4. 部位	m^2	1. 制作 2. 安装
040601023	折板			
040601024	壁板			
040601025	滤料铺设	1. 滤料品种 2. 滤料规格	m^3	铺设
040601026	尼龙网板	1. 材料品种 2. 材料规格	m^2	1. 制作 2. 安装
040601027	刚性防水	1. 工艺要求 2. 材料品种、规格		1. 配料 2. 铺筑
040601028	柔性防水			涂、贴、粘、刷防水材料
040601029	沉降(施工)缝	1. 材料品种 2. 沉降缝规格 3. 沉降缝部位	m	铺、嵌沉降(施工)缝
040601030	井、池渗漏试验	构筑物名称	m^3	渗漏试验

二、水处理构筑物清单项目特征描述

1. 现浇混凝土沉井井壁及隔墙

井壁由钢筋混凝土预制而成,在沉井下沉过程中承受水、土压力。井壁的竖向断面形状有上下等厚度的直墙形井壁、阶梯形井壁,其外表面一般做成1/100的坡度。当土质松软、摩擦力不大、下沉深度不大时可采用直墙形。其优点是周围土层能较好地约束井壁,易于控制垂直下沉。接长井壁亦简单,模板能多次使用。此外,沉井下沉时,周围土的扰动影响范围小,可以减少对四周建筑物的影响,故特别适用于市区较密集地方。

隔墙是为增加沉井下沉时的整体刚度,减少井壁的跨径,改善井壁受力条件,将沉井分隔成多个取土井后挖土和下沉较为均衡而设置的。内隔墙的设置给下沉出土带来某些困难,但便于控制下沉速度、封底以及纠偏。内隔墙间隔一般要求不超过5～6m,隔墙的底面一般比井壁刃脚高出50～100cm,隔墙厚度一般为0.5～1.2m,隔墙下部应设80cm×120cm的过人孔。

2. 沉井下沉

沉井下沉包括排水下沉和不排水下沉两种方式。排水下沉适用于渗水量不大、稳定的黏性土等情况,不排水下沉适用于严重的流砂地层中和渗水量大的砂砾层中,以及大量排水会影响附近建筑物安全等情况。

3. 沉井混凝土底板

当沉井下沉至设计标高后,将井底清理整平后进行封底。封底一般是先在刃脚高度部分用素混凝土予以封堵，待达到设计强度后，在其上井壁有凹槽的高度浇筑钢筋混凝土底板。沉井封底包括排水封底和不排水封底两种方式。排水封底是将井底水抽干进行封底混凝土浇筑（又称干封底），不排水封底采用导管法在水中浇筑混凝土封底。排水封底是应用较多的方法，因为其施工时操作比较方便，而且质量易于控制。

（1）排水封底。基底岩面平整，刃脚周围经黏土或水泥砂浆封堵后，井内无渗水时，可在基底无水的情况下灌注封底混凝土。若刃脚经封堵后仍有少量渗水、但易于抽干时，则可采取排水封底的方法。这种方法是将新老混凝土接触面冲刷干净或打毛，对井底进行修整，使之成锅底形，由刃脚向中心挖成放射形排水沟，填卵石做成滤水暗沟，在中部设 2～3 个积水井，深 1～2m，井间用盲沟相互连通，插入 ϕ600～ϕ800 四周带孔眼的钢管或混凝土管，管周填以卵石，使井底的水流汇集在井中，然后用泵排出，并保持地下水位低于井内基底面 0.3m。

封底一般先浇一层 0.5～1.5m 的素混凝土垫层，达到 50％设计强度后，绑扎钢筋，两端深入刃脚或槽内，浇筑上层底板混凝土，浇筑应在整个沉井面上分层、同时不断地进行，由四周向中央推进，每层厚 300～500mm，并用振捣器捣实。当井内有隔墙时应对称地逐孔浇筑。混凝土采用自然养护，养护期间应继续抽水。待底板混凝土强度达到 70％后，对集水井逐个停止抽水，逐个封堵。封堵方法是将滤水井中的水抽干，在套筒内迅速用干硬性的高强度等级混凝土进行堵塞并捣实，然后上法兰，用螺栓拧紧或焊牢，上部用混凝土填实捣平。

（2）不排水封底。不排水封底即在水下进行封底。要求将井底浮泥清除干净，新老混凝土接触面用水冲刷干净，并铺碎石垫层。封底混凝土用导管法灌注或用堆石灌浆法灌注。待水下封底混凝土达到设计要求强度后，即一般养护为 7～10d，方可从沉井中抽水，按排水封底法施工上部钢筋混凝土底板。

沉井封底特别是刃脚斜面附近应清理干净，封底垫层顶面以不超过刃脚根部标高为宜。封底之前在井底铺垫 10～20cm 厚的碎石。混凝土在水中养护 28d 的强度为在空气中的 80％～90％。坍落度应采用 18～20cm，开始灌注时应采用 16～18cm。混凝土和易性要好、不析水，流动性保持率不小于 1h，含砂率最好为 40％～50％。连续灌注，无接茬浮浆。

4. 现浇混凝土池底

池底是指各类构筑物（指井类、池类的构筑物）的底部，池底有不同的形状，如平板形、圆锥形、圆形等。在池底的制作中，各种形状不同的池底，用不同类型的模板，如平池底钢模、木模、锥形池底木模。

5. 现浇混凝土池壁（隔墙）

池壁指池类构筑物的内墙壁，按形状及类型的不同可分为矩形池壁和圆形池壁。作用不同，池壁制作样式也不同，有直立和斜立池壁等。

6. 现浇混凝土池梁

现浇混凝土池梁是指在锥形水池或坡底水池等类型的池中，池壁发生曲折，而在曲折处制作的梁。现浇混凝土池梁按支承方式的不同可分为连续梁、悬壁梁、单梁、异型环梁。按截面形式不同分为T形、L形、I形、十字形等。

7. 折板

折板一般指的是V形折板,是梁板合一的薄壁构件。制作折板的材料有玻璃钢、塑料等。

目前我国生产的V形折板跨度为6～24m,跨度9～15m的波宽一般为2m,板厚为35mm;跨度大于15m的波宽一般为3m,板厚为45mm,板的长度一般比跨度长1500mm。

8. 滤料铺设

为防止滤料从配水系统中流失,同时对均布冲洗水也有一定作用,采用承托层,在单层或双层滤料池采用大阻力配水系统时,承托层采用天然卵石或砾石。各层滤料应均匀布设在承托层,满足设计要求。

9. 刚性防水

刚性防水采用的是砂浆和混凝土类刚性材料。

刚性防水所用水泥一般为普通水泥、矿渣水泥、火山灰质水泥。根据不同需要也可用快硬水泥、膨胀水泥、抗硫酸盐水泥等。砂以粗砂为主,平均粒径0.5mm,不得大于3mm,否则应过筛,杂质、含泥量、硫化物和硫酸盐含量均要符合高强度等级混凝土用砂的要求,砂粒要坚硬、粗糙、洁净。

10. 柔性防水

柔性防水依据起防水作用的材料可分为卷材防水、涂膜防水等多种。

(1)卷材防水:是将几层卷材用胶结材料粘在结构基层上,构成防水层。这种防水技术目前使用比较普遍,常用于屋面、地下室及地下构筑物的防水工程中。在屋面工程中,多用于平屋顶及坡度较小的屋面工程,常用做法是三毡四油,上面铺设绿豆砂保护层;在地下防水工程中,多为三毡四油,为防止卷材层破损,表面要再加一层保护层。

(2)涂膜防水:防水涂料主要是以乳化沥青、改性沥青、橡胶及全成树脂为主要防水材料,在其固化前为无定型黏稠状液体物质,通过在施工表面喷、涂防水材料并铺设玻璃纤维布或聚酯纤维无纺布加强,经交链固化或溶剂、水分蒸发固化形成整体的防水涂膜,固化后形成的致密物质具有不透水性和一定的耐候性、延伸性。由于涂料为不定型物质,在涂料施工中对任何复杂的基层表面适应性强,因此固化后形成没有接缝的整体防水层。

三、水处理构筑物清单工程量计算

1. 工程量计算规则

(1)现浇混凝土沉井井壁及隔墙:按设计图示尺寸以体积计算。

(2)沉井下沉:按自然面标高至设计垫层底面标高间的高度乘以沉井外壁最大断面面积以体积计算。

(3)沉井混凝土底板、沉井内地下混凝土结构、沉井混凝土顶板、现浇混凝土池底、现浇混凝土池壁(隔墙)、现浇混凝土池柱、现浇混凝土池梁、现浇混凝土池盖板、现浇混凝土板:按设计图示尺寸以体积计算。

(4)池槽:按设计图示尺寸以长度计算。

(5)砌筑导流壁、筒,混凝土流壁、筒:按设计图示尺寸以体积计算。

(6)混凝土楼梯:

1)以平方米计量,按设计图示尺寸以水平投影面积计算。

2)以立方米计量,按设计图示尺寸以体积计算。

(7)金属扶梯、栏杆:

1)以吨计量,按设计图示尺寸以质量计算。

2)以米计量,按设计图示尺寸以长度计算。

(8)其他现浇混凝土构件、预制混凝土板、预制混凝土槽、预制混凝土支墩、其他预制混凝土构件:按设计图示尺寸以体积计算。

(9)滤板、折板、壁板:按设计图示尺寸以面积计算。

(10)滤料铺设:按设计图示尺寸以体积计算。

(11)尼龙网板、刚性防水、柔性防水:按设计图示尺寸以面积计算。

(12)沉降(施工)缝:按设计图示尺寸以长度计算。

(13)井、池渗漏试验:按设计图示储水尺寸以体积计算。

2. 工程量计算示例

【例 7-1】 某圆形雨水泵站现场预制的钢筋混凝土沉井的立面如图 7-1 所示,试计算沉井下沉工程量。

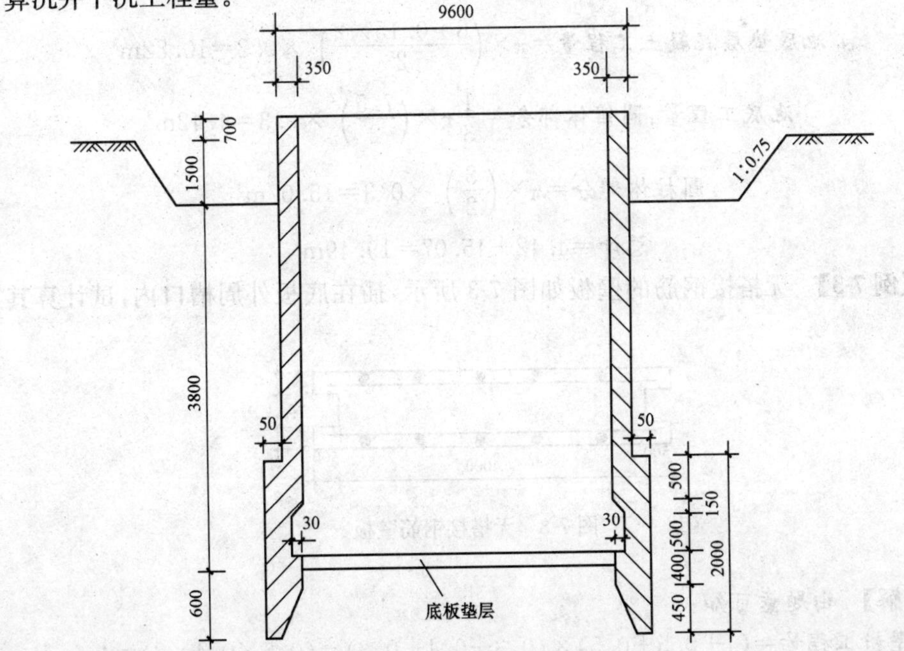

图 7-1　沉井立面图

【解】 由题意可知：

$$沉井下沉工程量=(1.5+3.8)\times(9.6+0.05\times2)^2\times\pi\times1/4=391.66m^3$$

【例 7-2】 某半地下室锥坡池底，呈圆形，池底有混凝土垫层 20cm，伸出池底外周边 15cm，该池底总厚 60cm，如图 7-2 所示，试计算该池底工程量。

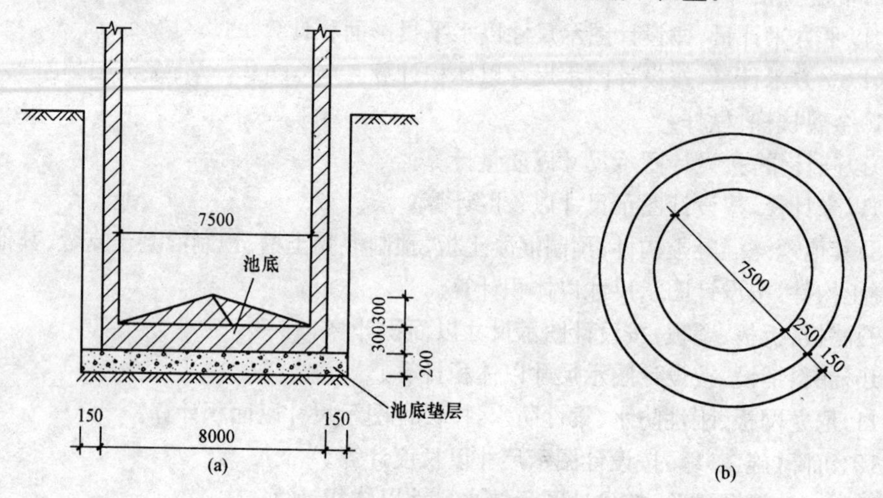

图 7-2　锥坡形池底示意图

(a)剖面图；(b)平面图

【解】 由题意可知：

$$池底垫层混凝土工程量=\pi\times\left(\frac{8+0.15\times2}{2}\right)^2\times0.2=10.82m^3$$

$$池底工程量：圆锥体部分=\frac{1}{3}\pi\times\left(\frac{7.5}{2}\right)^2\times0.3=4.42m^3$$

$$圆柱体部分=\pi\times\left(\frac{8}{2}\right)^2\times0.3=15.07m^3$$

$$总计=4.42+15.07=19.49m^3$$

【例 7-3】 无搭接钢筋的壁板如图 7-3 所示，插在底板外周槽口内，试计算其工程量。

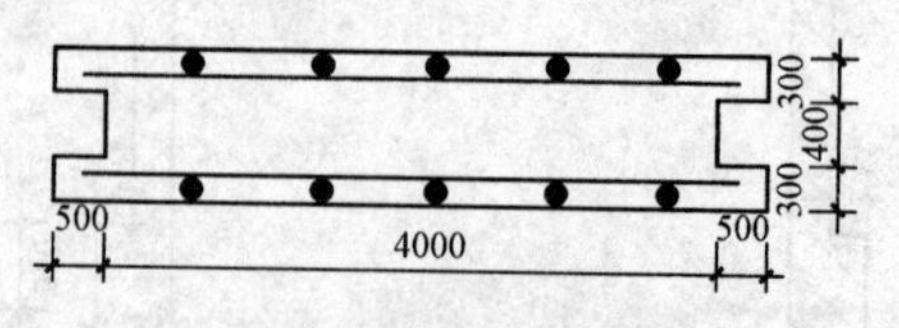

图 7-3　无搭接钢筋壁板

【解】 由题意可知：

$$壁板工程量=(4+0.5+0.5)\times(0.3+0.4+0.3)-(0.5\times0.4\times2)=4.6m^2$$

第二节　水处理设备工程量清单编制

一、水处理设备清单项目设置

《市政工程工程量清单计价规范》附录 F. 2 中水处理设备共有 46 个清单项目。各清单项目设置的具体内容见表 7-2。

表 7-2　　水处理设备清单项目设置

项目编码	项目名称	项目特征	计量单位	工作内容
040602001	格栅	1. 材质 2. 防腐材料 3. 规格	1. t 2. 套	1. 制作 2. 防腐 3. 安装
040602002	格栅除污机	1. 类型 2. 材质 3. 型号、规格 4. 参数	台	1. 安装 2. 无负荷试运转
040602003	滤网清污机			
040602004	压榨机			
040602005	刮砂机			
040602006	吸砂机			
040602007	刮泥机			
040602008	吸泥机			
040602009	刮吸泥机			
040602010	撇渣机			
040602011	砂(泥)水分离器			
040602012	曝气机			
040602013	曝气器		个	
040602014	布气管	1. 材质 2. 直径	m	1. 钻孔 2. 安装
040602015	潷水器	1. 类型 2. 材质 3. 型号、规格 4. 参数	套	1. 安装 2. 无负荷试运转
040602016	生物转盘			
040602017	搅拌机		台	
040602018	推进器			
040602019	加药设备	1. 类型 2. 材质 3. 型号、规格 4. 参数	套	
040602020	加氯机			
040602021	氯吸收装置			
040602022	水射器	1. 材质 2. 公称直径	个	
040602023	管式混合器			

续表

项目编码	项目名称	项目特征	计量单位	工作内容
040602024	冲洗装置	1. 类型 2. 材质 3. 型号、规格 4. 参数	套	1. 安装 2. 无负荷试运转
040602025	带式压滤机		台	
040602026	污泥脱水机			
040602027	污泥浓缩机			
040602028	污泥浓缩脱水一体机			
040602029	污泥输送机			
040602030	污泥切割机			
040602031	闸门	1. 类型 2. 材质 3. 形式 4. 型号、规格	1. 座 2. t	1. 安装 2. 操纵装置安装 3. 调试
040602032	旋转门			
040602033	堰门			
040602034	拍门			
040602035	启闭机		台	
040602036	升杆式铸铁泥阀	公称直径	座	
040602037	平底盖闸			
040602038	集水槽	1. 材质 2. 厚度 3. 形式 4. 防腐材料	m^2	1. 制作 2. 安装
040602039	堰板			
040602040	斜板	1. 材料品种 2. 厚度		安装
040602041	斜管	1. 斜管材料品种 2. 斜管规格	m	
040602042	紫外线消毒设备	1. 类型 2. 材质 3. 型号、规格 4. 参数	套	1. 安装 2. 无负荷试运转
040602043	臭氧消毒设备			
040602044	除臭设备			
040602045	膜处理设备			
040602046	在线水质检测设备			

二、水处理设备清单项目特征描述

1. 格栅

格栅是一种截留废水中粗大污物的预处理设施。它是由一组平行的金属栅条制成的金属框架，斜置在废水流经的渠道上，或泵站集水池的进口处，用以截阻大块的呈悬浮或漂浮状态的固体污染物，以免堵塞水泵和沉淀池的排泥管。截留效果取决于缝隙宽度和水的性质。

格栅栅条间的空隙宽度可根据清除污物的方式和水泵的要求来设定，人工清除格栅间隙一般为16～25mm。沉砂池或沉淀池前的格栅一般为15～30mm，最大为40mm。常用的机械清渣设备有三种，即链条式、移动式及钢丝绳牵引式格栅清污机。

按格栅栅条间距的大小不同，格栅分为粗格栅、中格栅和细格栅三类；按格栅的清渣方法不同，格栅分为人工格栅、机械格栅和水力清除格栅三种；按格栅构造特点不同，格栅分为抓耙式、循环式、弧形、回转式、转鼓式、旋转式、齿耙式和阶梯式等多种形式。

2. 格栅除污机

格栅除污机是指装备有格栅拦污功能的一种除污机械。格栅除污机的类型，见表7-3。

表7-3 格栅类型

分类方式	说明
按安装的形式分	固定式格栅除污机与移动式格栅除污机
按格栅有道间距分	粗格栅除污机、中格栅除污机、细格栅除污机以及筛网格栅除污机
按格栅角度分	倾斜安装格栅除污机、垂直安装格栅除污机以及弧形格栅除污机
按运动部分分	臂式格栅除污机、链式格栅除污机、针齿条式格栅除污机、液压式格栅除污机、旋转格栅除污机、钢索引式格栅除污机、台阶式格栅除污机以及耙齿链式格栅除污机

3. 滤网清污机

滤网清污机是指给水系统中在原水进入处理之前或排水系统中用于清除水中污泥或悬浮杂质的一种专用机械，它是由滤网形成格栅一样的方形小孔，通过生物膜过滤而使污泥吸附于网状系统上，再用排泥管将污泥排掉，它通常用于二次清污。

4. 曝气机、曝气器

(1)曝气机是一种辅助除污的设备，常有表面曝气机和转刷曝气机。曝气机的无负荷试运行指空机开机后检查曝气机运转是否正常、性能是否优良。

(2)曝气器的主要类型有：微孔曝气器、中微孔曝气软管、旋混曝气器、振动曝气器及散流曝气器等。

5. 生物转盘

生物转盘由盘片、接触反应槽、转轴及驱动装置组成，按布置形式的不同，可分为单级单轴、单级多轴和多轴多级三种方式。

生物转盘盘片直径通常为2～3m，盘片厚度根据材料不同而异，一般为1～1.5mm；盘片间净距进水段一般为25～35mm，出水段一般取10～20mm。转盘与氧化槽表面净距不宜小于150mm。转轴中心距氧化槽水面距离不宜小于150mm。转盘的转数一般为0.8～3.0r/min，线速度为15～18m/min。转盘在水中浸没面积为总面积的 20%～40%。转盘级数一般不少于 3 级。

6. 闸门

闸门是给水管上最常见的阀门，又叫闸板门，通过闸壳内的滑板上下移动来控制或截断水流，有开杆及暗杆之分，闸门材料有钢材和铸铁两种。

(1)按结构形式分为：明杆楔式弹性闸板、明杆楔式单(双)闸板、明杆平行单(双)闸板、暗杆楔式单(双)闸板、暗杆平行单(双)闸板及齿条式。

(2)按驱动方式分为：手动式、液动式及电动式。

7. 吸泥机

吸泥机有行车式、钟罩式、垂架式中心转动、周边传动吸泥机等几种形式，常用的形式为行车式吸泥机。行车式吸泥机由吸泥板和桁架等组成，吸泥板固定在桁架底部，桁架绕中心缓慢旋转将沉于池底的污泥吸入泥斗中，再将污泥排出池外。

8. 斜板、斜管

在污水处理时，为解决排泥问题，斜板和斜管沉淀池得到很大的实际应用。

斜板或斜管沉淀池的进水高度不宜小于 1.5m，以便于均匀配水。为了使水流均匀地进入斜管下的配水区，反应池出口一般应考虑整流措施。可采用缝隙栅条配水，缝隙前狭后宽，也可用穿孔墙。整流配水孔的流速，一般要求不大于反应池出口流速，通常在 0.15m/s 以下。

目前，斜板、斜管长度多为 800～1000mm。从沉淀效率考虑，斜板间距愈小愈好，但从施工安装和排泥角度看，不宜小于 50mm，也不宜大于 150mm。斜管斜板的材料要求轻质、坚固、无毒且价格便宜，使用较多的有薄塑料板。

三、水处理设备清单工程量计算

1. 工程量计算规则

(1)格栅：

1)以吨计量，按设计图示尺寸以质量计算。

2)以套计量，按设计图示数量计算。

(2)格栅除污机、滤网清污机、压榨机、刮砂机、吸砂机、刮泥机、吸泥机、刮吸泥机、撇渣机、砂(泥)水分离器、曝气机、曝气器：按设计图示数量计算。

(3)布气管：按设计图示尺寸以长度计算。

(4)滗水器、生物转盘、搅拌机、推进器、加药设备、加氯机、氯吸收装置、水射器、管式混合器、冲洗装置、带式压滤机、污泥脱水机、污泥浓缩机、污泥浓缩脱水一体机、污泥输送机、污泥切割机：按设计图示数量计算。

(5)闸门、旋转门、堰门、拍门：

1)以座计量，按设计图示数量计算。

2)以吨计量，按设计图示尺寸以质量计算。

(6)启闭机、升杆式铸铁泥阀、平底盖闸：按设计图示数量计算。

(7)集水槽、堰板、斜板：按设计图示尺寸以面积计算。

(8)斜管：按设计图示尺寸以长度计算。

(9)紫外线消毒设备、臭氧消毒设备、除臭设备、膜处理设备、在线水质处理设备：按设计图示数量计算。

2. 工程量计算示例

【例 7-4】 某格栅是用 $\phi10$ 钢筋制作而成，图 7-4 所示为格栅示意图，试计算格栅工程量（钢筋的理论质量为 0.617kg/m）。

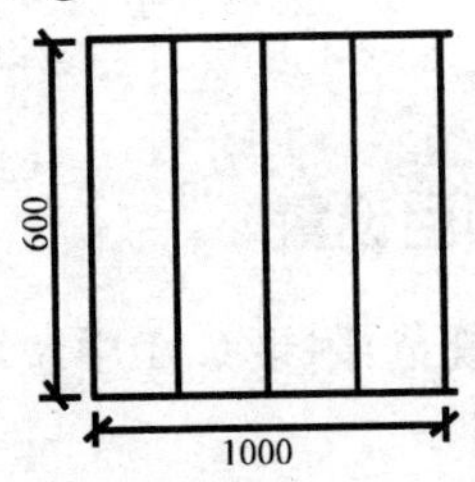

图 7-4　格栅示意图

【解】 由题意可知：

(1)以吨计量，则：

$$格栅工程量=(1.0+0.6\times5+1.0)\times0.617=0.0031t$$

(2)以套计量，则：

$$格栅工程量=1\ 套$$

【例 7-5】 计算如图 7-5 所示的布气管试验管段工程量，布气管采用 $\phi20$ 的优质钢制成。

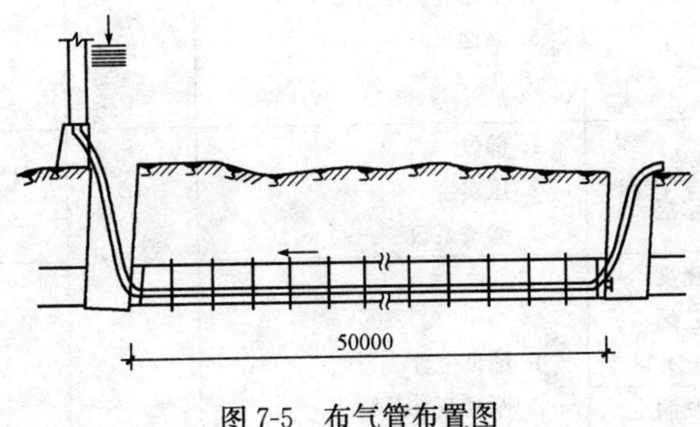

图 7-5　布气管布置图

【解】 由题意可知：

$$布气管工程量=50m$$

第八章　生活垃圾处理工程工程量清单编制

第一节　垃圾卫生填埋工程量清单编制

一、垃圾卫生填埋清单项目设置

《市政工程工程量清单计价规范》附录 G.1 中垃圾卫生填埋共有 20 个清单项目。各清单项目设置的具体内容见表 8-1。

表 8-1　　垃圾卫生填埋清单项目设置

<table>
<tr><th>项目编码</th><th>项目名称</th><th>项目特征</th><th>计量单位</th><th>工作内容</th></tr>
<tr><td>040701001</td><td>场地平整</td><td>1. 部位
2. 坡度
3. 压实度</td><td>m^2</td><td>1. 找坡、平整
2. 压实</td></tr>
<tr><td>040701002</td><td>垃圾坝</td><td>1. 结构类型
2. 土石种类、密实度
3. 砌筑形式、砂浆强度等级
4. 混凝土强度等级
5. 断面尺寸</td><td>m^3</td><td>1. 模板制作、安装、拆除
2. 地基处理
3. 摊铺、夯实、碾压、整形、修坡
4. 砌筑、填缝、铺浆
5. 浇筑混凝土
6. 沉降缝
7. 养护</td></tr>
<tr><td>040701003</td><td>压实黏土防渗层</td><td>1. 部位
2. 压实度
3. 渗透系数</td><td rowspan="5">m^2</td><td>1. 填筑、平整
2. 压实</td></tr>
<tr><td>040701004</td><td>高密度聚乙烯(HDPD)膜</td><td rowspan="3">1. 铺设位置
2. 厚度、防渗系数
3. 材料规格、强度、单位质量
4. 连(搭)接方式</td><td rowspan="3">1. 裁剪
2. 铺设
3. 连(搭)接</td></tr>
<tr><td>040701005</td><td>钠基膨润土防水毯(GCL)</td></tr>
<tr><td>040701006</td><td>土工合成材料</td></tr>
<tr><td>040701007</td><td>袋装土保护层</td><td>1. 厚度
2. 材料品种、规格
3. 铺设位置</td><td>1. 运输
2. 土装袋
3. 铺设或铺筑
4. 袋装土放置</td></tr>
</table>

续表

项目编码	项目名称	项目特征	计量单位	工作内容
040701008	帷幕灌浆垂直防渗	1. 地质参数 2. 钻孔孔径、深度、间距 3. 水泥浆配比	m	1. 钻孔 2. 清孔 3. 压力注浆
040701009	碎(卵)石导流层	1. 材料品种 2. 材料规格 3. 导流层厚度或断面尺寸	m^3	1. 运输 2. 铺筑
040701010	穿孔管铺设	1. 材质、规格、型号 2. 直径、壁厚 3. 穿孔尺寸、间距 4. 连接方式 5. 铺设位置	m	1. 铺设 2. 连接 3. 管件安装
040701011	无孔管铺设	1. 材质、规格 2. 直径、壁厚 3. 连接方式 4. 铺设位置		
040701012	盲沟	1. 材质、规格 2. 垫层、粒料规格 3. 断面尺寸 4. 外层包裹材料性能指标		1. 垫层、粒料铺筑 2. 管材铺设、连接 3. 粒料填充 4. 外层材料包裹
040701013	导气石笼	1. 石笼直径 2. 石料粒径 3. 导气管材质、规格 4. 反滤层材料 5. 外层包裹材料性能指标	1. m 2. 座	1. 外层材料包裹 2. 导气管铺设 3. 石料填充
040701014	浮动覆盖膜	1. 材质、规格 2. 锚固方式	m^2	1. 浮动膜安装 2. 布置重力压管 3. 四周锚固
040701015	燃烧火炬装置	1. 基座形式、材质、规格、强度等级 2. 燃烧系统类型、参数	套	1. 浇筑混凝土 2. 安装 3. 调试
040701016	监测井	1. 地质参数 2. 钻孔孔径、深度 3. 监测井材料、直径、壁厚、连接方式 4. 滤料材质	口	1. 钻孔 2. 井筒安装 3. 填充滤料

续表

项目编码	项目名称	项目特征	计量单位	工作内容
040701017	堆体整形处理	1. 压实度 2. 边坡坡度	m^2	1. 挖、填及找坡 2. 边坡整形 3. 压实
040701018	覆盖植被层	1. 材料品种 2. 厚度 3. 渗透系数	m^2	1. 铺筑 2. 压实
040701019	防风网	1. 材质、规格 2. 材料性能指标	m^2	安装
040701020	垃圾压缩设备	1. 类型、材质 2. 规格、型号 3. 参数	套	1. 安装 2. 调试

注：1. 边坡处理应按《市政工程工程量计算规范》(GB 50857—2013)附录C桥涵工程相关编码列项。

2. 填埋场渗沥液处理系统应按《市政工程工程量计算规范》(GB 50857—2013)附录F水处理工程中相关项目编码列项。

二、垃圾卫生填埋清单项目特征描述

生活垃圾卫生填埋场指的是用于处理、处置城市生活垃圾的，带有阻止垃圾渗沥液泄漏的人工防渗膜，带有渗沥液处理或预处理设施设备，运行、管理及维护、最终封场关闭符合卫生要求的垃圾处理场地。

三、垃圾卫生填埋清单工程量计算

垃圾卫生填埋工程量计算规则为：

(1)场地平整：按设计图示尺寸以面积计算。

(2)垃圾坝：按设计图示尺寸以体积计算。

(3)压实黏土防渗层、高密度聚乙烯(HDPE)膜、钠基膨润上防水毯(GCL)、土工合成材料、袋装土保护层：按设计图示尺寸以面积计算。

(4)帷幕灌浆垂直防渗：按设计图示尺寸以长度计算。

(5)碎(卵)石导流层：按设计图示尺寸以体积计算。

(6)穿孔管铺设、无孔管铺设、盲沟：按设计图示尺寸以长度计算。

(7)导气石笼：

1)以米计量，按设计图示尺寸以长度计算。

2)以座计量，按设计图示数量计算。

(8)浮动覆盖膜：按设计图示尺寸以面积计算。

(9)燃烧火炬装置、监测井：按设计图示数量计算。

(10)堆体整形处理、覆盖植被层、防风网:按设计图示尺寸以面积计算。

(11)垃圾压缩设备:按设计图示数量计算。

第二节　垃圾焚烧工程量清单编制

一、垃圾焚烧清单项目设置

《市政工程工程量清单计价规范》附录 G. 2 中垃圾焚烧共有 6 个清单项目。各清单项目设置的具体内容见表 8-2。

表 8-2　　垃圾焚烧清单项目设置

<table>
<tr><th>项目编码</th><th>项目名称</th><th>项目特征</th><th>计量单位</th><th>工作内容</th></tr>
<tr><td>040702001</td><td>汽车衡</td><td>1. 规格、型号
2. 精度</td><td>台</td><td rowspan="6">1. 安装
2. 调试</td></tr>
<tr><td>040702002</td><td>自动感应洗车装置</td><td rowspan="2">1. 类型
2. 规格、型号
3. 参数</td><td>套</td></tr>
<tr><td>040702003</td><td>破碎机</td><td>台</td></tr>
<tr><td>040702004</td><td>垃圾卸料门</td><td>1. 尺寸
2. 材质
3. 自动开关装置</td><td>m^2</td></tr>
<tr><td>040702005</td><td>垃圾抓斗起重机</td><td>1. 规格、型号、精度
2. 跨度、高度
3. 自动称重、控制系统要求</td><td rowspan="2">套</td></tr>
<tr><td>040702006</td><td>焚烧炉体</td><td>1. 类型
2. 规格、型号
3. 处理能力
4. 参数</td></tr>
</table>

二、垃圾焚烧清单项目特征描述

垃圾焚烧是一种较古老的、传统的处理垃圾的方法。近代各国也相继建造了焚烧炉,垃圾焚烧法已成为城市垃圾处理的主要方法之一。一般炉内温度控制在 980℃左右,焚烧后体积比原来可缩小 5%~8%,分类收集的可燃性垃圾经焚烧处理后甚至可缩小 90%。将焚烧处理与高温(1650~1800℃)热分解、融熔处理相结合,以进一步减小体积。垃圾焚烧法处理后,便于填埋,节省用地,还可消灭各种病原体,将有毒有害物质转化为无害物,并回收热能。近代的垃圾焚烧炉皆配有良好的烟尘净化装置,防止大气污染。

垃圾焚烧炉是焚烧生活垃圾的设备，生活垃圾在炉膛内燃烧，变为废气进入二次燃烧室，在燃烧器的强制燃烧下燃烧完全，再进入喷淋式除尘器，除尘后经烟囱排入大气。

垃圾焚烧炉由垃圾前处理系统、焚烧系统、烟雾生化除尘系统及煤气发生炉（辅助点火焚烧）四大系统组成，集自动送料、分筛、烘干、焚烧、清灰、除尘、自动化控制于一体。按焚烧方式可分为机械炉排焚烧炉、流化床焚烧炉、回转式焚烧炉、CAO焚烧炉、脉冲抛式炉排焚烧炉等。

三、垃圾焚烧清单工程量计算

垃圾焚烧工程量计算规则为：

（1）汽车衡、自动感应洗车装置、破碎机：按设计图示数量计算。

（2）垃圾卸料门：按设计图示尺寸以面积计算。

（3）垃圾抓斗起重机、焚烧炉体：按设计图示数量计算。

第九章 路灯工程工程量清单编制

第一节 变配电设备工程工程量清单编制

一、变配电设备工程清单项目设置

《市政工程工程量清单计价规范》附录 H.1 中变配电设备工程共有 33 个清单项目。各清单项目设置的具体内容见表 9-1。

表 9-1 变配电设备工程清单项目设置

项目编码	项目名称	项目特征	计量单位	工作内容
040801001	杆上变压器	1. 名称 2. 型号 3. 容量(kV·A) 4. 电压(kV) 5. 支架材质、规格 6. 网门、保护门材质、规格 7. 油过滤要求 8. 干燥要求	台	1. 支架制作、安装 2. 本体安装 3. 油过滤 4. 干燥 5. 网门、保护门制作、安装 6. 补刷(喷)油漆 7. 接地
040801002	地上变压器	1. 名称 2. 型号 3. 容量(kV·A) 4. 电压(kV) 5. 基础形式、材质、规格 6. 网门、保护门材质、规格 7. 油过滤要求 8. 干燥要求	台	1. 基础制作、安装 2. 本体安装 3. 油过滤 4. 干燥 5. 网门、保护门制作、安装 6. 补刷(喷)油漆 7. 接地
040801003	组合型成套箱式变电站	1. 名称 2. 型号 3. 容量(kV·A) 4. 电压(kV) 5. 组合形式 6. 基础形式、材质、规格	台	1. 基础制作、安装 2. 本体安装 3. 进箱母线安装 4. 补刷(喷)油漆 5. 接地

续表

项目编码	项目名称	项目特征	计量单位	工作内容
040801004	高压成套配电柜	1. 名称 2. 型号 3. 规格 4. 母线配置方式 5. 种类 6. 基础形式、材质、规格	台	1. 基础制作、安装 2. 本体安装 3. 补刷(喷)油漆 4. 接地
040801005	低压成套控制柜	1. 名称 2. 型号 3. 规格 4. 种类 5. 基础形式、材质、规格 6. 接线端子材质、规格 7. 端子板外部接线材质、规格	台	1. 基础制作、安装 2. 本体安装 3. 附件安装 4. 焊、压接线端子 5. 端子接线 6. 补刷(喷)油漆 7. 接地
040801006	落地式控制箱	1. 名称 2. 型号 3. 规格 4. 基础形式、材质、规格 5. 回路 6. 附件种类、规格 7. 接线端子材质、规格 8. 端子板外部接线材质、规格	台	
040801007	杆上控制箱	1. 名称 2. 型号 3. 规格 4. 回路 5. 附件种类、规格 6. 支架材质、规格 7. 进出线管管架材质、规格、安装高度 8. 接线端子材质、规格 9. 端子板外部接线材质、规格	台	1. 支架制作、安装 2. 本体安装 3. 附件安装 4. 焊、压接线端子 5. 端子接线 6. 进出线管管架安装 7. 补刷(喷)油漆 8. 接地

续表

<table>
<tr><th>项目编码</th><th>项目名称</th><th>项目特征</th><th>计量单位</th><th>工作内容</th></tr>
<tr><td>040801008</td><td>杆上
配电箱</td><td rowspan="2">1. 名称
2. 型号
3. 规格
4. 安装方式
5. 支架材质、规格
6. 接线端子材质、规格
7. 端子板外部接线材质、规格</td><td rowspan="6">台</td><td rowspan="2">1. 支架制作、安装
2. 本体安装
3. 焊、压接线端子
4. 端子接线
5. 补刷(喷)油漆
6. 接地</td></tr>
<tr><td>040801009</td><td>悬挂嵌入
式配电箱</td></tr>
<tr><td>040801010</td><td>落地式
配电箱</td><td>1. 名称
2. 型号
3. 规格
4. 基础形式、材质、规格
5. 接线端子材质、规格
6. 端子板外部接线材质、规格</td><td>1. 基础制作、安装
2. 本体安装
3. 焊、压接线端子
4. 端子接线
5. 补刷(喷)油漆
6. 接地</td></tr>
<tr><td>040801011</td><td>控制屏</td><td rowspan="3">1. 名称
2. 型号
3. 规格
4. 种类
5. 基础形式、材质、规格
6. 接线端子材质、规格
7. 端子板外部接线材质、规格
8. 小母线材质、规格
9. 屏边规格</td><td rowspan="2">1. 基础制作、安装
2. 本体安装
3. 端子板安装
4. 焊、压接线端子
5. 盘柜配线、端子接线
6. 小母线安装
7. 屏边安装
8. 补刷(喷)油漆
9. 接地</td></tr>
<tr><td>040801012</td><td>继电、
信号屏</td></tr>
<tr><td>040801013</td><td>低压开关柜
(配电屏)</td><td>1. 基础制作、安装
2. 本体安装
3. 端子板安装
4. 焊、压接线端子
5. 盘柜配线、端子接线
6. 屏边安装
7. 补刷(喷)油漆
8. 接地</td></tr>
</table>

续表

项目编码	项目名称	项目特征	计量单位	工作内容
040801014	弱电控制返回屏	1. 名称 2. 型号 3. 规格 4. 种类 5. 基础形式、材质、规格 6. 接线端子材质、规格 7. 端子板外部接线材质、规格 8. 小母线材质、规格 9. 屏边规格	台	1. 基础制作、安装 2. 本体安装 3. 端子板安装 4. 焊、压接线端子 5. 盘柜配线、端子接线 6. 小母线安装 7. 屏边安装 8. 补刷(喷)油漆 9. 接地
040801015	控制台	1. 名称 2. 型号 3. 规格 4. 种类 5. 基础形式、材质、规格 6. 接线端子材质、规格 7. 端子板外部接线材质、规格 8. 小母线材质、规格		1. 基础制作、安装 2. 本体安装 3. 端子板安装 4. 焊、压接线端子 5. 盘柜配线、端子接线 6. 小母线安装 7. 补刷(喷)油漆 8. 接地
040801016	电力电容器	1. 名称 2. 型号 3. 规格 4. 质量	个	1. 本体安装、调试 2. 接线 3. 接地
040801017	跌落式熔断器	1. 名称 2. 型号 3. 规格 4. 安装部位	组	
040801018	避雷器	1. 名称 2. 型号 3. 规格 4. 电压(kV) 5. 安装部位		1. 本体安装、调试 2. 接线 3. 补刷(喷)油漆 4. 接地

续表

项目编码	项目名称	项目特征	计量单位	工作内容
040801019	低压熔断器	1. 名称 2. 型号 3. 规格 4. 接线端子材质、规格	个	1. 本体安装 2. 焊、压接线端子 3. 接线
040801020	隔离开关	1. 名称 2. 型号 3. 容量(A) 4. 电压(kV) 5. 安装条件 6. 操作机构名称、型号 7. 接线端子材质、规格	组	1. 本体安装、调试 2. 接线 3. 补刷(喷)油漆 4. 接地
040801021	负荷开关			
040801022	真空断路器		台	
040801023	限位开关	1. 名称 2. 型号 3. 规格 4. 接线端子材质、规格	个	1. 本体安装 2. 焊、压接线端子 3. 接线
040801024	控制器		台	
040801025	接触器			
040801026	磁力启动器			
040801027	分流器	1. 名称 2. 型号 3. 规格 4. 容量(A) 5. 接线端子材质、规格	个	
040801028	小电器	1. 名称 2. 型号 3. 规格 4. 接线端子材质、规格	个 (套、台)	
040801029	照明开关	1. 名称 2. 型号 3. 规格 4. 安装方式	个	1. 本体安装 2. 接线
040801030	插座			
040801031	线缆断线报警装置	1. 名称 2. 型号 3. 规格 4. 参数	套	1. 本体安装、调试 2. 接线

续表

项目编码	项目名称	项目特征	计量单位	工作内容
040801032	铁构件 制作、安装	1. 名称 2. 材质 3. 规格	kg	1. 制作 2. 安装 3. 补刷(喷)油漆
040801033	其他电器	1. 名称 2. 型号 3. 规格 4. 安装方式	个 (套、台)	1. 本体安装 2. 接线

注:1. 小电器包括按钮、测量表计、继电器、电磁锁、屏上辅助设备、辅助电压互感器、小型安全变压器等。

2. 其他电器安装指本节未列的电器项目,必须根据电器实际名称确定项目名称。明确描述项目特征、计量单位、工程量计算规则、工作内容。

3. 铁构件制作、安装适用于路灯工程的各种支架、铁构件的制作、安装。

4. 设备安装未包括地脚螺栓安装、浇筑(二次灌浆、抹面),如需安装应按现行国家标准《房屋建筑与装饰工程工程量计算规范》(GB 50854—2013)中相关项目编码列项。

5. 盘、箱、柜的外部进出线预留长度见表 9-2。

表 9-2　　柜、箱、盘的外部进出线预留长度　　(单位:m/根)

序号	项目	预留长度	说　明
1	各种箱、柜、盘、板、盒	高+宽	盘面尺寸
2	单独安装的铁壳开关、自动开关、刀开关、启动器、箱式电阻器、变阻器	0.5	从安装对象中心算起
3	继电器、控制开关、信号灯、按钮、熔断器等小电器	0.3	
4	分支接头	0.2	分支线预留

二、变配电设备工程清单项目特征描述

1. 变压器

变压器是利用电磁感应的原理来改变交流电压的装置,主要构件是初级线圈、次级线圈和铁芯(磁芯)。变压器按用途可分为:油浸电力变压器、干式变压器、整流变压器、自耦变压器、带负荷调压变压器、电炉变压器等。

(1)油浸电力变压器。油浸电力变压器依靠油作冷却介质,如油浸自冷、油浸风冷、油浸水冷及强迫油循环等。油浸电力变压器的型号表示和含义如下:

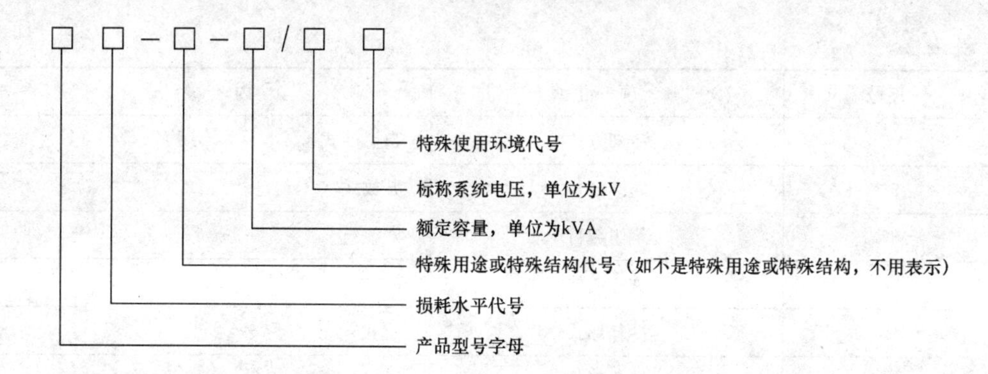

一般升压站的主变压器都是油浸式的，变比 20kV/500kV 或 20kV/220kV，一般发电厂用于带动自身负载(比如磨煤机、引风机、送风机、循环水泵等)的厂用变压器也是油浸式变压器，它的变比是 20kV/6kV。

(2)干式变压器。干式变压器的铁芯和绕阻都不浸在任何绝缘液体中，一般用于防火要求较高的场合。也可将小容量低电压的特种变压器做成干式变压器，以便于可靠运行和正常维护。干式变压器的技术参数见表 9-3。

表 9-3　　干式变压器技术参数

序号	项　目	内　　容
1	使用频率	50/60Hz
2	空载电流	＜4％
3	耐压强度	2000V/min 无击穿；测试仪器：YZ1802 耐压试验仪(20mA)
4	绝缘等级	F 级(特殊等级可定制)
5	绝缘电阻	≥2M 欧姆测试仪器：ZC25B-4 型兆欧表＜1000V
6	连接方式	Y/Y 、△/Y0 、Y0/△，自耦式(可选)
7	线圈允许温升	100K
8	散热方式	自然风冷或温控自动散热
9	噪音系数	≤30dB

(3)整流变压器。整流变压器是整流设备的电源变压器，其功能为供给整流系统适当的电压，减少因整流系统造成的波形畸变对电网的污染。整流变压器的技术参数见表 9-4。

表 9-4　　整流变压器技术参数

序号	项　目	内　　容
1	额定功率	50/60(kV·A)
2	效率(η)	98％
3	电压比	400/220(V)
4	外形结构	立式

续表

序号	项　目	内　　容
5	冷却方式	自然冷式
6	防潮方式	开放式
7	绕组数目	双绕组
8	铁心结构	心式
9	冷却形式	干式
10	铁心形状	U 型
11	电源相数	单相
12	频率特性	低频
13	型号	ZDG-30/0.4
14	应用范围	整流

(4)自耦变压器。自耦式变压器是指它的绕组一部分是高压边和低压边共同的，另一部分只属于高压边，按其结构分为一般有可调压式和固定式两种。自耦变压器的技术参数见表 9-5 。

表 9-5　　自耦变压器技术参数

序号	项　目	内　　容
1	容量	单相 25V·A～100kV·A；三相 10～800kV·A
2	输入电压	220V,380V(可按客户的要求定做)
3	输出电压	按客户要求的电压
4	频率	50～60Hz(可选)
5	效率	≥98%
6	绝缘等级	B 级
7	过载能力	1.2 倍额定负载 2h
8	冷却方式	风冷
9	噪声	≤60dB
10	温升	≤65℃
11	环境温湿度	温度－20～＋40℃,湿度 93%

(5)带负荷调压变压器。带负荷调压变压器利用分接开关改变一次侧或二次侧绕组匝数来实现电压调整。调压器有单相的也有三相的，其容量只有数百伏安到几十千伏安，电压也只有几百伏。

(6)电炉变压器。电炉变压器是作为各种电炉的电源用的变压器，容量一般为1800～12500kV·A，具有损耗低、噪声小、维护简便、节能效果显著等特点。电炉变压器按不同用途可分为电弧炉变压器、工频感应器、工频感应炉变压器、电阻炉变压器、矿热炉变压器、盐浴炉变压器。

2. 组合型成套箱式变电站

组合型成套箱式变电站是把所有的电气设备按配电要求组成电路，集中装于一个或数个箱子内构成的变电站。

组合型成套箱式变电站主要由高压配电装置、电力变压器和低压配电装置三部分组成。具有结构紧凑、移动方便的特点，常用高压电压为6～35kV，低压电压为0.4～0.23kV。要求箱体有足够的机械强度，在运输及安装中不应变形。箱壳内的高、低压室均有照明灯，箱体采用防雨、防晒、防锈、防尘、防潮、防结露等措施，高低压室的湿度不超过90%(25℃)。

3. 高压成套配电柜

高压成套配电柜是指按电气主要接线的要求，按一定顺序将电气设备成套布置在一个或多个金属柜电柜内的配电装置。

4. 控制箱

控制箱是指包含电源开关、保险装置、继电器(或者接触器)等装置，可以用于指定设备控制的装置。

控制箱电气参数如下：

(1)额定工作电压交流380V；辅助电路工作电压交流380V、220V，直流220V、110V。

(2)额定频率50Hz。

(3)额定绝缘电压500V。

(4)额定工作电流630A、500A、400A、315A、250A、200A、150A、100A、80A、63A、50A、40A、32A、25A、20A、16A、10A。

(5)短路耐受电流10kA～35kA。

(6)有不同颜色可供选择，如大红色、浅灰色、电脑色、苹果绿及白色。

5. 配电箱

配电箱是指专为供电用的箱，内装断路器、隔离开关、空气开关或刀开关、保险器以及检测仪表等设备元件。配电箱根据用途不同可分为电力配电箱和照明配电箱两种。

(1)电力配电箱。电力配电箱过去被称为动力配电箱，由于后一种名称不太确切，所以在新编制的各种国家标准和规范中，统一称为电力配电箱。

电力配电箱型号很多，XL-3型、XL-4型、XL-10型、XL-11型、XL-12型、XL-14型和XL-15型均属于老产品，目前仍在继续生产和使用，其型号含义如下：

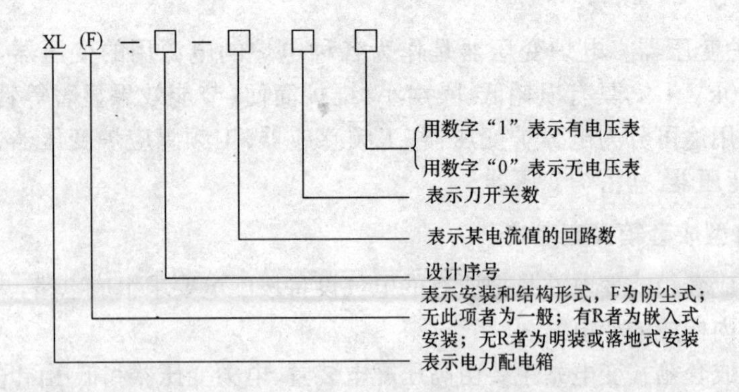

(2)照明配电箱。照明配电箱适用于工业及民用建筑在交流 50Hz、额定电压 500V 以下的照明和小动力控制回路中，作线路的过载、短路保护以及线路的正常转换之用。

6. 控制屏

控制屏是指装有控制和显示变电站运行或系统运行所需设备的屏。PK-1、PTK-1 型中央控制屏、台用于发电厂、变电站作为遥控、保护发变电中央控制屏、台。其外形尺寸见表 9-6。

表 9-6　　PK-1、PTK-1 型外形尺寸

型号	外形尺寸/mm			总重/kg
	宽	深	高	
PK-1	600 500	550	2360	220～250
PTK-1	R=12000 R=8000	1395	2360	300～350

7. 继电、信号屏

信号屏有事故信号和预告信号两种。具有灯光、音响报警功能，有事故信号、预告信号的试验按钮和解除按钮。信号屏有带冲击继电器和不带冲击继电器两种。信号屏技术要求见表 9-7。

表 9-7　　信号屏技术要求

项　目		要　求
环境条件	海拔高度	≤1000m
	环境温度	－5—＋40℃
	日温度	20℃
	相对湿度	≤90%(相对环境温度 20℃±5℃)
	抗震能力	地面水平加速度：0.38g；地面垂直加速度 0.15g；同时作用持续三个正弦波，安全系数≥1.67

续表

项目		要求
基本参数	直流系统电压、电流	额定电压:220V;额定电流:10A;单模块额定电流:10A
	模块数量	2只
	充电屏型号	100AH/220V
	控制馈出回路数	2路 20A
	合闸馈出回路数	4路 20A
	交流系统电压、工作频率	额定电压:380V;工作频率:50Hz±1Hz
	绝缘和耐压	直流母线对地绝缘电阻应小于10MΩ,所有二次回路对地绝缘电阻应小于2MΩ。整流模块和直流母线和绝缘强度,应能承受工频2kV试验电压,耐压1min,无绝缘击穿和闪络现象
	蓄电池	电池类型阀控式密封铅酸蓄电池(合资以上产品免维护型)

8. 低压开关柜(配电屏)

低压开关柜安装包括基础槽钢制作、安装,柜安装,端子板安装,焊、压接线端子,盘柜配线,屏边安装,适用于发电厂、石油、化工、冶金、纺织、高层建筑等行业,作为输电、配电及电能转换之用。

配电(电源)屏一般有高压配电屏和低压配电屏两种。其中,高压配电屏是用来安装高压断路器以及保护装置、测量装置的,可用于高压用电设备的停送电操作以及保护装置、测量装置的安装和检查;低压配电屏适用于发电厂、变电站、厂矿企业中作为交流50Hz、额定工作电压不超过交流380V的低压配电系统中动力、配电、照明之用。

9. 弱电控制返回屏

弱电控制返回屏安装包括基础槽钢制作、安装,屏安装,端子板安装,焊、压接线端子,盘柜配线,小母线安装,屏边安装。具有设备小型化、控制屏面积较小、监视面集中,操作方便等优点。

10. 避雷器

避雷器是能释放雷电或兼能释放电力系统操作过电压能量,保护电工设备免受过电压危害,又能截断续流,不致引起系统接地短路的电器装置。避雷器通常接于带电导线与地之间,且与被保护设备并联。当过电压值达到规定的动作电压时,避雷器立即动作,流过电荷,限制过电压幅值,保护设备绝缘;电压值正常后,避雷器又迅速恢复原状,以保证系统正常供电。

避雷器的额定电压由安装避雷器的系统电压等级决定;其灭弧电压是在保护灭弧(切断工频续流)的条件下,容许加在避雷器上的最高高频电压;其通流容量主要取决于阀片的通流容量。

11. 隔离开关

隔离开关是指将电气设备与电源进行电气隔离或连接的设备。

隔离开关分为户内型和户外型(60kV及以上电压无户内型);按极数可分为单极和三极;按构造可分为双柱式、三柱式和V型等;按绝缘情况可分为普通型和加强绝缘型两类。隔离开关一般是开启式,特定条件下也可以订制封闭式隔离开关。隔离开关有带接地刀闸和不带接地刀闸两种。

12. 负荷开关

负荷开关是一种介于隔离开关与断路器之间的电气设备,负荷开关比普通隔离开关多了一套灭弧装置和快速分断机构。负荷开关有户内和户外两种类型,配用手动操作机构工作。

(1)FN型户内高压负荷开关。当前此类型产品主要有FN2、FN3、FN4等型号。FN2型和FN3型负荷开关利用分闸动作带动汽缸中的活塞去压缩空气,使空气从喷嘴中喷向电弧,有较好的灭弧能力;FN4型为真空式负荷开关。

(2)FW型户外产气式负荷开关。FW型负荷开关主要用于10kV配电线路中,可安装在电杆上,用绝缘棒或绳索操作。分断时,有明显断路间隙,可起隔离作用。

选用负荷开关时为确保安全,不仅应注意环境条件和额定值,而且要进行动、热稳定和断流容量校验,带熔断器的负荷开关要选好熔体管的额定电流值。户内型开关要选好配套操作机构。

负荷开关技术参数见表9-8。

表9-8　负荷开关技术参数

型号	产品名称	额定电压/kV	额定电流/A	参考质量/kg	
				油质量	总质量
FW1-10	户外高压柱上负荷开关	10	400	—	80
FW2-10G	户外高压柱上负荷开关	10	100、200、400	40	164
FW4-10	户外高压柱上负荷开关	10	200、400	60	174
FN1-10	户内高压负荷开关	10	200	—	80
FN2-10	户内高压压气式负荷开关	10	400	—	44
FN2-10R	户内高压压气式负荷开关	10	400	—	—
FN3-10	户内高压压气式负荷开关	10	400	—	—
FN3-10R	户内高压压气式负荷开关	10	400	—	—

13. 真空断路器

真空断路器是指利用稀薄的空气(真空度为104mmHg以下)的高绝缘强度来熄灭电弧。因为在稀薄的空气中,中性原子很少,较难产生电弧且不能稳定燃烧。断路器的型号表示如下:

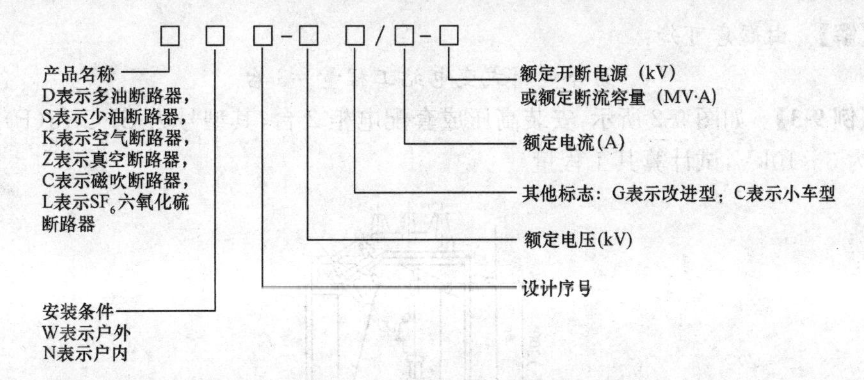

真空断路器由真空灭火弧室、电磁或弹簧操动机构、支架及其他部件三部分组成。其具有体积小、质量轻、适用于频繁操作、灭弧不用检修的优点，在配电网中应用较为普及。

真空断路器在电路中起接通、分断和承载额定工作电流和短路、过载等故障电流的作用，并能在线路和负载发生过载、短路、欠压等情况下，迅速分断电路，进行可靠的保护。真空断路器的动、静触头及触杆设计形式多样，但提高断路器的分断能力是主要目的。目前，利用一定的触头结构，限制分断时短路电流峰值的限流原理，对提高断路器的分断能力有明显的作用而被广泛采用。

三、变配电设备工程清单工程量计算

1. 工程量计算规则

(1)各变配电设备：按设计图示数量计算。

(2)铁构件制作、安装：按设计图示尺寸以质量计算。

2. 工程量计算示例

【例 9-1】 某工程需要安装两台型号为 SG-100kV · A/10-0.4kV 的干式电力变压器。试计算其工程量。

【解】 由题意可知：

干式电力变压器工程量＝2 台

【例 9-2】 图 9-1 所示为组合型箱式变电站安装示意图，配电箱安装高度为 1.5m，试计算组合型箱式变电站工程量。

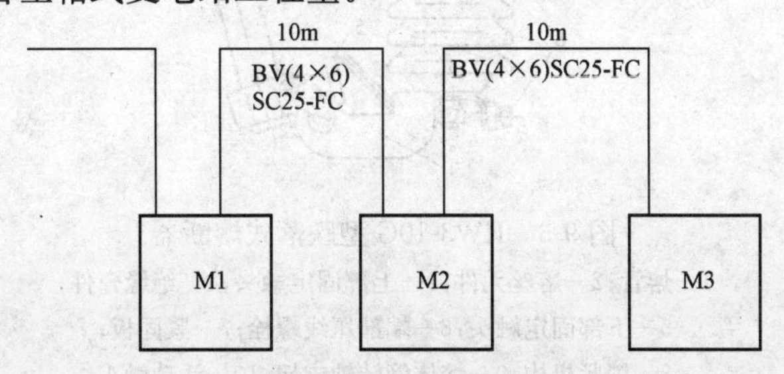

图 9-1　组合型箱式变电站安装示意图

【解】 由题意可知：

组合型箱式变电站工程量＝3 台

【例 9-3】 如图 9-2 所示，安装高压成套配电柜 2 台，其型号为 GFC-15(F)，额定电压为 3～10kV，试计算其工程量。

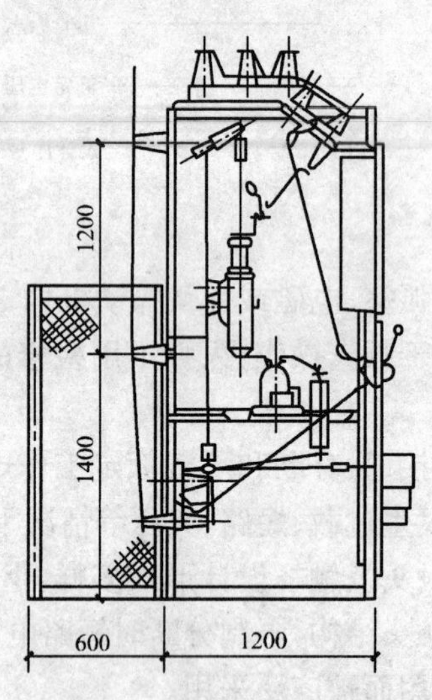

图 9-2　高压配电柜示意图

【解】 由题意可知：

高压成套配电柜工程量＝2 台

【例 9-4】 如图 9-3 所示，安装熔断器 2 组，其型号为 RW3-10G，试计算其工程量。

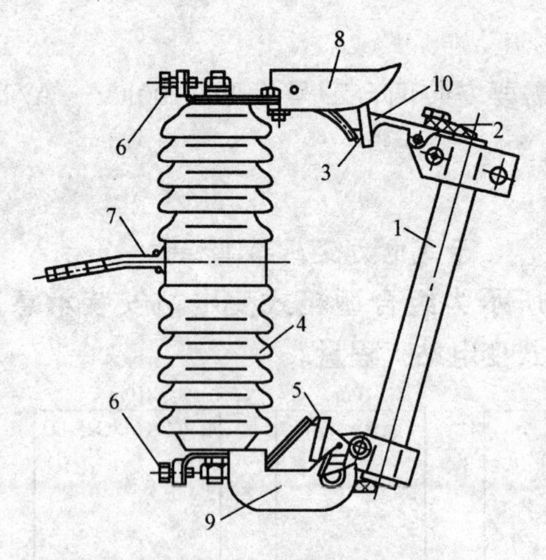

图 9-3　RW3-10G 型跌落式熔断器

1—熔管；2—熔丝元件；3—上部固定触头；4—绝缘瓷件；
5—下部固定触头；6—端部压线螺栓；7—紧固板；
8—锁紧机构；9—熔体管转轴支架；10—活动触头

【解】 由题意可知：

熔断器工程量＝2组

【例 9-5】 如图9-4所示，在墙上安装1组10kV户外交流高压负荷开关，其型号为FW1-10，试计算其工程量。

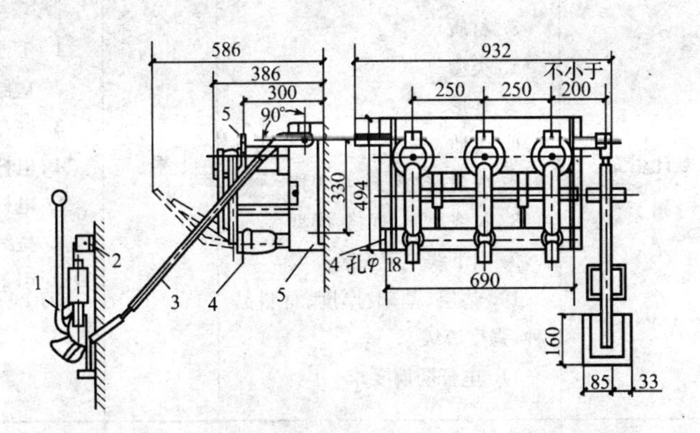

图9-4　在墙上安装10kV负荷开关图
1—操动机构；2—辅助开关；3—连杆；
4—接线板；5—负荷开关

【解】 由题意可知：

负荷开关工程量＝1组

【例 9-6】 某额定电压1140V、额定电流250A的馈电网络，安装1台CKJ5－250A型低压真空交流接触器供远距离接通和分断电路，以及频繁起动和停止交流电动机之用。试计算其工程量。

【解】 由题意可知：

低压真空交流接触器工程量＝1台

第二节　10kV以下架空线路工程工程量清单编制

一、10kV以下架空线路工程清单项目设置

《市政工程工程量清单计价规范》附录H.2中10kV以下架空线路工程共有3个清单项目。各清单项目设置的具体内容见表9-9。

表 9-9　10kV 以下架空线路工程清单项目设置

项目编码	项目名称	项目特征	计量单位	工作内容
040802001	电杆组立	1. 名称 2. 规格 3. 材质 4. 类型 5. 地形 6. 土质 7. 底盘、拉盘、卡盘规格 8. 拉线材质、规格、类型 9. 引下线支架安装高度 10. 垫层、基础:厚度、材料品种、强度等级 11. 电杆防腐要求	根	1. 工地运输 2. 垫层、基础浇筑 3. 底盘、拉盘、卡盘安装 4. 电杆组立 5. 电杆防腐 6. 拉线制作、安装 7. 引下线支架安装
040802002	横担组装	1. 名称 2. 规格 3. 材质 4. 类型 5. 安装方式 6. 电压(kV) 7. 瓷瓶型号、规格 8. 金具型号、规格	组	1. 横担安装 2. 瓷瓶、金具组装
040802003	导线架设	1. 名称 2. 型号 3. 规格 4. 地形 5. 导线跨越类型	km	1. 工地运输 2. 导线架设 3. 导线跨越及进户线架设

注:导线架设预留长度见表 9-10。

表 9-10　导线架设预留长度　(单位:m/根)

项目		预留长度
高压	转角	2.5
	分支、终端	2.0
低压	分支、终端	0.5
	交叉跳线转角	1.5
与设备连线		0.5
进户线		2.5

二、10kV 以下架空线路工程清单项目特征描述

1. 电杆组立

电杆组立是电力线路架设中的关键环节，电杆组立的形式有两种，一种是整体起立；另一种是分解起立。整体起立的大部分组装工作可在地面进行，高空作业量相对较少。分解起立一般先立杆，再登杆进行铁件等的组装。

(1)电杆型号与规格。各种杆塔型号及规格见表 9-11。

表 9-11　　各种杆塔型号及规格

杆塔编号	杆塔简图	杆塔型号	电杆	路灯	底盘/卡盘	拉线
N_1	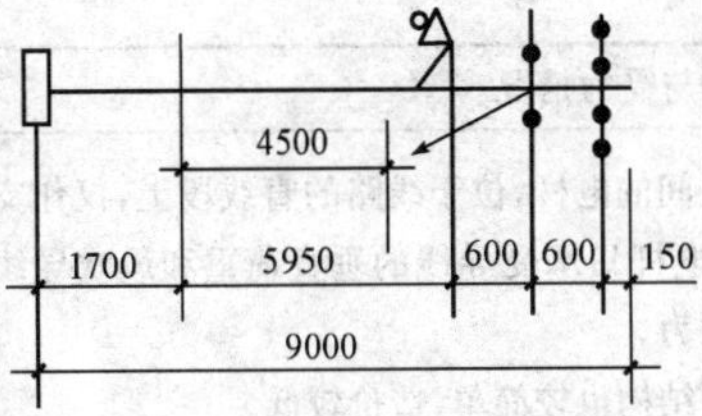 4500 1700 5950 600 600 150 9000	442D. 1	ϕ150-9-A	LD1-A-I 2-100W	DP6/kP8	GJ-35 -4I_1
N_2、N_3、N_4	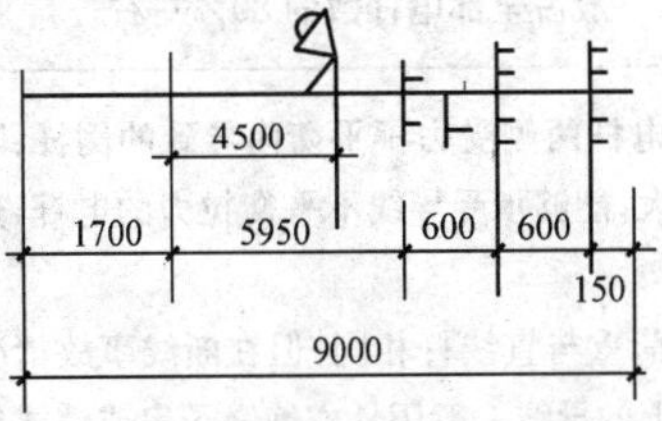 4500 1700 5950 600 600 150 9000	442Z	ϕ150-9-A	LD1-A-I 2-100W	—	—
N_5	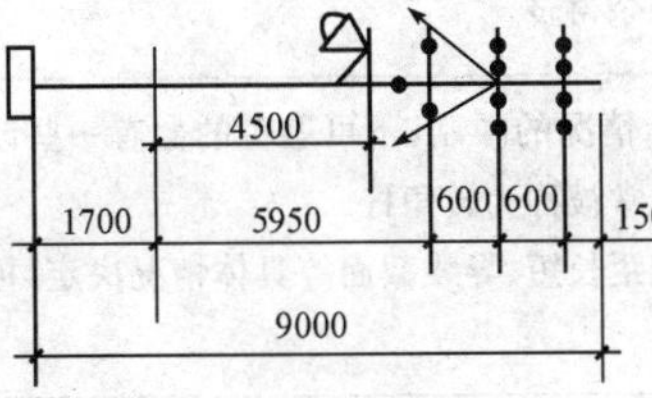 4500 1700 5950 600 600 150 9000	44NJ2	ϕ150-9-A	LD1-A-I -100W	DP6/KP8	—
N_6	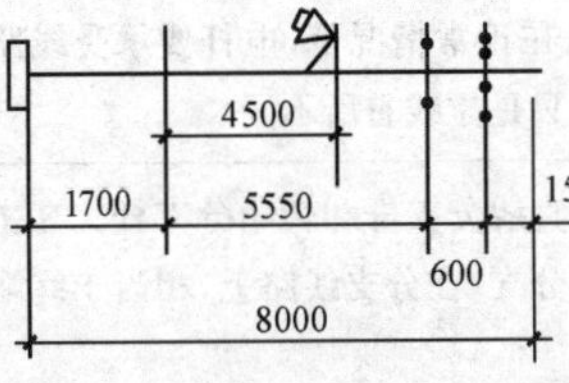 4500 1700 5550 150 600 8000	42D1	ϕ150-8-A	LD1-A-I 2-100W	DP6/KP8	GJ-35 -3-I

(2)电杆材质。用于架空配电线路的电杆通常有木杆、钢筋混凝土杆和金属杆。

1)金属杆一般使用在线路的特殊位置，木杆由于木材供应紧张，且易腐烂，除部分

地区个别线路外，新建线路均已不再使用。

2)钢筋混凝土电杆能节约大量木材和钢材，坚实耐久，使用时间长，维护工作量少，运行费用低。但钢筋混凝土电杆易产生裂纹、笨重，给运输和施工带来不便，特别是山区地区尤为显著。架空配电线路所用钢筋混凝土电杆多为锥形杆，分为普通型和预应力型。预应力杆与普通杆相比，可节约大量钢材，而且由于使用了小截面钢筋，杆身的壁厚也相应减少，杆身质量也相应减轻，同时抗裂性能也比普通杆好。因此，预应力杆在架空线路中得到广泛应用。

3)钢管杆指的是用钢管作为材料的电杆。

(3)电杆类型。电杆在线路中所处的位置不同，它的作用和受力情况就不同，杆顶的结构形式也就有所不同。一般按其在配电线路中的作用和所处位置不同可将电杆分为直线杆、耐张杆、转角杆、终端杆、分支杆和跨越杆等，见表 9-12。

表 9-12 电杆分类

序号	项目	作用与受力情况
1	直线杆	直线杆也称中间杆，即两个耐张杆之间的电杆，位于线路的直线段上，仅作支持导线、绝缘子及金具用。在正常情况下，电杆只承受导线的垂直荷重和风吹导线的水平荷重，而不承受顺线路方向的导线拉力。 对直线杆的机械强度要求不高，杆顶结构也较简单，造价较低。 在架空配电线路中，大多数为直线杆，一般占全部电杆数的 80%左右
2	耐张杆	为了防止架空配电线路在运行时，因电杆两侧受力不平衡而导致的倒杆、断线事故，应每隔一定距离装设一机械强度较大，能够承受导线不平衡拉力的电杆，这种电杆俗称耐张杆。 在线路正常运行时，耐张杆所承受的荷重与直线杆相同，但在断线事故情况下则要承受一侧导线的拉力。所以，耐张杆上的导线一般用悬式绝缘子串或蝶式绝缘子固定，其杆顶结构要比直线杆杆顶结构复杂得多
3	转角杆	架空配电线路所经路径，由于种种实际情况的限制，不可避免的会有一些改变方向的地点，即转角。设在转角处的电杆通常被称为转角杆。 转角杆杆顶结构形式要视转角大小、挡距长短、导线截面等具体情况决定，可以是直线型的，也可以是耐张型的
4	终端杆	设在线路的起点和终点的电杆统称为终端杆。由于终端杆上只在一侧有导线(接户线只有很短的一段，或用电缆接户)，所以在正常情况下，电杆要承受线路方向全部导线的拉力。其杆顶结构和耐张杆相似，只是拉线有所不同
5	分支杆	分支杆位于分支线路与干线相连接处，有直线分支杆和转角分支杆。在主干线上多为直线型和耐张型，尽量避免在转角杆上分支；在分支线路上，相当于终端杆要求能承受分支线路导线的全部拉力
6	跨越杆	当配电线路与公路、铁路、河流、架空管道、电力线路、通信线路交叉时，必须满足规范规定的交叉跨越要求。一般直线杆的导线悬挂较低，大多不能满足要求，这就要适当增加电杆的高度，同时适当加强导线的机械强度，这种电杆就称为跨越杆

(4)拉线。在架空线路的承力杆上，均需装设拉线来平衡电杆各方向的拉力，防止电杆弯曲或倾斜，有时为了防止电杆被强大的风力刮倒或冰凌荷载的破坏影响，或为了在土质松软地区增强线路电杆的稳定性，也可在直线杆上每隔一定距离装设抗风拉线或四方拉线。有时，由于地形限制无法装设拉线时，也可以用撑杆代替。拉线几种类型见表 9-13。

表 9-13　　拉线的类型

序号	类型	示意图	位置与作用
1	普通拉线	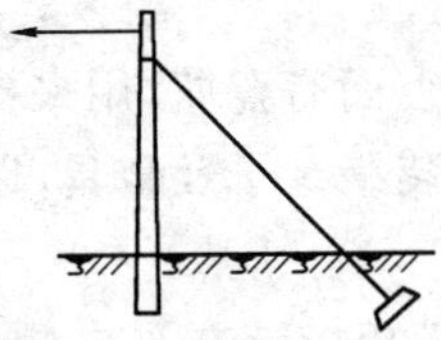	用在线路的终端杆、转角杆、分支杆及耐张杆等处，主要起平衡拉力的作用
2	两侧拉线	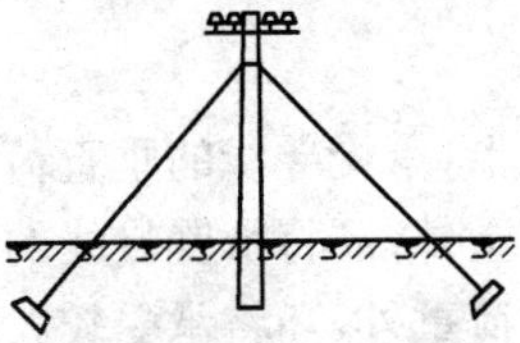	横线路方向装设在直线杆的两侧，由两组普通拉线组成，用以增强电杆的抗风能力
3	四方拉线	—	一般装设于耐张杆或处于土质松软地点的电杆上，用以增强电杆稳定性
4	共同拉线	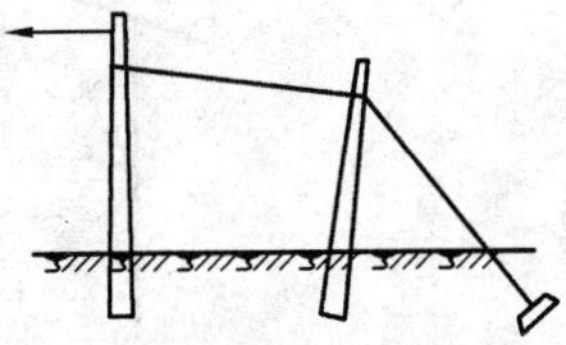	当在直线路的电杆上产生不平衡拉力，又因地形限制没有地方装设拉线时，可采用共同拉线，即把拉线固定在相邻的一根电杆上，用以平衡拉力
5	水平拉线	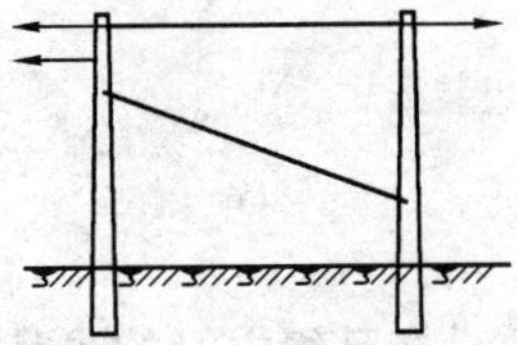	当电杆距离道路太近，不能就地安装拉线或需跨越其他障碍物时，采用水平拉线。即在道路的另一侧立一根拉线杆，在此杆上做一道过道拉线和一条普通拉线。过道拉线保持一定的高度，以免妨碍行人和车辆通行
6	V形拉线	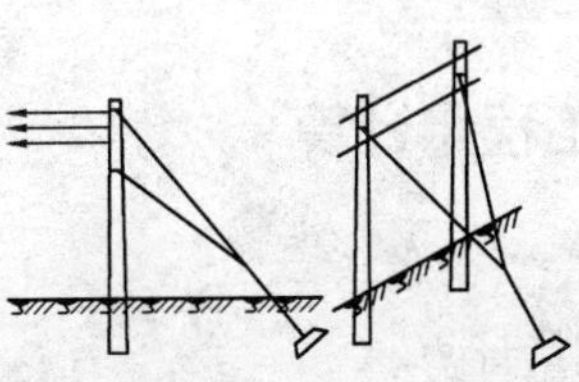	该种形式的拉线分垂直 V 形和水平 V 形两种。主要用在电杆较高，横担层数较多，架设导线根数较多的电杆上，在拉力的合力点上、下两处各安装一条拉线，其下部则合为一条，称为垂直 V 形。在 H 形杆上则应安装成水平 V 形

续表

序号	类型	示意图	位置与作用
7	弓形拉线		为防止电杆弯曲，但又因地形限制而不能安装普通拉线时，则可采用弓形拉线

2. 横担组装

横担指的是电线杆顶部横向固定的角铁，上面有瓷瓶，用来支撑架空电线。横担是杆塔中重要的组成部分，它的作用是用来安装绝缘子及金具，以支承导线、避雷线，并使之按规定保持一定的安全距离。

横担一般安装在距杆顶 300mm 处，直线横担应装在受电侧，转角杆、终端杆、分支杆的横担应装在拉线侧。

横担按使用用途可分为：

(1)直线横担：只考虑在正常未断线情况下，承受导线的垂直荷重和水平荷重；

(2)耐张横担：承受导线的垂直和水平荷重外，还将承受导线的拉力差；

(3)转角横担：除承受导线的垂直和水平荷重外，还将承受较大的单侧导线拉力。

横担组装形式如图 9-5 所示。

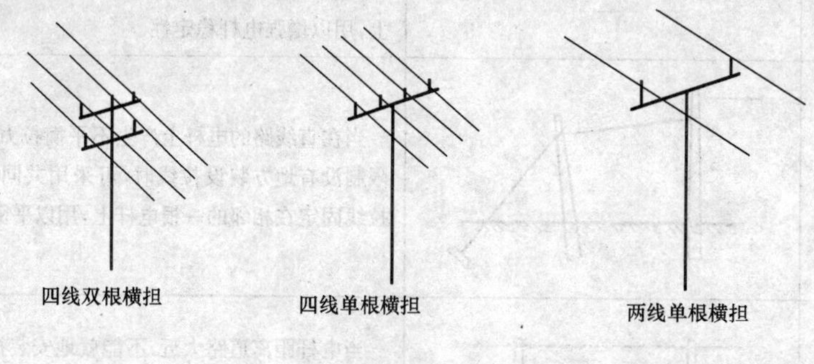

图 9-5　横担组装形式

3. 导线架设

导线架设就是将金属导线按设计要求，敷设在已组立好的线路杆塔上。主要有放线前的准备工作、放线、连接、紧线等工序。

三、10kV 以下架空线路工程清单工程量计算

1. 工程量计算规则

(1)电杆组立、横担组装：按设计图示数量计算。

(2)导线架设：按设计尺寸另加预留量以单线长度计算。

2. 工程量计算示例

【例 9-7】 有一新建工厂需架设 300/500V 三相四线线路，需 10m 高水泥杆 10 根，杆距为 60m，试计算其工程量。

【解】 由题意可知：

电杆组立工程量＝10 根

【例 9-8】 有一新建工厂需架设 380/220V 三相四线线路，导线使用裸铜绞线（3×120＋1×70），10m 高水泥杆 10 根，杆距为 60m，杆上铁横担水平安装　根，末根杆上有阀型避雷器 5 组，试计算导线架设工程量。

【解】 由题意可知：

（1）电杆组立工程量。

电杆组立工程量＝10 根

（2）横担组装工程量。

横担组装工程量＝10×1＝10 组

（3）导线架设工程量。

根据表 9-10，导线架设预留长度按 2.5m 考虑。

$120m^2$ 导线架设工程量＝(9×60＋2.5)×3＝1627.5m＝1.628km

$70m^2$ 导线架设工程量＝9×60＋2.5＝542.5m＝0.543km

（4）避雷器工程量。

避雷器工程量＝5 组

第三节　电缆工程工程量清单编制

一、电缆工程清单项目设置

《市政工程工程量清单计价规范》附录 H.3 中变配电设备工程共有 7 个清单项目。各清单项目设置的具体内容见表 9-14。

表 9-14　**电缆工程清单项目设置**

项目编码	项目名称	项目特征	计量单位	工作内容
040803001	电缆	1. 名称 2. 型号 3. 规格 4. 材质 5. 敷设方式、部位 6. 电压(kV) 7. 地形	m	1. 揭(盖)盖板 2. 电缆敷设

续表

项目编码	项目名称	项目特征	计量单位	工作内容
040803002	电缆保护管	1. 名称 2. 型号 3. 规格 4. 材质 5. 敷设方式 6. 过路管加固要求	m	1. 保护管敷设 2. 过路管加固
040803003	电缆排管	1. 名称 2. 型号 3. 规格 4. 材质 5. 垫层、基础：厚度、材料品种、强度等级 6. 排管排列形式	m	1. 垫层、基础浇筑 2. 排管敷设
040803004	管道包封	1. 名称 2. 规格 3. 混凝土强度等级	m	1. 灌注 2. 养护
040803005	电缆终端头	1. 名称 2. 型号 3. 规格 4. 材质、类型 5. 安装部位 6. 电压(kV)	个	1. 制作 2. 安装 3. 接地
040803006	电缆中间头	1. 名称 2. 型号 3. 规格 4. 材质、类型 5. 安装方式 6. 电压(kV)	个	1. 制作 2. 安装 3. 接地
040803007	铺砂、盖保护板(砖)	1. 种类 2. 规格	m	1. 铺砂 2. 盖保护板(砖)

注：1. 电缆穿刺线夹按电缆中间头编码列项。

2. 电缆保护管敷设方式清单项目特征描述时应区分直埋保护管、过路保护管。

3. 顶管敷设应按《市政工程工程量计算规范》(GB 50857—2013)附录 E.1 管道敷设中相关项目编码列项。

4. 电缆井应按《市政工程工程量计算规范》(GB 50857—2013)附录 E.4 管道附属构筑物相关项目编码列项，如有防盗要求的应在项目特征中描述。

5. 电缆敷设预留量及附加长度见表 9-15。

表 9-15　　电缆敷设预留量及附加长度

序号	项　　目	预留(附加)长度/m	说　　明
1	电缆敷设弛度、波形弯度、交叉	2.5%	按电缆全长计算
2	电缆进入建筑物	2.0	规范规定最小值
3	电缆进入沟内吊架时引上(下)预留	1.5	规范规定最小值
4	变电所进线、出线	1.5	规范规定最小值
5	电力电缆终端头	1.5	检修余量最小值
6	电缆中间接头盒	两端各留 2.0	检修余量最小值
7	电缆进控制、保护屏及模拟盘等	高＋宽	按盘面尺寸
8	高压开关柜及低压配电盘、箱	2.0	盘下进出线
9	电缆至电动机	2.0	从电动机接线盒算起
10	厂用变压器	3.0	从地坪算起
11	电缆绕过梁柱等增加长度	按实计算	按被绕物的断面情况计算增加长度

二、电缆工程清单项目特征描述

1. 电缆

电缆通常是由几根或几组导线(每组至少两根)绞合而成的类似绳索的电缆,每组导线之间相互绝缘,并常围绕着一根中心扭成,整个外面包有高度绝缘的覆盖层。由于电缆具有绝缘性能好,耐压、耐拉力,敷设及维护方便等优点,所以在厂内的动力、照明、控制、通信等多采用。

电缆的种类很多,按其用途可分为电力电缆和控制电缆两大类。

(1)电力电缆。电力电缆是用来输送和分配大功率电能的,按其所采用的绝缘材料可分为纸绝缘电力电缆、橡胶绝缘电力电缆和聚乙烯绝缘电力电缆、聚氯乙烯绝缘电力电缆及交联聚乙烯绝缘电力电缆。

1)橡胶绝缘电力电缆。橡胶绝缘电力电缆用于额定电压 6kV 及以下的输配电线路固定敷设,其型号和名称见表 9-16。

表 9-16　　橡胶绝缘电力电缆型号和名称

型号		名　　称	主要用途
铝	铜		
XLV	XV	橡胶绝缘聚氯乙烯护套电力电缆	敷设在室内、电缆沟内、管道中。电缆不能承受机械外力作用
XLF	XF	橡胶绝缘氯丁护套电力电缆	同 XLV 型
XLV_{29}	XV_{29}	橡胶绝缘聚氯乙烯护套内钢带铠装电力电缆	敷设在地下。电缆能承受一定机械外力作用,但不能承受大的拉力

续表

型号		名称	主要用途
铝	铜		
XLQ	XQ	橡胶绝缘裸铅包电力电缆	敷设在室内、电缆沟内、管道中。电缆不能承受振动和机械外力作用，且对铅应有中性的环境
XLQ_2	XQ_2	橡胶绝缘铅包钢带铠装电力电缆	同 XLV_{29} 型
XLQ_{20}	XQ_{20}	橡胶绝缘铅包裸钢带铠装电力电缆	敷设在室内、电缆沟内、管道中。电缆不能承受大的拉力

2)聚氯乙烯绝缘电力电缆。聚氯乙烯绝缘电力电缆主要固定敷设在交流 50Hz、额定电压 10kV 及其以下的输配电线路上做输送电能用。其型号和名称见表 9-17。

表 9-17　聚氯乙烯绝缘电力电缆型号和名称

型号		名称
铜芯	铝芯	
VV	VLV	聚氯乙烯绝缘聚氯乙烯护套电力电缆
VY	VLY	聚氯乙烯绝缘聚乙烯护套电力电缆
VV_{22}	VLV_{22}	聚氯乙烯绝缘钢带铠装聚氯乙烯护套电力电缆
VV_{28}	VLV_{28}	聚氯乙烯绝缘钢带铠装聚乙烯护套电力电缆
VV_{32}	VLV_{32}	聚氯乙烯绝缘细钢丝铠装聚氯乙烯护套电力电缆
VV_{33}	VLV_{33}	聚氯乙烯绝缘细钢丝铠装聚乙烯护套电力电缆
VV_{42}	VLV_{42}	聚氯乙烯绝缘粗钢丝铠装聚氯乙烯护套电力电缆
VV_{48}	VLV_{43}	聚氯乙烯绝缘粗钢丝铠装聚乙烯护套电力电缆

3)交联聚乙烯绝缘(XLPE)电力电缆。交联聚乙烯绝缘(XLPE)电力电缆适用于额定电压 3.6/6～64/110kV 输配电用。其型号、名称及用途见表 9-18。

表 9-18　交联聚乙烯(XLPE)电缆型号、名称及用途

型号	电缆名称	电缆适用范围
YJV YJLV	交联聚乙烯绝缘铜带屏蔽聚氯乙烯护套电力电缆	适用于架空、隧道、电缆沟管道及地下直埋敷设
YJSV YJLSV	交联聚乙烯绝缘铜丝屏蔽聚氯乙烯护套电力电缆	
YJV22 YJLV22	交联聚乙烯绝缘铜带屏蔽钢带铠装聚氯乙烯护套电力电缆	适用于室内、隧道、电缆沟及地下直埋、能承受机械外力作用，但不能承受大的拉力

续表

型　号	电 缆 名 称	电缆适用范围
YJV32 YJLV32	交联聚乙烯绝缘铜带屏蔽细钢丝铠装聚氯乙烯护套电力电缆	适用于地下直埋、竖井及水下敷设，可以承受机械外力作用，并能承受相当的拉力
YJSV32 YJLSV32	交联聚乙烯绝缘铜丝屏蔽细钢丝铠装聚氯乙烯护套电力电缆	
YJV42 YJLV42	交联聚乙烯绝缘铜带屏蔽粗钢丝铠装聚氯乙烯护套电力电缆	适用于地下直埋、竖井及水下敷设，电缆能承受机械外力作用并能承受较大的拉力
YJSV42 YJLSV42	交联聚乙烯绝缘铜丝屏蔽粗钢丝铠装聚氯乙烯护套电力电缆	
YJY YJLY	交联聚乙烯绝缘聚乙烯护套电力电缆	适用于地下直埋、竖井及水下敷设能承受机械外力和较大拉力，电缆防潮性好
YJQ41 YJLQ41	交联聚乙烯绝缘铅包粗钢丝铠装纤维外被电力电缆	电缆可承受一定拉力，用于水底敷设
YJQ02 YJLQ02	交联聚乙烯绝缘铅包聚氯乙烯护套电力电缆	适用于地下直埋、竖井及水下敷设，能承受机械外力和较大拉力，但不能承受压力
YJLW62 YJLLW02	交联聚乙烯绝缘皱纹铝包防水层聚乙烯护套电力电缆	适用于地下直埋、竖井及水下敷设，能承受机械外力和较大拉力，并能承受压力

(2)控制电缆。控制电缆是在配电装置中传输操作电流、连接电气仪表、继电保护和自动控制等回路用的，它属于低压电缆，运行电压一般在交流 500V 或直流 1000V 以下。

1)控制电缆的型号组成。控制电缆型号由类别用途代号及导体种类、绝缘种类、护套种类、外护层种类等代号组成。其型号组成及意义见表 9-19。

表 9-19　　控制电缆型号组成及意义

类别用途	导　体	绝　缘	护套、屏蔽特征	外护层	派生、特性
K 表示控制电缆系列代号	T 表示铜芯① L 表示铝芯	Y 表示聚乙烯 V 表示聚氯乙烯 X 表示橡皮 YJ 表示交联聚乙烯绝缘	Y 表示聚乙烯 V 表示聚氯乙烯 F 表示氯丁胶 Q 表示铅套 P 表示编织屏蔽	02,03 20,22 23,30 23,33	80,105 1,2

① 铜芯代表字母 T 型号中一般略写。

2)橡胶绝缘控制电缆。橡胶绝缘控制电缆主要用于直流和交流 50～60Hz，额定电压 600/1000kV 及其以下的控制、信号及保护测量线路中。其常用型号和名称见表 9-20。

表 9-20　　橡胶绝缘控制电缆型号和名称

型　号	名　　称	主要用途
KXV	铜芯橡胶绝缘聚氯乙烯护套控制电缆	固定敷设
KX_{22}	铜芯橡胶绝缘钢带铠装聚氯乙烯护套控制电缆	固定敷设
KX_{23}	铜芯橡胶绝缘钢带铠装聚乙烯护套控制电缆	固定敷设
KXF	铜芯橡胶绝缘氯丁橡套控制电缆	固定敷设
KXQ	铜芯橡胶绝缘裸铅包控制电缆	固定敷设
KXQ_{02}	铜芯橡胶绝缘铅包聚氯乙烯护套控制电缆	固定敷设
KXQ_{03}	铜芯橡胶绝缘铅包聚乙烯护套控制电缆	固定敷设
KXQ_{20}	铜芯橡胶绝缘铅包裸钢带铠装控制电缆	固定敷设
KXQ_{22}	铜芯橡胶绝缘铅包钢带铠装聚氯乙烯护套控制电缆	固定敷设
KXQ_{23}	铜芯橡胶绝缘铅包铜带铠装聚乙烯护套控制电缆	固定敷设
KXQ_{30}	铜芯橡胶绝缘铅包裸细钢丝铠装控制电缆	固定敷设

3)塑料绝缘控制电缆。塑料绝缘控制电缆主要用于直流和交流 50～60Hz，额定电压 600/1000V 及其以下的控制、信号、保护及测量线路。其常用型号和名称见表 9-21。

表 9-21　　塑料绝缘控制电缆型号和名称

型　号	名　　称	主要用途
KYV	铜芯聚乙烯绝缘聚乙烯护套控制电缆	固定敷设
KYYP	铜芯聚乙烯绝缘铜丝编织总屏蔽聚乙烯护套控制电缆	固定敷设
$KYYP_1$	铜芯聚乙烯绝缘铜丝缠绕总屏蔽聚乙烯护套控制电缆	固定敷设
$KYYP_2$	铜芯聚乙烯绝缘铜带绕包总屏蔽聚乙烯护套控制电缆	固定敷设
KY_{23}	铜芯聚乙烯绝缘钢带铠装聚乙烯护套控制电缆	固定敷设
KYY_{30}	铜芯聚乙烯绝缘聚乙烯护套裸细铜丝铠装控制电缆	固定敷设
KY_{33}	铜芯聚乙烯绝缘细钢丝铠装聚乙烯护套控制电缆	固定敷设
KYP_{233}	铜芯聚乙烯绝缘铜带绕包总屏蔽细钢丝铠装聚乙烯护套控制电缆	固定敷设
KYV	铜芯聚乙烯绝缘聚氯乙烯护套控制电缆	固定敷设
KYVP	铜芯聚乙烯绝缘铜丝编织总屏蔽聚氯乙烯护套控制电缆	固定敷设
$KYVP_1$	铜芯聚乙烯绝缘铜丝缠绕总屏蔽聚氯乙烯护套控制电缆	固定敷设
$KYVP_2$	铜芯聚乙烯绝缘铜带绕包总屏蔽聚氯乙烯护套控制电缆	固定敷设
KY_{22}	铜芯聚乙烯绝缘钢带铠装聚氯乙烯护套控制电缆	固定敷设
KY_{32}	铜芯聚乙烯绝缘细钢丝铠装聚氯乙烯护套控制电缆	固定敷设
KYP_{232}	铜芯聚乙烯绝缘铜带绕包总屏蔽细钢丝铠装聚乙烯护套控制电缆	固定敷设
KVY	铜芯聚氯乙烯绝缘聚乙烯护套控制电缆	固定敷设
KVYP	铜芯聚氯乙烯绝缘铜丝编织总屏蔽聚乙烯护套控制电缆	固定敷设
$KVYP_1$	铜芯聚氯乙烯绝缘铜丝缠绕总屏蔽聚乙烯护套控制电缆	固定敷设
$KVYP_2$	铜芯聚氯乙烯绝缘铜带绕包总屏蔽聚乙烯护套控制电缆	固定敷设

4)聚氯乙烯绝缘聚氯乙烯护套控制电缆。聚氯乙烯绝缘聚氯乙烯护套控制电缆主要用于交流额定电压450V/750V及其以下的配电装置中电器仪表的接线。其型号、名称和使用范围见表9-22。

表9-22 聚氯乙烯绝缘聚氯乙烯护套控制电缆型号、名称和使用范围

型 号	名 称	使 用 范 围
KVV	铜芯聚氯乙烯绝缘聚氯乙烯护套控制电缆	敷设在室内、电缆沟、管道固定场合
KVVP	铜芯聚氯乙烯绝缘聚氯乙烯护套编织屏蔽控制电缆	敷设在室内、电缆沟、管道等要求屏蔽的固定场合
$KVVP_2$	铜芯聚氯乙烯绝缘聚氯乙烯护套铜带屏蔽控制电缆	敷设在室内、电缆沟、管道等要求屏蔽的固定场合
KVV_{22}	铜芯聚氯乙烯绝缘聚氯乙烯护套铜带铠装控制电缆	敷设在室内、电缆沟、管道、直埋等能承受较大机械外力的固定场合
KVV_{32}	铜芯聚氯乙烯绝缘聚氯乙烯护套细钢丝铠装控制电缆	敷设在室内、电缆沟、管道、竖井等能承受较大机械拉力的固定场合
KVVR	铜芯聚氯乙烯绝缘聚氯乙烯护套控制软电缆	敷设在室内、要求屏蔽等场合
KVVRP	铜芯聚氯乙烯绝缘聚氯乙烯护套编织控制软电缆	敷设在室内、要求柔软、屏蔽等场合

聚氯乙烯绝缘聚氯乙烯护套控制电缆的常用规格见表9-23。

表9-23 聚氯乙烯绝缘聚氯乙烯护套控制电缆规格

<table>
<tr><td rowspan="3">型 号</td><td rowspan="3">额定电压/V</td><td colspan="8">标 称 截 面/mm²</td></tr>
<tr><td>0.5</td><td>0.75</td><td>1.0</td><td>1.5</td><td>2.5</td><td>4</td><td>6</td><td>10</td></tr>
<tr><td colspan="8">芯 数</td></tr>
<tr><td>KVV、KVVP</td><td rowspan="6">450/750</td><td>—</td><td colspan="4">2～61</td><td colspan="2">2～14</td><td>2～10</td></tr>
<tr><td>$KVVP_2$</td><td>—</td><td colspan="4">4～61</td><td colspan="2">4～14</td><td>4～10</td></tr>
<tr><td>KVV_{22}</td><td>—</td><td colspan="3">7～61</td><td>4～61</td><td colspan="2">4～14</td><td>4～10</td></tr>
<tr><td>KVV_{32}</td><td>—</td><td colspan="2">19～61</td><td colspan="2">7～61</td><td colspan="2">4～14</td><td>4～10</td></tr>
<tr><td>KVVR</td><td colspan="5">4～61</td><td colspan="2">—</td><td>—</td></tr>
<tr><td>KVVRP</td><td colspan="3">4～61</td><td colspan="2">4～48</td><td colspan="2">—</td><td>—</td></tr>
</table>

注:推荐的芯数系列为:2、3、4、5、7、8、10、12、14、16、19、24、27、30、37、44、48、52和61芯。

2. 电缆保护管

电缆保护管是为了防止电缆受到损伤,敷设在电缆外层,具有一定机械强度的金属保护管。电缆保护管按适用范围不同可分为A、B、C三类。

A类适用于城乡电力电缆建设、交通路桥、工业园区电缆工程地下电缆保护管。

B类适用于人行道和绿化带等非机动车道直埋敷设,也适用于有重载车辆通过的

机动车道混凝土包封敷设。

C类适用于高速公路、一级公路、二级公路和重载车辆通过路段的直埋敷设。

3. 电缆终端头

电缆终端头指的是电缆线路两端与其他电气设备连接的装置，集防水、应力控制、屏蔽、绝缘于一体，具有良好的电气性能和机械性能，能在各种恶劣的环境条件下长期使用。电缆终端头的类型如下：

(1)按安装材料分为热缩电缆头和冷缩电缆头。

(2)按工作电压分为1kV电缆头、10kV电缆头、27.5kV电缆头、35kV电缆头、66kV电缆头、110kV电缆头、138kV电缆头、220kV电缆头。

(3)按使用条件分为户内电缆头和户外电缆头。

(4)按芯数分为单芯终端头、两芯终端头、三芯终端头、四芯终端头(又分为四等芯和3＋1)、五芯终端头(又分为五等芯、3＋2和4＋1)。

4. 铺砂、盖保护板(砖)

由于电缆沟的质地不均匀，铺砂是为了使电缆在砂上均匀受力，以免在地基下沉时受到集中应力；盖砖的目的是让电缆沟增加承受地面上对电缆沟的压力。总之，电缆沟铺砂、盖砖可以保护电缆不受各种不均匀的外力作用，延长电缆的使用寿命。

电缆敷设完毕后，应在电缆上、下各覆盖10cm砂土或软土，然后用砖或电缆保护板将电缆盖好，覆盖宽度超过电缆两侧5cm。

三、电缆工程清单工程量计算

1. 工程量计算规则

(1)电缆：按设计图示尺寸另加预留及附加量以长度计算。

(2)电缆保护管、电缆排管、管道包封：按设计图示尺寸以长度计算。

(3)电缆终端头、电缆中间头：按设计图示数量计算。

(4)铺砂、盖保护板(砖)：按设计图示尺寸以长度计算。

2. 工程量计算示例

【例9-9】 某电缆敷设工程如图9-6所示，采用电缆沟铺砂盖砖直埋并列敷设8根XV29(3×35＋1×10)电力电缆，变电所配电柜至室内部分电缆穿$\phi40$钢管保护，共8m长，室外电缆敷设共120m长，在配电间有13m穿$\phi40$钢管保护，试计算其工程量。

【解】 由题意可知：

(1)电缆敷设工程量。

$$电缆敷设工程量=(8+120+13+1.5\times2)\times8=1152m$$

(2)电缆保护管工程量。

$$电缆保护管工程量=8+13=21m$$

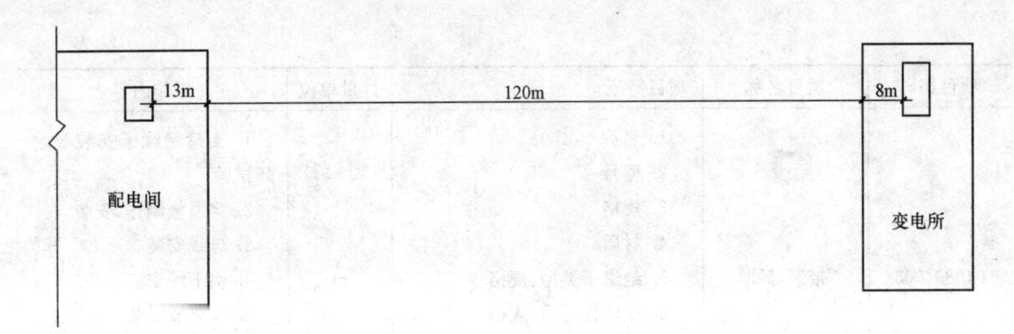

图 9-6　某电缆敷设工程

第四节　配管、配线工程工程量清单编制

一、配管、配线工程清单项目设置

《市政工程工程量清单计价规范》附录 H.4 中配管、配线工程共有 5 个清单项目。各清单项目设置的具体内容见表 9-24。

表 9-24　　配管、配线工程清单项目设置

项目编码	项目名称	项目特征	计量单位	工作内容
040804001	配管	1. 名称 2. 材质 3. 规格 4. 配置形式 5. 钢索材质、规格 6. 接地要求	m	1. 预留沟槽 2. 钢索架设(拉紧装置安装) 3. 电线管路敷设 4. 接地
040804002	配线	1. 名称 2. 配线形式 3. 型号 4. 规格 5. 材质 6. 配线部位 7. 配线线制 8. 钢索材质、规格	m	1. 钢索架设(拉紧装置安装) 2. 支持体(绝缘子等)安装 3. 配线
040804003	接线箱	1. 名称 2. 规格 3. 材质 4. 安装形式	个	本体安装
040804004	接线盒	1. 名称 2. 规格 3. 材质 4. 安装形式	个	本体安装

续表

项目编码	项目名称	项目特征	计量单位	工作内容
040804005	带形母线	1. 名称 2. 型号 3. 规格 4. 材质 5. 绝缘子类型、规格 6. 穿通板材质、规格 7. 引下线材质、规格 8. 伸缩节、过渡板材质、规格 9. 分相漆品种	m	1. 支持绝缘子安装及耐压试验 2. 穿通板制作、安装 3. 母线安装 4. 引下线安装 5. 伸缩节安装 6. 过渡板安装 7. 拉紧装置安装 8. 刷分相漆

注:1. 配管安装不扣除管路中间的接线箱(盒)、灯头盒、开关盒所占长度。
2. 配管名称指电线管、钢管、塑料管等。
3. 配管配置形式指明、暗配、钢结构支架、钢索配管、埋地敷设、水下敷设、砌筑沟内敷设等。
4. 配线名称指管内穿线、塑料护套配线等。
5. 配线形式指照明线路、木结构、砖、混凝土结构、沿钢索等。
6. 配线进入箱、柜、板的预留长度见表 9-25,母线配置安装的预留长度见表 9-26。

表 9-25　　配线进入箱、柜、板的预留长度(每一根线)　　(单位:m)

序号	项　　目	预留长度	说　　明
1	各种开关箱、柜、板	高+宽	盘面尺寸
2	单独安装(无箱、盘)的铁壳开关、闸刀开关、启动器、线槽进出线盒等	0.3	从安装对象中心算起
3	由地面管子出口引至动力接线箱	1.0	从管口计算
4	电源与管内导线连接(管内穿线与软、硬母线接点)	1.5	从管口计算

表 9-26　　母线配置安装的预留长度　　(单位:m)

序号	项　　目	预留长度	说　　明
1	带形母线终端	0.3	从最后一个支持点算起
2	带形母线与分支线连接	0.5	分支线预留
3	带形母线与设备连接	0.5	从设备端子接口算起
4	接地母线、引下线附加长度	3.9%	按接地母线、引下线全长计算

二、配管、配线工程清单项目特征描述

1. 配管

配管指的是电线管、钢管、防爆管、塑料管、软管、波纹管等线管敷设。配管工作一般从配电箱开始,逐段配至用电设备处,有时也可以从用电设备端开始,逐段配至配电箱处。

(1)电气配管种类及敷设场所见表 9-27。

表 9-27　　　　电气配管种类及敷设场所

序号	项　目	内　容
1	硬塑料管	硬塑料管适用于室内或有酸、碱等腐蚀介质场所的明敷。明敷的硬塑料管在穿过楼板等易受机械损伤的地方，应用钢管保护；埋于地面内的硬塑料管，露出地面易受机械损伤段落，也应用钢管保护；硬塑料管不准用在高温、高热的场所(如锅炉房)，也不应在易受机械损伤的场所敷设
2	半硬塑料管	半硬塑料管只适用于六层及六层以下的一般民用建筑的照明工程。应敷设在预制混凝土楼板间的缝隙中，从上到下垂直敷设时，应暗敷在预留的砖缝中，并用水泥砂浆抹平，砂浆厚度不小于 15mm。半硬塑料管不得敷设在楼板平面上，也不得在吊顶及护墙夹层内及板条墙内敷设
3	薄壁管	薄壁管通常用于干燥场所进行明敷。薄壁管可安装于吊顶、夹板墙内，也可暗敷于墙体及混凝土层内
4	厚壁管	厚壁管用于防爆场所明敷，或在机械载重场所进行暗敷，也可经防腐处理后直接埋入泥地。镀锌管通常使用在室外，或在有腐蚀性的土层中暗敷

(2)配管配置形式指明配、暗配、吊顶内、钢结构支架、钢索配管、埋地敷设、水下敷设、砌筑沟内敷设等。

2. 配线

(1)配线方式有管内穿线、瓷夹板配线、鼓形绝缘子配线、针式绝缘子配线、蝶式绝缘子配线、塑料槽板、塑料护套线明敷、线槽配线等具体见表 9-28。

表 9-28　　　　电气配线方式

配线方式	内容及用途
瓷夹配线	瓷夹配线是一种沿建筑物表面敷设、比较经济的配线方式。常用的瓷夹有二线式和三线式两种。一般用于照明工程
塑料夹配线	塑料夹配线是先将塑料夹底座粘于建筑物表面，敷线后将塑料夹盖拧入。一般用于照明工程
木槽板配线	木槽板配线比瓷夹、塑料夹配线整齐美观，但由于木槽板吸收水分后易变形，不宜用于潮湿场所。其配线方法是将导线放于线槽内，每槽内只允许敷设一根导线，最大截面为 6mm^2，外加盖板把导线盖住。木槽板有两线式和三线式。一般用于照明工程
塑料槽板配线	塑料槽板配线具有体积小、可防潮的优点。其配线方法与木槽板配线相同。一般用于照明工程中
塑料护套线敷设	塑料护套线分二芯线与三芯线两种，按其敷设方式分为铝卡子卡设和沿钢索架设两种。多用于照明工程中
鼓形绝缘子配线	鼓形绝缘子(瓷柱)配线，按其敷设方式分为沿木结构配线和沿钢支架配线两种。钢支架可用角钢制作，也可用扁钢制作

续表

配线方式	内容及用途
针式及蝶式绝缘子配线	针式及蝶式绝缘子配线多用于工业建筑中，用钢支架沿屋架、梁柱、墙或跨屋架、梁、柱配线。钢支架一般均用角钢制作
母线槽配线	在低压配电系统中，母线槽已广泛用于工业、高压建筑等配电干线中，其具有结构紧凑、占据空间小、能承受较大电流的特点

(2)导线型号、材质、规格：铜芯、铝芯、多芯软线等。

(3)敷设部位：木结构、砖混凝土结构、屋架、梁、柱等。

(4)线制：照明、动力、二线、三线等。

3. 接线箱、接线盒

(1)配线保护管遇到下列情况之一时，应增设管路接线盒和拉线盒：

1)管长度每超过30m，无弯曲。

2)管长度每超过20m，有1个弯曲。

3)管长度每超过15m，有2个弯曲。

4)管长度每超过8m，有3个弯曲。

(2)垂直敷设的电线保护管遇到下列情况之一时，应增设固定导线用的拉线盒：

1)管内导线截面为50mm² 及以下，长度每超过30m。

2)管内导线截面为70～95mm²，长度每超过20m。

3)管内导线截面为120～240mm²，长度每超过18m。

4. 带形母线

带形母线有铝质带形母线和钢质带形母线两种。铝质带形母线具有较好的抵抗大气腐蚀的性能，价格适中，使用比较广泛；钢质带形母线不宜做零母线和接地母线。

三、配管、配线工程清单工程量计算

1. 工程量计算规则

(1)配管：按设计图示尺寸以长度计算。

(2)配线：按设计图示尺寸另加预留量以单线长度计算。

(3)接线箱、接线盒：按设计图示数量计算。

(4)带形母线：按设计图示尺寸另加预留量以单线长度计算。

2. 工程量计算示例

【例9-10】 如图9-7所示，配电箱M1、M2规格均为800mm×800mm×150mm(宽×高×厚)，悬挂嵌入式安装，配电箱底边距地高度1.5mm，水平距离10m。试计算配管工程量。

【解】 由题意可知：

电气配管工程量＝(1.5＋0.8)×2＋10＝14.6m

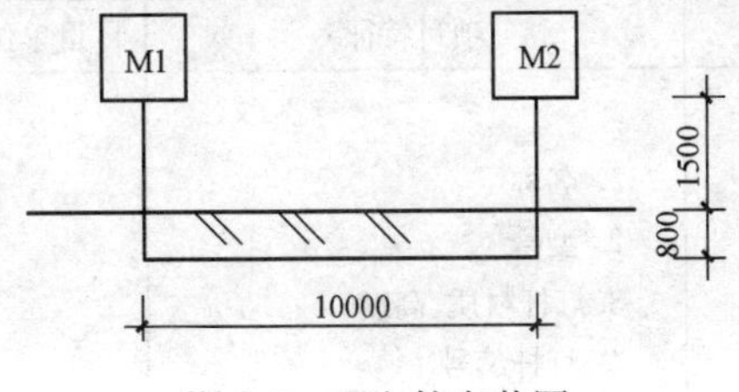

图 9-7　配电箱安装图

【例 9-11】 如图 9-7 所示，已知两配电箱之间线路采用 BV(3×10－1×4)－SC32－DQA，试计算配线工程量。

【解】 由题意可知：本例中配线进入配电箱的预留长度按配电箱宽高之和考虑。

管内穿绝缘导线 BV－4mm² 工程量＝(1.5＋0.8)×2＋10＋(0.8＋0.8)×2＝17.8m

管内穿绝缘导线 BV－10mm² 工程量＝[(1.5＋0.8)×2＋10]×3＋(0.8＋0.8)×2×3＝53.4m

第五节　照明器具安装工程工程量清单编制

一、照明器具安装工程清单项目设置

《市政工程工程量清单计价规范》附录 H.5 中照明器具安装工程共有 6 个清单项目。各清单项目设置的具体内容见表 9-29。

表 9-29　照明器具安装工程清单项目设置

项目编码	项目名称	项目特征	计量单位	工作内容
040805001	常规照明灯	1. 名称 2. 型号 3. 灯杆材质、高度 4. 灯杆编号 5. 灯架形式及臂长 6. 光源数量 7. 附件配置 8. 垫层、基础：厚度、材料品种、强度等级 9. 杆座形式、材质、规格 10. 接线端子材质、规格 11. 编号要求 12. 接地要求	套	1. 垫层铺筑 2. 基础制作、安装 3. 立灯杆 4. 杆座制作、安装 5. 灯架制作、安装 6. 灯具附件安装 7. 焊、压接线端子 8. 接线 9. 补刷(喷)油漆 10. 灯杆编号 11. 接地 12. 试灯
040805002	中杆照明灯			

续表

<table>
<tr><th>项目编码</th><th>项目名称</th><th>项目特征</th><th>计量单位</th><th>工作内容</th></tr>
<tr><td>040805003</td><td>高杆
照明灯</td><td>1. 名称
2. 型号
3. 灯杆材质、高度
4. 灯杆编号
5. 灯架形式及臂长
6. 光源数量
7. 附件配置
8. 垫层、基础：厚度、材料品种、强度等级
9. 杆座形式、材质、规格
10. 接线端子材质、规格
11. 编号要求
12. 接地要求</td><td>套</td><td>1. 垫层铺筑
2. 基础制作、安装
3. 立灯杆
4. 杆座制作、安装
5. 灯架制作、安装
6. 灯具附件安装
7. 焊、压接线端子
8. 接线
9. 补刷(喷)油漆
10. 灯杆编号
11. 升降机构接线调试
12. 接地
13. 试灯</td></tr>
<tr><td>040805004</td><td>景观
照明灯</td><td rowspan="3">1. 名称
2. 型号
3. 规格
4. 安装形式
5. 接地要求</td><td>1. 套
2. m</td><td rowspan="3">1. 灯具安装
2. 焊、压接线端子
3. 接线
4. 补刷(喷)油漆
5. 接地
6. 试灯</td></tr>
<tr><td>040805005</td><td>桥栏杆
照明灯</td><td rowspan="2">套</td></tr>
<tr><td>040805006</td><td>地道涵洞
照明灯</td></tr>
</table>

注：1. 常规照明灯是指安装在高度≤15m 的灯杆上的照明器具。
2. 中杆照明灯是指安装在高度≤19m 的灯杆上的照明器具。
3. 高杆照明灯是指安装在高度＞19m 的灯杆上的照明器具。
4. 景观照明灯是指利用不同的造型、相异的光色与亮度来造景的照明器具。

二、照明器具安装工程清单项目特征描述

1. 常规照明灯

常规照明灯指的是为了使各种机动车辆的驾驶者在夜间行驶时，能辨认出道路上的各种情况且不感到过分疲劳，以保证行车安全而设置的灯具。沿着道路两侧恰当地布置路灯，可以给使用者提供有关前方道路的方向、线型、倾斜度等视觉信息。常规照明灯包括庭院路灯、工厂厂区内、住宅小区内路灯及大马路弯灯。

(1)庭院路灯指的是以庭院为中心进行活动或工作所需要的照明器。从效率和维修方面考虑，一般多采用 5～12m 高的杆头汞灯照明器，也可使用移动式照明器或临

时照明器。

(2)工厂厂区内、住宅小区内路灯主要是以庭院式灯具为主,带有美化环境的装饰作用的灯具。

(3)大马路弯灯的灯杆高度一般在 15m 以下,沿道路布置,灯具伸到路面上空,有较好的照明效果。

2. 中杆照明灯

中杆照明灯是指安装在高度小于或等于 19m 的灯杆上的照明灯具,一般用于普通路面。

3. 高杆灯

高杆灯是指安装在高度大于 19m 的灯杆上的照明灯具,一般用于宽大路面或有立交桥的部位。

4. 桥栏杆照明灯

桥栏杆照明灯指的是用于桥上照明所用的灯具。桥栏杆照明灯属于区域照明装置,亮度高、覆盖面广,能使应用场所的各个空间获得充分照明,一般可代替路灯使用。桥栏杆照明灯占地面积小,可避免灯杆林立的杂乱现象,同时,桥栏杆照明灯可节约投资,具有经济性。

5. 地道涵洞照明灯

城市道路中的地道涵洞灯主要有荧光灯、低压钠灯,在隧道出入口处的适应性照明宜选用高压钠灯或荧光高压汞灯。

(1)日光灯。用于隧道照明的主要优点是表面发光面积大、照度均匀度好,最适合做缓和照明光带用。要求环境温度最好在 18～25℃。

(2)低压钠灯。常用在长隧道或汽车排烟雾较多的地方。自镇流式和外镇流式高压汞灯可用于烟雾较少的地方。

三、照明器具安装工程清单工程量计算

1. 工程量计算规则

(1)常规照明灯、中杆照明灯、高杆照明灯:按设计图示数量计算。

(2)景观照明灯:

1)以套计量,按设计图示数量计算。

2)以米计量,按设计图示尺寸以延长米计算。

(3)桥栏杆照明灯、地道涵洞照明灯:按设计图示数量计算。

2. 工程量计算示例

【例 9-12】　某桥涵工程,设计用 4 套高杆灯照明,杆高为 35m,灯架为成套升降型,6 个灯头,混凝土基础,试计算其工程量。

【解】 由题意可知：

高杆照明灯安装工程量=4 套

第六节 防雷接地装置工程工程量清单编制

一、防雷接地装置工程清单项目设置

《市政工程工程量清单计价规范》附录 H. 6 中防雷接地装置工程共有 5 个清单项目。各清单项目设置的具体内容见表 9-30。

表 9-30 防雷接地装置工程清单项目设置

项目编码	项目名称	项目特征	计量单位	工作内容
040806001	接地极	1. 名称 2. 材质 3. 规格 4. 土质 5. 基础接地形式	根（块）	1. 接地极（板、桩）制作、安装 2. 补刷（喷）油漆
040806002	接地母线	1. 名称 2. 材质 3. 规格	m	1. 接地母线制作、安装 2. 补刷（喷）油漆
040806003	避雷引下线	1. 名称 2. 材质 3. 规格 4. 安装高度 5. 安装形式 6. 断接卡子、箱材质、规格	m	1. 避雷引下线制作、安装 2. 断接卡子、箱制作、安装 3. 补刷（喷）油漆
040806004	避雷针	1. 名称 2. 材质 3. 规格 4. 安装高度 5. 安装形式	套（基）	1. 本体安装 2. 跨接 3. 补刷（喷）油漆
040806005	降阻剂	名称	kg	施放降阻剂

注：接地母线、引下线附加长度见表 9-26。

二、防雷接地装置工程清单项目特征描述

1. 接地极

接地极是指埋入大地以便与大地连接的导体或几个导体的组合。接地极就是与大地充分接触，实现与大地连接的电极，在电气工程中接地极是用多条 2.5m 长，45mm×45mm 的镀锌角钢，钉于 800mm 深的沟底，再用引出线引出。

接地极的分类如下：

(1)自然接地极采用自然接地的连接同设施的其他接地一起来保护系统。

(2)人工接地极是深入潮湿土壤层来降低电阻的。深埋接地棒、接地极或接地管的同时还要确保金属导体不会过度腐蚀。

(3)垂直接地极最常用的是接地模块、镀铜接地棒、铜包钢接地极、电解离子接地极、接地极、接地棒。

(4)水平接地极一般采用镀铜圆钢或镀铜钢绞线及铜包钢绞线、铜扁钢、铜包钢扁线。

2. 接地母线

接地母线指的是与主接地极连接，供井下主变电所、主水泵房等所用电气设备外壳连接的母线。

接地母线应为铜母线，其最小尺寸应为 6mm(厚)×50mm(宽)，长度视工程实际需要来确定。接地母线应采用电镀锡以减小接触电阻(不要手工绑接)。

3. 避雷引下线

避雷引下线是将避雷针接收的雷电流引向接地装置的导体，按材料不同可分为镀锌接地引下线和镀铜接地引下线、超绝缘引下线。

避雷引下线材料要求如下：

(1)镀锌钢材有扁钢、角钢、圆钢、钢管等，使用时应注意采用镀锌材料，应符合设计规定。产品应有材质检验证明及产品出厂合格证。

(2)镀锌辅料有铅丝(即镀锌铁丝)、螺栓、垫圈、弹簧垫圈、U 型螺栓、元宝螺栓、支架等。

(3)电焊条、氧气、乙炔，沥青漆，混凝土支架，预埋铁件，小线，水泥，砂子，塑料管，红油漆、白油漆、防腐漆、银粉、黑色油漆等。

防雷接地引下线的保护管固定牢靠。断线卡子设置便于检测，接触面镀锌或镀锡完整，螺栓等紧固件齐全。防腐均匀，无污染建筑物。

4. 避雷针

避雷针又名防雷针，是用来保护建筑物等避免雷击的装置。在高大建筑物顶端安装一根金属棒，用金属线与埋在地下的一块金属板连接起来，利用金属棒的尖端放电，使云层所带的电和地上的电逐渐中和，从而不会引发事故。

避雷针一般采用镀锌圆钢或镀锌钢管制成，其长度在 1.5m 以上时，圆钢直径不得小于 10mm，钢管直径不得小于 20mm，管壁厚度不得小于 2.75mm。当避雷针的长度在 3m 以上时，需用几节不同直径的钢管组合起来，见表 9-31 及图 9-8所示。

表 9-31 避雷针长度与组合节数尺寸关系

针高 H/m		1	2	3	4	5	6	7	8	9	10	11	12
各节尺寸/mm	A	1000	2000	1500	1000	1500	1500	2000	1000	1500	2000	2000	2000
	B	—	—	1500	1500	1500	2000	2000	1000	1500	2000	2000	2000
	C	—	—	—	1500	2000	2500	3000	2000	2000	2000	2000	2000
	D	—	—	—	—	—	—	—	4000	4000	4000	5000	6000

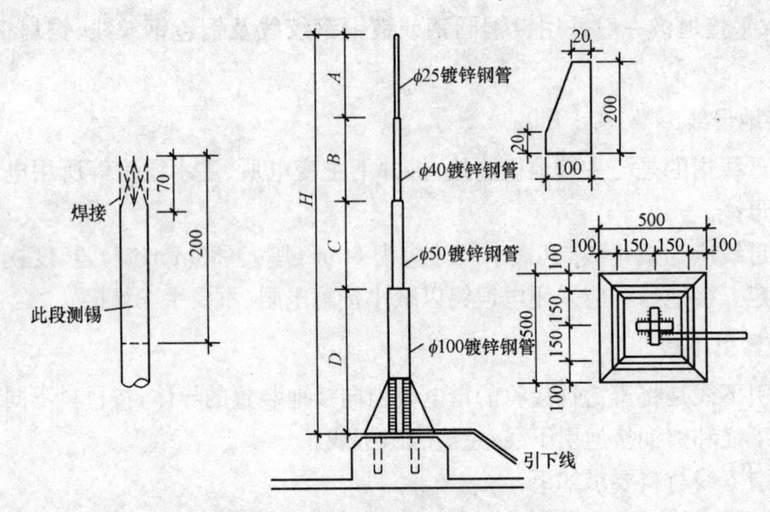

图 9-8 避雷针长度与各节尺寸组合图

三、防雷接地装置工程清单工程量计算

1. 工程量计算规则

(1)接地极：按设计图示数量计算。

(2)接地母线、避雷引下线：按设计图示尺寸另加附加量以长度计算。

(3)避雷针：按设计图示数量计算。

(4)降阻剂：按设计图示数量以质量计算。

2. 工程量计算示例

【例 9-13】 如图 9-9 所示为避雷针在建筑物墙上安装示意图。已知某工程共计安装避雷针 3 套，试计算其工程量。

【解】 由题意可知：

避雷针工程量=3套

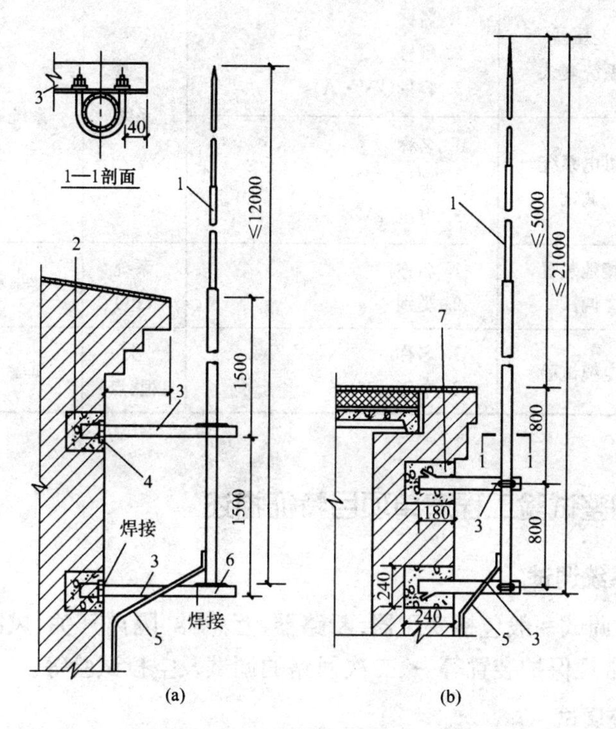

图 9-9　避雷针在建筑物墙上安装示意图

(a)在侧墙；(b)在山墙

1—接闪器；2—钢筋混凝土梁 240mm×240mm×2500mm，

当避雷针高＜1m 时，改为 240mm×240mm×370mm 预制混凝土块；

3—支架(∠63×6mm)；4—预埋铁板(100mm×100mm×4mm)；

5—接地引下线；6—支持板(δ=6mm)；

7—预制混凝土块(240mm×240mm×37mm)

第七节　电气调整试验工程工程量清单编制

一、电气调整试验工程清单项目设置

《市政工程工程量清单计价规范》附录 H.7 中电气调整试验工程共有 4 个清单项目。各清单项目设置的具体内容见表 9-32。

表 9-32 电气调整试验工程清单项目设置

项目编码	项目名称	项目特征	计量单位	工作内容
040807001	变压器系统调试	1. 名称 2. 型号 3. 容量(kV·A)	系统	系统调试
040807002	供电系统调试	1. 名称 2. 型号 3. 电压(kV)		
040807003	接地装置调试	1. 名称 2. 类别	系统(组)	接地电阻测试
040807004	电缆试验	1. 名称 2. 电压(kV)	次(根、点)	试验

二、电气调整试验工程清单项目特征描述

1. 变压器系统调试

变压器系统调试一般包括变压器、断路器、互感器、隔离开关、风冷及油循环冷却系统电气装置、常规保护装置等一、二次回路的调试及空投试验等。

2. 供电系统调试

供电系统调试一般包括自动开关或断路器、隔离开关、常规保护装置、电测量仪表、电力电缆等一、二次回路系统的调试。

3. 接地装置调试

接地装置是指埋设在地下的接地电极以及与该接地电极到设备间的连接导线的总称。接地装置调试就是对接地装置用接地摇表进行测量，看接地电阻是否满足要求。

4. 电缆试验

电缆试验就是检查电缆质量、绝缘状况和对电缆线路所做的各种测试。

三、电气调整试验工程清单工程量计算

1. 工程量计算规则

电气调整试验工程量计算规则为：按设计图示数量计算。

2. 工程量计算示例

【例 9-14】 某电气调试系统如图 9-10 所示，调试电压为 1kV，试计算其调试工程量。

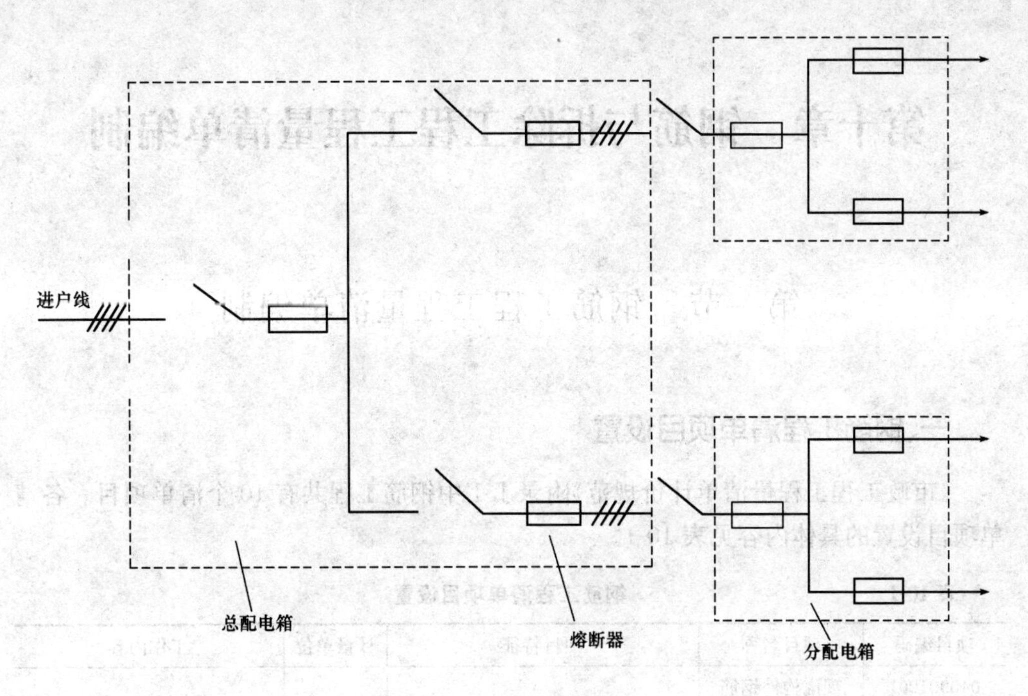

图 9-10　某电气调试系统图

【解】　由题意可知：该供电系统的两个分配电箱引出的4条回路均由总配电箱控制，因此该电气调试系统工程量应为1个。

第十章　钢筋与拆除工程工程量清单编制

第一节　钢筋工程工程量清单编制

一、钢筋工程清单项目设置

《市政工程工程量清单计价规范》附录 J.1 中钢筋工程共有 10 个清单项目。各清单项目设置的具体内容见表 10-1。

表 10-1　　钢筋工程清单项目设置

项目编码	项目名称	项目特征	计量单位	工作内容
040901001	现浇构件钢筋	1. 钢筋种类 2. 钢筋规格	t	1. 制作 2. 运输 3. 安装
040901002	预制构件钢筋			
040901003	钢筋网片			
040901004	钢筋笼			
040901005	先张法 预应力钢筋 (钢丝、钢绞线)	1. 部位 2. 预应力筋种类 3. 预应力筋规格		1. 张拉台座制作、安装、拆除 2. 预应力筋制作、张拉
040901006	后张法 预应力钢筋 (钢丝束、 钢绞线)	1. 部位 2. 预应力筋种类 3. 预应力规格 4. 锚具种类、规格 5. 砂浆强度等级 6. 压浆管材质、规格		1. 预应力筋孔道制作、安装 2. 锚具安装 3. 预应力筋制作、张拉 4. 安装压浆管道 5. 孔道压浆
040901007	型钢	1. 材料种类 2. 材料规格		1. 制作 2. 运输 3. 安装、定位
040901008	植筋	1. 材料种类 2. 材料规格 3. 植入深度 4. 植筋胶品种	根	1. 定位、钻孔、清孔 2. 钢筋加工成型 3. 注胶、植筋 4. 抗拔试验 5. 养护

续表

项目编码	项目名称	项目特征	计量单位	工作内容
040901009	预埋铁件	1. 材料种类 2. 材料规格	t	1. 制作 2. 运输 3. 安装
040901010	高强螺栓		1. t 2. 套	

注:1. 现浇构件中伸出构件的锚固钢筋、预制构件的吊钩和固定位置的支撑钢筋等,应并入钢筋工程量内。除设计标明的搭接外,其他施工搭接不计算工程量,由投标人在报价中综合考虑。

2. 钢筋工程所列"型钢"是指劲性骨架的型钢部分。

3. 凡型钢与钢筋组合(除预埋铁件外)的钢格栅,应分别列项。

二、钢筋工程清单项目特征描述

1. 现浇构件钢筋、预制构件钢筋、钢筋网片、钢筋笼

钢筋是指钢筋混凝土用和预应力钢筋混凝土用钢材,其横截面为圆形,有时为带有圆角的方形。钢筋广泛用于各种建筑结构,特别是大型、重型、轻型薄壁和高层建筑结构。

(1)钢筋种类。钢筋的种类比较多,按不同的标准可分为不同的类型,见表10-2。

表10-2　钢筋分类

序号	分类方法	内　容
1	按化学成分分类	按化学成分分类,钢筋可分为碳素钢钢筋和普通低合金钢钢筋两种。 (1)碳素钢钢筋是由碳素钢轧制而成。碳素钢钢筋按含碳量多少又分为:低碳钢钢筋($w_c<0.25\%$);中碳钢钢筋($w_c=0.25\%\sim0.60\%$);高碳钢钢筋($w_c>0.60\%$)。常用的有Q235、Q215等品种。含碳量越高,强度及硬度也越高,但塑性、韧性、冷弯及焊接性等均降低。 (2)普通低合金钢钢筋是在低碳钢和中碳钢的成分中加入少量元素(硅、锰、钛、稀土等)制成的钢筋。普通低合金钢筋的主要优点是强度高,综合性能好,用钢量比碳素钢少20%左右。常用的有24MnSi、25MnSi、40MnSiV等品种
2	按生产工艺分类	按生产工艺可分为热轧钢筋、余热处理钢筋、冷拉钢筋、冷拔钢丝、碳素钢丝、刻痕钢丝、钢绞线、冷轧带肋钢筋、冷轧扭钢筋等。 (1)热轧钢筋是用加热钢坯轧成的条形钢筋,分直条和盘条两种。由轧钢厂经过热轧成材供应,钢筋直径一般为5～50mm。 (2)余热处理钢筋又称调质钢筋,是经热轧后立即穿水,进行表面控制冷却,然后利用芯部余热自身完成回火处理所得的成品钢筋。其外形为月牙肋。 (3)冷拉钢筋是将热轧钢筋在常温下进行强力拉伸使其强度提高的一种钢筋。 (4)冷拔钢丝由直径6～8mm的普通热轧圆盘条经多次冷拔而成,分甲、乙两个等级。 (5)碳素钢丝是由优质高碳钢盘条经淬火、酸洗、拔制、回火等工艺而制成的。按生产工艺可分为冷拉及矫直回火两个品种。 (6)刻痕钢丝是把热轧大直径高碳钢加热,并经铅浴淬火,然后冷拔多次,钢丝表面再经过刻痕处理而制得的钢丝。 (7)钢绞线是把光圆碳素钢丝在绞线机上进行捻合而成的钢绞线

(2)钢筋规格。钢筋的牌号分为 HRB335、HRB400、HRB500 级。低碳热轧圆盘条钢筋按其屈服强度代号分为 Q195、Q215,其中 Q 为“屈服”的汉语拼音字头。HRB335、HRB400、HRB500 级为热轧带肋钢筋,H、R、B 分别为热轧(hotrolled)、带肋(ribbed)、钢筋(bars)三个词的英文首位字母。

2. 先张法预应力钢筋、后张法预应力钢筋

预应力筋通常由单根或成束的钢丝、钢绞线或钢筋组成。有粘结预应力筋是和混凝土直接粘结的或是在张拉后通过灌浆使之与混凝土粘结的预应力筋;无粘结预应力筋是用塑料、油脂等涂包预应力钢材后制成的,可以布置在混凝土结构体内或体外,且不能与混凝土粘结,这种预应力筋的拉力永远只能通过锚具和变向装置传递给混凝土。

在先张法生产中,为了与混凝土粘结可靠,一般采用螺纹钢筋、刻痕钢丝或钢绞线。在后张法生产中,则采用光圆钢筋、光圆钢丝或钢绞线,并分为无粘结预应力筋和有粘结预应力筋。后张无粘结预应力筋的表面涂有沥青、油脂或专门的润滑防锈材料,用纸带或塑料带包缠,或套以软塑料管,使之与周围混凝土隔离,和普通钢筋一样直接安放在模板中灌注混凝土,待混凝土达到规定强度后进行张拉。无粘结筋常用于预应力筋分散配置的构件或结构中,如大跨度双向平板、双向密肋楼盖等。后张有粘结预应力筋是指先放置在预留孔道中,待张拉锚固后通过灌浆而恢复与周围混凝土粘结的预应力筋。有粘结筋常用于预应力筋配置比较集中,每束的张拉力吨位较大的构件或结构。

3. 型钢

型钢是指具有确定断面形状且长度和截面周长之比相当大的直条钢材。按照钢的冶炼质量不同,型钢可分为普通型钢和优质型钢。普通型钢按现行金属产品目录可分为大型型钢、中型型钢、小型型钢。按其断面形状又可分为工字钢、槽钢、角钢、圆钢等。

(1)大型型钢:大型型钢中工字钢、槽钢、角钢、扁钢都是热轧的,圆钢、方钢、六角钢除热轧外,还有锻制、冷拉等。

工字钢、槽钢、角钢广泛应用于工业建筑和金属结构,如厂房、桥梁、船舶、农机车辆制造、输电铁塔、运输机械,往往配合使用。扁钢在建筑工地中用做桥梁、房架、栅栏、输电船舶、车辆等。圆钢、方钢用做各种机械零件、农机配件、工具等。

(2)中型型钢:中型型钢中工、槽、角、圆、扁钢用途与大型型钢相似。

(3)小型型钢:小型型钢中角、圆、方、扁钢加工和用途与大型型钢相似,小直径圆钢常用做建筑钢筋。

4. 植筋

化学法植筋是指建筑工程化学法植筋胶植筋,简称植筋,又叫种筋,是建筑结构抗震加固工程上的一种钢筋后锚固利用结构胶锁键握紧力作用的连接技术,是结构植筋加固与重型荷载紧固应用的最佳选择。化学法植筋是在混凝土、墙体岩石等基材上钻孔,然后注入高强植筋胶,再插入钢筋或型材,胶固化后将钢筋与基材粘接为一体,是加固补强行业较常用的一种建筑工程技术。

三、钢筋工程清单工程量计算

1. 工程量计算规则

(1)现浇构件钢筋、预制构件钢筋、钢筋网片、钢筋笼、先张法预应力钢筋(钢丝、钢绞线)、后张法预应力钢筋(钢丝束、钢绞线)、型钢:按设计图示尺寸以质量计算。

(2)植筋:按设计图示数量计算。

(3)预埋铁件:按设计图示尺寸以质量计算。

(4)高强螺栓:

1)按设计图示尺寸以质量计算。

2)按设计图示数量计算。

2. 工程量计算示例

【例 10-1】 某水池采用钢筋混凝土板顶盖,其配筋构造如图 10-1 所示,试计算钢筋工程量。

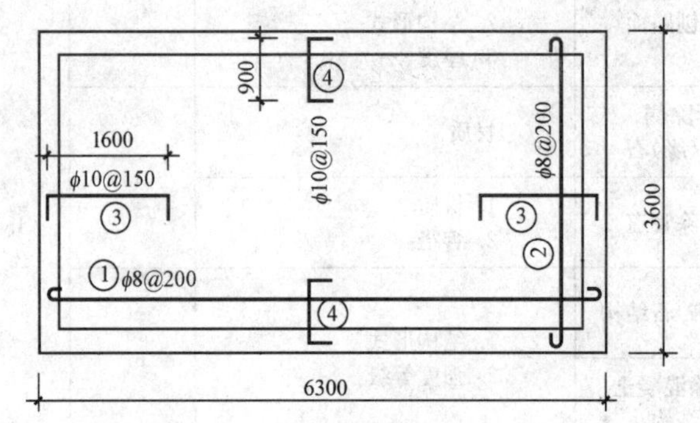

图 10-1　某水池钢筋混凝土板顶盖

【解】 由题意可知:

钢筋①根数=(3.6−0.015×2)/0.2+1=19 根

钢筋②根数=(6.3−0.015×2)/0.2+1=33 根

钢筋③根数=(3.6−0.015×2)/0.15+1=25 根

钢筋④根数=(6.3−0.015×2)/0.15+1=43 根

由此可得:

钢筋①质量=(6.3−0.015×2+2×6.25×0.008)×19×0.395=47.81kg

钢筋②质量=(3.6−0.015×2+2×6.25×0.008)×33×0.395=47.84kg

钢筋③质量=(1.6+0.1×2)×25×2×0.617=55.53kg

钢筋④质量=(0.9+0.1×2)×43×2×0.617=58.37kg

则,φ8 钢筋工程量=47.81+47.84=95.65kg=0.096t

φ10 钢筋工程量=55.53+58.37=113.9kg=0.114t

第二节　拆除工程工程量清单编制

一、拆除工程清单项目设置

《市政工程工程量清单计价规范》附录 K.1 中拆除工程共有 11 个清单项目。各清单项目设置的具体内容见表 10-3 。

表 10-3　　拆除工程清单项目设置

项目编码	项目名称	项目特征	计量单位	工作内容
041001001	拆除路面	1. 材质 2. 厚度	m²	1. 拆除、清理 2. 运输
041001002	拆除人行道			
041001003	拆除基层	1. 材质 2. 厚度 3. 部位		
041001004	铣刨路面	1. 材质 2. 结构形式 3. 厚度		
041001005	拆除侧、平(缘)石	材质	m	
041001006	拆除管道	1. 材质 2. 管径		
041001007	拆除砖石结构	1. 结构形式 2. 强度等级	m³	
041001008	拆除混凝土结构			
041001009	拆除井	1. 结构形式 2. 规格尺寸 3. 强度等级	座	
041001010	拆除电杆	1. 结构形式 2. 规格尺寸	根	
041001011	拆除管片	1. 材质 2. 部位	处	

注：1. 拆除路面、人行道及管道清单项目的工作内容中均不包括基础及垫层拆除，发生时按拆除工程清单项目编码列项。

2. 伐树、挖树蔸应按现行国家标准《园林绿化工程工程量计算规范》(GB 50858—2013)中相应清单项目编码列项。

二、拆除工程清单项目特征描述

1. 拆除路面

(1)拆除路面材料。材料是指高级、次高级、中级、低级四种类型路面的各主要组成材料。

1)高级路面:高级路面指用沥青混凝土、水泥混凝土、厂拌沥青碎石、整齐石或条石等材料所组成的路面。这类路面的结构强度高,使用寿命长,适应的交通量大,平整无尘,能保证行车的平稳和较高的车速,路面建成后,养护费用较省,运输成本低。目前,我国城市道路和高等级道路一般都采用高级路面形式。

2)次高级路面:次高级路面指由沥青贯入式、路拌沥青碎(砾)石、沥青表面处治和半整齐块石等材料所组成的路面。与高级路面相比,其使用品质稍差,使用寿命较短,造价较低。

3)中级路面:中级路面指用泥结碎石或级配碎石、不整齐块石和其他粒料等材料所组成的路面。它的强度低、使用期限短、平整性差、易扬尘、行车速度不高、适用的交通量较小且维修工作量大,运输量也较高。

4)低级路面:低级路面指用各种粒料或当地材料稍加改善后形成的路面。

(2)厚度。厚度指的是粉煤灰三渣基层的摊铺厚度,一般应为15~20cm。当厚度大于20cm时,应分两层结构层,以便进行分层施工,下层压实后应尽快摊铺上层。上层不能立即铺筑时,下层应保湿养护,再铺上层时其下层表面应打扫干净,并适当洒水湿润,使上下层联结良好。

2. 拆除基层

基层的主要材料有各种结合料(如石灰、水泥或沥青等)稳定土或碎(砾)石或工业废渣组成的混合料,贫水泥混凝土,各种碎(砾)石混合料或天然砂砾及片、块石或圆石等。

3. 拆除金属管

金属管材料主要是黑色金属,有铸铁管及钢管两大类。其他有色金属管如铅、铝及一些合金管等多用于小口径管道。

(1)铸铁管是给水管网及输水管道最常用的管材,它具有抗腐蚀性好、经久耐用、价格较钢管低等优点,缺点是质脆、不耐振动和弯折,工作压力较钢管低,管壁较钢管厚,且自重较大,因此在拆除时如再利用务必小心弯折。

(2)钢管是由钢材制成的管状物体,有耐高压、韧性好、耐振动、管壁薄、质量轻、管节长、接口少、加工接头方便的优点,在拆除时应清理干净。

三、拆除工程清单工程量计算

拆除工程工程量计算规则为:

(1)拆除路面、拆除人行道、拆除基层、铣刨路面:按拆除部位以面积计算。

(2)拆除侧、平(缘)石,拆除管道:按拆除部位以延长米计算。

(3)拆除砖石结构、拆除混凝土结构:按拆除部位以体积计算。

(4)拆除井、拆除电杆、拆除管片:按拆除部位数量计算。

第十一章　市政工程措施项目工程量清单编制

第一节　脚手架工程工程量清单编制

一、脚手架工程清单项目设置

《市政工程工程量清单计价规范》附录 L.1 中脚手架工程共有 5 个清单项目。各清单项目设置的具体内容见表 11-1。

表 11-1　　脚手架工程清单项目设置

项目编码	项目名称	项目特征	计量单位	工作内容
041101001	墙面脚手架	墙高	m^2	1. 清理场地 2. 搭设、拆除脚手架、安全网 3. 材料场内外运输
041101002	柱面脚手架	1. 柱高 2. 柱结构外围周长		
041101003	仓面脚手架	1. 搭设方式 2. 搭设高度		
041101004	沉井脚手架	沉井高度		
041101005	井字架	井深	座	1. 清理场地 2. 搭、拆井字架 3. 材料场内外运输

注:各类井的井深按井底基础以上至井盖顶的高度计算。

二、脚手架工程清单项目特征描述

脚手架是指为建筑施工而搭设的上料、堆料及用于施工作业要求的各种临时结构架。脚手架是建筑施工中不可缺少的空中作业工具,无论是结构施工还是室外装修施工,以及设备安装都需要根据操作要求搭设脚手架。

常用建筑脚手架的种类见表 11-2。

表 11-2　　建筑脚手架的种类

序号	分类方法	种　类
1	按使用材料划分	按照使用材料划分,脚手架主要有木脚手架、竹脚手架、金属脚手架(包含扣件式钢管脚手架、碗扣式脚手架、门式脚手架、爬架)

续表

序号	分类方法	种　类
2	按用途划分	(1)操作脚手架。为施工操作提供高处作业条件的脚手架。 (2)防护用脚手架。只用做安全防护的脚手架。 (3)承重、支撑用脚手架。用于材料的运转、存放、支撑以及其他承载用途的脚手架
3	按搭设位置划分	(1)封圈型外脚手架。沿建筑物周边交圈设置的脚手架。 (2)开口型脚手架。沿建筑物周边非交圈设置的脚手架。 (3)外脚手架。搭设在建筑物外围的架子。 (4)里脚手架。搭设在建筑物内部楼层上的架子
4	按构造形式划分	(1)落地式脚手架。搭设在地面、楼面、屋面或其他平台结构之上的脚手架。 (2)悬挑脚手架。采用悬挑方式支固的脚手架。 (3)附墙悬挂脚手架。在上部或(和)中部挂设于墙体挑挂件上的定型脚手架。 (4)悬吊脚手架。悬吊于悬挑梁或工程结构之下的脚手架。 (5)水平移动脚手架。带行走装置的脚手架(段)或操作平台架。 (6)附着升降脚手架。附着于工程结构、依靠自身提升设备实现升降的悬空脚手架
5	按脚手架平、立杆的连接方式划分	(1)承插式脚手架。在平杆与立杆之间采用承插连接的脚手架。 (2)扣件式脚手架。使用扣件箍紧连接的脚手架

三、脚手架工程清单工程量计算

脚手架工程工程量计算规则为：

(1)墙面脚手架:按墙面水平边线长度乘以墙面砌筑高度计算。

(2)柱面脚手架:按柱结构外围周长乘以柱砌筑高度计算。

(3)仓面脚手架:按仓面水平面积计算。

(4)沉井脚手架:按井壁中心线周长乘以井高计算。

(5)井字架:按设计图示数量计算。

第二节　混凝土模板及支架工程量清单编制

一、混凝土模板及支架清单项目设置

《市政工程工程量清单计价规范》附录 L.2 中混凝土模板及支架共有 40 个清单项目。各清单项目设置的具体内容见表 11-3 。

表 11-3 混凝土模板及支架清单项目设置

项目编码	项目名称	项目特征	计量单位	工作内容
041102001	垫层模板	构件类型	m²	1. 模板制作、安装、拆除、整理、堆放 2. 模板粘结物及模内杂物清理，刷隔离剂 3. 模板场内外运输及维修
041102002	基础模板			
041102003	承台模板			
041102004	墩(台)帽模板	1. 构件类型 2. 支模高度		
041102005	墩(台)身模板			
041102006	支撑梁及横梁模板	1. 构件类型 2. 支模高度		
041102007	墩(台)盖梁模板			
041102008	拱桥拱座模板			
041102009	拱桥拱肋模板			
041102010	拱上构件模板			
041102011	箱梁模板			
041102012	柱模板			
041102013	梁模板			
041102014	板模板			
041102015	板梁模板			
041102016	板拱模板			
041102017	挡墙模板			
041102018	压顶模板	构件类型		
041102019	防撞护栏模板			
041102020	楼梯模板			
041102021	小型构件模板			
041102022	箱涵滑(底)板模板	1. 构件类型 2. 支模高度		
041102023	箱涵侧墙模板			
041102024	箱涵顶板模板			
041102025	拱部衬砌模板	1. 构件类型 2. 衬砌厚度 3. 拱跨径		
041102026	边墙衬砌模板			
041102027	竖井衬砌模板	1. 构件类型 2. 壁厚		
041102028	沉井井壁(隔墙)模板	1. 构件类型 2. 支模高度		
041102029	沉井顶板模板			
041102030	沉井底板模板	构件类型		
041102031	管(渠)道平基模板			
041102032	管(渠)道管座模板			
041102033	井顶(盖)板模板			
041102034	池底模板			

续表

项目编码	项目名称	项目特征	计量单位	工作内容
041102035	池壁(隔墙)模板	1. 构件类型 2. 支模高度	m^2	1. 模板制作、安装、拆除、整理、堆放 2. 模板粘结物及模内杂物清理,刷隔离剂 3. 模板场内外运输及维修
041102036	池盖模板			
041102037	其他现浇构件模板	构件类型		
041102038	设备螺栓套	螺栓套孔深度	个	
041102039	水上桩基础支架、平台	1. 位置 2. 材质 3. 桩类型	m^2	1. 支架、平台基础处理 2. 支架、平台的搭设、使用及拆除 3. 材料场内外运输
041102040	桥涵支架	1. 部位 2. 材质 3. 支架类型	m^3	1. 支架地基处理 2. 支架的搭设、使用及拆除 3. 支架预压 4. 材料场内外运输

注:原槽浇灌的混凝土基础、垫层不计算模板。

二、混凝土模板及支架清单项目特征描述

混凝土模板及支架是指混凝土结构或钢筋混凝土结构成型的模具,由面板和支撑系统(包括龙骨、桁架、小梁等,以及垂直支承结构)、连接配件(包括螺栓、联结卡扣、模板面与支承构件以及支承构件之间联结零、配件)组成。

三、混凝土模板及支架清单工程量计算

混凝土模板及支架工程量计算规则为:

(1)各类混凝土模板工程量:按混凝土与模板接触面的面积计算。

(2)设备螺栓套:按设计图示数量计算。

(3)水上桩基础支架、平台:按支架、平台搭设的面积计算。

(4)桥涵支架:按支架搭设的空间体积计算。

第三节　围堰工程量清单编制

一、围堰清单项目设置

《市政工程工程量清单计价规范》附录 L.3 中围堰共有 2 个清单项目。各清单项

目设置的具体内容见表 11-4。

表 11-4　围堰清单项目设置

项目编码	项目名称	项目特征	计量单位	工作内容
041103001	围堰	1. 围堰类型 2. 围堰顶宽及底宽 3. 围堰高度 4. 填心材料	1. m^3 2. m	1. 清理基底 2. 打、拔工具桩 3. 堆筑、填心、夯实 4. 拆除清理 5. 材料场内外运输
041103002	筑岛	1. 筑岛类型 2. 筑岛高度 3. 填心材料	m^3	1. 清理基底 2. 堆筑、填心、夯实 3. 拆除清理

二、围堰清单项目特征描述

1. 围堰

围堰是指在工程建设中，为防止水和土进入建筑物的修建位置，修建的临时性围护结构，以便在围堰内排水，开挖基坑，修筑建筑物。在市政桥梁基础施工中，围堰既可以防水、围水，又可以支撑基坑的坑壁。

围堰按填筑材料可分为以下几种：

(1)土围堰。土围堰是用土堆筑成梯形截面的土堤，迎水面的边坡不宜陡于 1∶2，基坑侧边坡不宜陡于 1∶1.5，通常用砂质黏土填筑。土围堰仅适用于浅水、流速缓慢及围堰底为不透水土层处。为防止迎水面边坡受冲刷，常用片石、草皮或草袋填土围护。在产石地区还可做堆石围堰，但外坡用土层盖面，以防渗漏水。

(2)土石围堰。土石围堰由土石填筑而成，多用做上下游横向围堰，它能充分利用当地材料，对基础适应性强，施工工艺简单。土石围堰的防渗结构形式有土质心墙和斜墙、混凝土心墙和斜墙、钢板桩心墙及其他防渗心墙结构。

(3)草土围堰。草土围堰是指用一层草一层土再一层草一层土在水中逐渐堆筑形成的挡水结构。其下层的草土体靠上层草土体的质量，使之逐步下沉并稳定，堰体边坡很小，甚至可以没有边坡(俗称收分)。其基本断面是矩形，断面宽度是依据水深和施工时上游壅水高度及基坑施工场地要求来确定，根据各地实践经验，断面宽为水深的 2.7～3.3 倍。流沙基础和采用机械化施工，断面宽度应适当地加大。由于草土体的沉陷较大，就必须留备足够的起高，一般超高为设计堰高的 8%～10%。

(4)木板桩围堰。深度不大，面积较小的基坑可采用木板桩围堰。为了防渗漏，板桩间应有榫槽相接。当水不深时，可用单层木板桩，内部加支撑以平衡外部压力。水较深时，可用双壁木板桩，双壁之间用铁拉条或横木拉紧，中间填土。其高度通常不超过 6～7m。

(5)木笼围堰。在河床不能打桩、流速较大，同时盛产木材和石料的地区，可用木笼做成围堰的堰壁。最常用的形式是用方木做成透空式木笼，迎水面设多层木板防水，就位后，在笼内填石。为减少与河床接触处的漏水，一般用麻袋盛土或混凝土堆置在木笼堰壁外侧。

(6)钢板桩围堰。钢板桩是带有锁口的一种型钢，其截面有直板形、槽形及Z形等，有各种大小尺寸及联锁形式。其优点为：强度高，容易打入坚硬土层；可在深水中施工，防水性能好；能按需要组成各种外形的围堰，并可多次重复使用。因此，它的用途广泛。在桥梁施工中常用于沉井顶的围堰，管柱基础、桩基础及明挖基础的围堰等。

2. 筑岛

筑岛又称筑岛填心，是指在围堰围成的区域内填土、砂及砂砾石。

三、围堰清单工程量计算

围堰工程量清单计算规则为：

(1)围堰：

1)以立方米计量，按设计图示围堰体积计算。

2)以米计量，按设计图示围堰中心线长度计算。

(2)筑岛：按设计图示筑岛体积计算。

第四节　便道及便桥工程量清单编制

一、便道及便桥清单项目设置

《市政工程工程量清单计价规范》附录L.4中便道及便桥共有2个清单项目。各清单项目设置的具体内容见表11-5。

表11-5　　便道及便桥清单项目设置

项目编码	项目名称	项目特征	计量单位	工作内容
041104001	便道	1. 结构类型 2. 材料种类 3. 宽度	m^2	1. 平整场地 2. 材料运输、铺设、夯实 3. 拆除、清理
041104002	便桥	1. 结构类型 2. 材料种类 3. 跨径 4. 宽度	座	1. 清理基底 2. 材料运输、便桥搭设 3. 拆除、清理

二、便道及便桥清单项目特征描述

1. 便道

便道是指正式道路正在修建或修整时临时使用的道路。

2. 便桥

便桥是指为了方便施工而架设的桥，有时需要很强的强度要求供施工机械能够顺利方便的通行。

三、便道及便桥清单工程量计算

便道及便桥工程量计算规则为：

(1)便道：按设计图示尺寸以面积计算。

(2)便桥：按设计图示数量计算。

第五节　洞内临时设施工程量清单编制

一、洞内临时设施清单项目设置

《市政工程工程量清单计价规范》附录 L.5 中洞内临时设施共有 5 个清单项目。各清单项目设置的具体内容见表 11-6。

表 11-6　　洞内临时设施清单项目设置

<table>
<tr><th>项目编码</th><th>项目名称</th><th>项目特征</th><th>计量单位</th><th>工作内容</th></tr>
<tr><td>041105001</td><td>洞内通风设施</td><td rowspan="4">1. 单孔隧道长度
2. 隧道断面尺寸
3. 使用时间
4. 设备要求</td><td rowspan="5">m</td><td rowspan="4">1. 管道铺设
2. 线路架设
3. 设备安装
4. 保养维护
5. 拆除、清理
6. 材料场内外运输</td></tr>
<tr><td>041105002</td><td>洞内供水设施</td></tr>
<tr><td>041105003</td><td>洞内供电及照明设施</td></tr>
<tr><td>041105004</td><td>洞内通信设施</td></tr>
<tr><td>041105005</td><td>洞内外轨道铺设</td><td>1. 单孔隧道长度
2. 隧道断面尺寸
3. 使用时间
4. 轨道要求</td><td>1. 轨道及基础铺设
2. 保养维护
3. 拆除、清理
4. 材料场内外运输</td></tr>
</table>

注：设计注明轨道铺设长度的，按设计图示尺寸计算；设计未注明时可按设计图示隧道长度以延长米计算，并注明洞外轨道铺设长度由投标人根据施工组织设计自定。

二、洞内临时设施清单项目特征描述

(1)洞内临时设施主要包括洞内通风设施、洞内供水设施、洞内供电及照明设施、洞内通信设施，应注明单孔隧道长度、隧道断面尺寸、使用时间和设备要求。

(2)洞内外轨道铺设应注明单孔隧道长度、隧道断面尺寸、使用时间和轨道要求。

三、洞内临时设施清单工程量计算

洞内临时设施工程量计算规则为：

(1)洞内通风设施、洞内供水设施、洞内供电及照明设施、洞内通信设施：按设计图示隧道长度以延长米计算。

(2)洞内外轨道铺设：按设计图示轨道铺设长度以延长米计算。

第六节　大型机械设备进出场及安拆工程量清单编制

一、大型机械设备进出场及安拆清单项目设置

《市政工程工程量清单计价规范》附录 L.6 中大型机械设备进出场及安拆共有 1 个清单项目。各清单项目设置的具体内容见表 11-7。

表 11-7　大型机械设备进出场及安拆清单项目设置

项目编码	项目名称	项目特征	计量单位	工作内容
041106001	大型机械设备进出场及安拆	1. 机械设备名称 2. 机械设备规格型号	台·次	1. 安拆费包括施工机械、设备在现场进行安装拆卸所需人工、材料、机械和试运转费用以及机械辅助设施的折旧、搭设、拆除等费用 2. 进出场费包括施工机械、设备整体或分体自停放地点运至施工现场或由一施工地点运至另一施工地点所发生的运输、装卸、辅助材料等费用

二、大型机械设备进出场及安拆清单项目特征描述

大型机械设备进出场及安拆应注明机械设备名称、规格、型号。

三、大型机械设备进出场及安拆清单工程量计算

大型机械设备进出场及安拆工程量计算规则为：按使用机械设备的数量计算。

第七节　施工排水、降水工程量清单编制

一、施工排水、降水清单项目设置

《市政工程工程量清单计价规范》附录 L.7 施工排水、降水共有 2 个清单项目。各清单项目设置的具体内容见表 11-8。

表 11-8 施工排水、降水清单项目设置

项目编码	项目名称	项目特征	计量单位	工作内容
041107001	成井	1. 成井方式 2. 地层情况 3. 成井直径 4. 井(滤)管类型、直径	m	1. 准备钻孔机械、埋设护筒、钻机就位;泥浆制作、固壁;成孔、出渣、清孔等 2. 对接上、下井管(滤管),焊接,安放,下滤料,洗井,连接试抽等
041107002	排水、降水	1. 机械规格型号 2. 降排水管规格	昼夜	1. 管道安装、拆除,场内搬运等 2. 抽水、值班、降水设备维修等

注:相应专项设计不具备时,可按暂估量计算。

二、施工排水、降水清单项目特征描述

1. 成井

在水文地质钻探钻凿成孔并取得钻孔地质剖面资料之后,还必须通过抽水试验查明地下水的水位、水量、水质等情况,有时还要将其建成用于长久供水的管井。为此而采取的各种技术措施,称为"成井工艺"。它是钻成孔井之后的主要工艺,包括扫孔(扫去孔壁泥皮)、冲孔(冲净井中泥砂、岩屑)、换浆(把井内浓泥浆稀释)、下管、填砾、止水、洗井等工序。

2. 排水、降水

(1)排水。排水是指将施工期间有碍施工作业和影响工程质量的水,排到施工场地以外。

(2)降水。在地下水位较高的地区开挖深基坑,由于含水层被切断,在压差作用下,地下水必然会不断地渗流入基坑,如不进行基坑降排水工作,将会造成基坑浸水,使现场施工条件变差,地基承载力下降,在动水压力作用下还可能引起流砂、管涌和边坡失稳等现象,因此,为确保基坑施工安全,必须采取有效的降水措施,也称降水工程。

三、施工排水、降水清单工程量计算

施工排水、降水工程量计算规则为:

(1)成井:按设计图示尺寸以钻孔深度计算。

(2)排水、降水:按排、降水日历天数计算。

第八节　处理、监测、监控工程量清单编制

《市政工程工程量清单计价规范》附录 L.8 中处理、监测、监控共有 2 个清单项目。各清单项目设置的具体内容见表 11-9。

表 11-9　　处理、监测、监控清单项目设置

项目编码	项目名称	工作内容及包含范围
041108001	地下管线交叉处理	1. 悬吊 2. 加固 3. 其他处理措施
041108002	施工监测、监控	1. 对隧道洞内施工时可能存在的危害因素进行检测 2. 对明挖法、暗挖法、盾构法施工的区域等进行周边环境监测 3. 对明挖基坑围护结构体系进行监测 4. 对隧道的围岩和支护进行监测 5. 盾构法施工进行监控测量

注:地下管线交叉处理指施工过程中对现有施工场地范围内各种地下交叉管线进行加固及处理所发生的费用,但不包括地下管线或设施改、移发生的费用。

第九节　安全文明施工及其他措施项目工程量清单编制

《市政工程工程量清单计价规范》附录 L.9 安全文明施工及其他措施项目共有 7 个清单项目。各清单项目设置的具体内容见表 11-10。

表 11-10　　安全文明施工及其他措施项目清单项目设置

项目编码	项目名称	工作内容及包含范围
041109001	安全文明施工	1. 环境保护:施工现场为达到环保部门要求所需要的各项措施。包括施工现场为保持工地清洁、控制扬尘、废弃物与材料运输的防护、保证排水设施通畅、设置密闭式垃圾站、实现施工垃圾与生活垃圾分类存放等环保措施;其他环境保护措施 2. 文明施工:根据相关规定在施工现场设置企业标志、工程项目简介牌、工程项目责任人员姓名牌、安全六大纪律牌、安全生产记数牌、十项安全技术措施牌、防火须知牌、卫生须知牌及工地施工总平面布置图、安全警示标志牌,施工现场围挡以及为符合场容场貌、材料堆放、现场防火等要求采取的相应措施;其他文明施工措施 3. 安全施工:根据相关规定设置安全防护设施、现场物料提升架与卸料平台的安全防护设施、垂直交叉作业与高空作业安全防护设施、现场设置安防监控系统设施、现场机械设备(包括电动工具)的安全保护与作业场所和临时安全疏散通道的安全照明与警示设施等;其他安全防护措施 4. 临时设施:施工现场临时宿舍、文化福利及公用事业房屋与构筑物、仓库、办公室、加工厂、工地实验室以及规定范围内的道路、水、电、管线等临时设施和小型临时设施等的搭设、维修、拆除、周转;其他临时设施搭设、维修、拆除

续表

项目编码	项目名称	工作内容及包含范围
041109002	夜间施工	1. 夜间固定照明灯具和临时可移动照明灯具的设置、拆除 2. 夜间施工时，施工现场交通标志、安全标牌、警示灯等的设置、移动、拆除 3. 夜间照明设备及照明用电、施工人员夜班补助、夜间施工劳动效率降低等
041109003	二次搬运	由于施工场地条件限制而发生的材料、成品、半成品一次运输不能到达堆积地点，必须进行的二次或多次搬运
041109004	冬雨季施工	1. 冬雨季施工时增加的临时设施（防寒保温、防雨设施）的搭设、拆除 2. 冬雨季施工时对砌体、混凝土等采用的特殊加温、保温和养护措施 3. 冬雨季施工时施工现场的防滑处理、对影响施工的雨雪的清除 4. 冬雨季施工时增加的临时设施、施工人员的劳动保护用品、冬雨季施工劳动效率降低等
041109005	行车、行人干扰	1. 由于施工受行车、行人干扰的影响，导致人工、机械效率降低而增加的措施 2. 为保证行车、行人的安全，现场增设维护交通与疏导人员而增加的措施
041109006	地上、地下设施、建筑物的临时保护设施	在工程施工过程中，对已建成的地上、地下设施和建筑物进行的遮盖、封闭、隔离等必要保护措施所发生的人工和材料
041109007	已完工程及设备保护	对已完工程及设备采取的覆盖、包裹、封闭、隔离等必要保护措施所发生的人工和材料

注：本表所列项目应根据工程实际情况计算措施项目费用，需分摊的应合理计算摊销费用。

第十二章　市政工程工程量清单投标报价编制

第一节　工程投标报价概述

一、投标报价的概念

投标报价是指承包商计算、确定和报送招标工程投标总价格的活动。它是业主选择中标者的主要标准，同时也是业主和承包商就工程标价进行承包合同谈判的基础，直接关系到承包商投标的成败。

投标报价也是投标单位根据招标文件及有关计价办法，计算出投标报价，并在此基础上研究投标策略，提出更有竞争力的报价。投标报价对投标单位竞标的成败和将来实施工程的盈亏起着决定性的作用。

二、投标报价编制依据

(1)《建设工程工程量清单计价规范》(GB 50500—2013)。

(2)国家或省级、行业建设主管部门颁发的计价办法。

(3)企业定额，国家或省级、行业建设主管部门颁发的计价定额。

(4)招标文件、工程量清单及其补充通知、答疑纪要。

(5)建设工程设计文件及相关资料。

(6)施工现场情况、工程特点及拟定的投标施工组织设计或施工方案。

(7)与建设项目相关的标准、规范等技术资料。

(8)市场价格信息或工程造价管理机构发布的工程造价信息。

(9)其他的相关资料。

三、投标报价编制工作程序

投标报价的编制工作是投标人进行投标的实质性工作，由投标人组织的专门机构来完成，主要包括审核工程量清单、编制施工组织设计、材料询价、计算工程量计价单价、标价分析决策及编制投标文件等。投标报价的主要编制工作程序如图 12-1 所示。

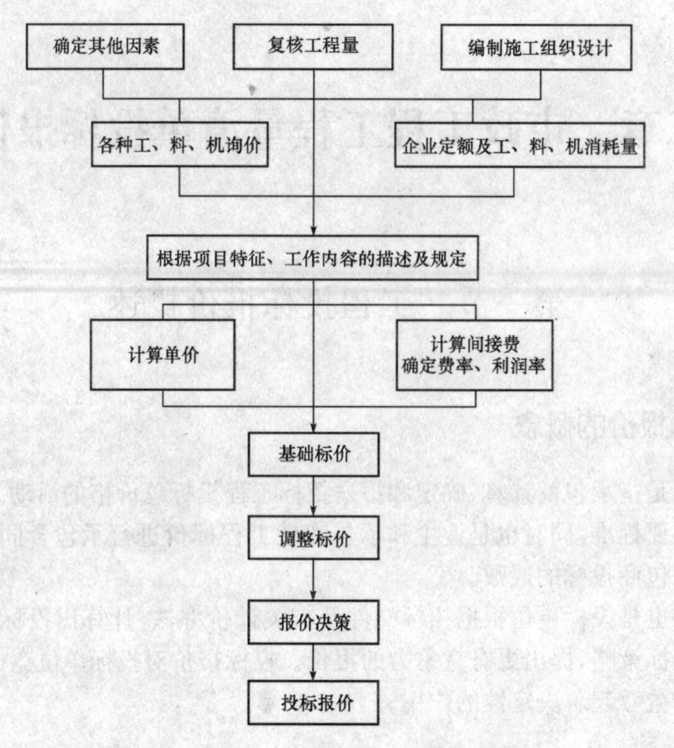

图 12-1　投标报价编制工作程序示意图

四、投标报价前期工作

投标报价的前期工作主要是指确定投标报价的准备工作，主要内容见表 12-1。

表 12-1　　投标报价前期工作内容

序号	项　目	内　容
1	收集、熟悉资料	投标报价前，应收集并熟悉下列基础资料： (1)招标单位提供的招标文件、工程设计图纸、有关技术说明书。 (2)国家及地区建设行政主管部门颁布的工程预算定额、单位估价表及与之配套的费用定额，工程量清单计价规范。 (3)当时当地的市场人工、材料、机械价格信息。 (4)企业内部的资源消耗量标准
2	调查投标环境	投标环境主要包括自然环境和经济环境两个方面。 (1)自然环境是指施工现场的水文、地质等自然条件，所有对工程施工带来影响的自然条件都要在投标报价中予以考虑。 (2)经济环境是指投标单位在众多投标竞争者中所处的位置。其他投标竞争者的数量以及其工程管理水平的高低，都是工程招投标过程竞争激烈程度的决定性因素。在进行投标报价前，投标单位应尽量做到知己知彼，这样，才能更有把握地做出竞标能力强的工程投标报价

续表

序号	项　目	内　容
3	制订合理的施工方案	施工方案在制订时，主要考虑施工方法、施工机具的配置、各工种的安排、现场施工人员的平衡、施工进度安排、施工现场的安全措施等。一个好的施工方案，可以大大降低投标报价，使报价的竞标力增强，而且它也是招标单位考虑投标方是否中标的一个重要因素

五、投标报价的确定

1. 分部分项工程费的确定

(1)综合单价的确定。分部分项工程费应依据《建设工程工程量清单计价规范》(GB 50500—2013)中综合单价的组成内容，按招标文件中分部分项工程量清单项目的特征描述确定综合单价计算。

分部分项工程量清单综合单价包括完成单位分部分项工程所需的人工费、材料费、机械使用费、管理费、利润，并考虑风险费用的分摊。其计算过程如下：

某分部分项清单分项计价费用＝某项清单分项综合单价×某项清单分项工程数量

分部分项工程量清单合计费用＝∑分部分项工程量清单各分项计价费用

(2)材料暂估单价。招标文件中提供了暂估单价的材料，按暂估的单价计入综合单价。

(3)风险费用。综合单价中应考虑招标文件中要求投标人承担的风险费用。

2. 措施项目费的确定

措施项目费应根据招标文件中的措施项目清单及投标时拟定的施工组织设计或施工方案按《建设工程工程量清单计价规范》(GB 50500—2013)的规定自主确定。其中安全文明施工费应按照规范中有关的规定确定。

3. 其他项目费的确定

其他项目费应按下列规定报价：

(1)暂列金额应按招标人在其他项目清单中列出的金额填写。

(2)材料暂估价应按招标人在其他项目清单中列出的单价计入综合单价；专业工程暂估价应按招标人在其他项目清单中列出的金额填写。

(3)计日工按招标人在其他项目清单中列出的项目和数量，自主确定综合单价并计算计日工总额。

(4)总承包服务费根据招标文件中列出的内容和提出的要求自主确定。

4. 规费和税金的确定

规费和税金应按《建设工程工程量清单计价规范》(GB 50500—2013)的规定确定。

工程量清单与计价表中列明的所有需要填写的单价和合价的项目，投标人均应填写且只允许有一个报价。未填写单价和合价的项目，视为此项费用已包含在工程量清单中其他项目的单价和合价之中。竣工结算时，此项目不得重新组价予以调整。

投标总价应当与分部分项工程费、措施项目费、其他项目费和规费、税金的合计金额一致。

第二节 投标报价决策与策略

一、投标报价决策

投标报价决策，实际就是解决投标过程中的对策问题，决策贯穿竞争的全过程，对于招标投标中的各个主要环节，都必须及时做出正确的决策，才能取得竞争的全胜。在招标市场的激烈竞争中，承包商必须重视投标报价决策问题的研究，投标报价决策是企业经营成败的关键。

投标报价决策的主要内容包括以下四个方面：

(1)分析本企业在现有资源条件下，在一定时间内，应当和可以承揽的工程任务数量。

(2)对可投标工程的选择和决定。当只有一项工程可供投标时，决定是否投标；有若干项工程可供投标时，正确选择投标对象，决定向哪个或哪几个工程投标。

(3)确定进行某工程项目投标后，在满足招标单位对工程质量和工期要求的前提下，对工程成本的估价做出决策，即对本企业的技术优势和实力结合实际工程做出合理的评价。

(4)在收集各方信息的基础上，从竞争谋略的角度确定高价、微利、保本等方面的投标报价决定。

二、投标报价策略

投标报价策略是指投标人在投标竞争中的系统工作部署及其参与投标竞争的方式和手段。承包商参加投标竞争，能否战胜对手而获得施工合同，在很大程度上取决于自身能否正确灵活地运用投标策略来指导投标全过程。

投标报价策略主要是“把握形势，以长胜短，掌握主动，随机应变”。在实际投标过程中，常用的投标报价策略见表 12-2。

表 12-2 常用投标报价策略

序号	类　别	说　明
1	根据招标项目的不同特点采用不同报价	投标报价时，既要考虑自身的优势和劣势，又要分析招标项目的特点。按照工程项目的不同特点、类别、施工条件等来选择报价策略

续表

序号	类　别	说　明
2	不平衡报价法	这一方法是指一个工程项目总报价基本确定后，通过调整内部各个项目的报价，既不提高总报价、不影响中标，又能在结算时得到更理想的经济效益
3	计日工单价的报价	如果是单纯报价计日工单价，而且不计入总价中，可以报高些，以便在招标人额外用工或使用施工机械时多盈利。但如果计日工单价要计入总报价时，则需具体分析是否报高价，以免抬高总报价
4	可供选择的项目的报价	有些工程项目的分项工程，招标人可能要求按某一方案报价，而后再提供几种可供选择方案的比较报价。投标人投标时应对不同规格情况下的价格进行调查，对于将来有可能被选择使用的规格应适当提高其报价；对于技术难度大的可将价格有意抬得更高一些，以阻止招标人选用。 由于“可供选择项目”只有招标人才有权进行选择，所以，虽然适当提高了可供选择项目的报价，但并不意味着肯定可以取得较好的利润，只是提供了一种可能性，一旦招标人今后选用，投标人即可得到额外加价的利益
5	多方案报价法	对于一些工程范围不很明确，条款不清楚或很不公正，或技术规范要求过于苛刻的招标文件，则要在充分估计投标风险的基础上按原招标文件报一个价，然后提出如某某条款做某些变动，报价可降低多少，由此可报出一个较低的价
6	暂定金额的报价	(1)由于暂定总价款是固定的，对各投标人的总报价水平竞争力没有任何影响，因此，投标时应当对暂定金额的单价适当提高。 (2)招标人列出了暂定金额的项目的数量，但并没有限制这些工程量的估价总价款，要求投标人既列出单价，也应按暂定项目的数量计算总价，将来结算付款时可按实际完成的工程量和所报单价支付。这种情况下，投标人必须慎重考虑。如果单价定得高了，同其他工程量计价一样，将会增大总报价，影响投标报价的竞争力；如果单价定得低了，将来这类工程量增大，将会影响收益。一般来说，这类工程量可以采用正常价格。如果投标人估计今后实际工程量肯定会增大，则可适当提高单价，使将来可增加额外收益。 (3)只有暂定金额的一笔固定总金额，将来这笔金额做什么用，由招标人确定。这种情况对投标竞争没有实际意义，按招标文件要求将规定的暂定金额列入总报价即可
7	增加建议方案	有时招标文件中规定，可以提出建议方案，即可以修改原设计方案，提出投标者的方案。这时投标者应组织一批有经验的设计和施工工程师，对原招标文件的设计和施工方案进行仔细研究，提出更合理的方案以吸引业主方，促成自己的方案中标。这种新的建议方案可以降低总造价、提前竣工或使工程运用更合理。但要注意的是，一定要对原招标方案标价，以供采购方比较。增加建议方案时，不要将方案写得太具体，保留方案的关键技术，防止业主方将此方案交给其他承包商。同时要强调的是，建议方案一定要比较成熟，或过去有这方面的实践经验，避免仅为中标而匆忙提出一些没有把握的建议方案，而引起很多的后患

第三节 某道路改造工程投标报价编制实例

投标总价封面

某道路改造工程 工程

投 标 总 价

投 标 人：××单位公章

（单位盖章）

××××年××月××日

封-3

《投标总价封面》(封-3)填写要点：

投标总价封面应填写投标工程项目的具体名称，投标人应盖单位公章。

投标总价扉页

某道路改造 工程

投标总价

招　标　人：××单位

工程名称：某道路改造

投标总价(小写)：62822006.65

(大写)：陆仟贰佰捌拾贰万贰仟零陆元陆角伍分

投　标　人：××单位

(单位盖章)

法定代表人

或其授权人：××单位法定代表人

(签字或盖章)

编　制　人：××签字盖造价工程师或造价员专用章

(造价人员签字盖专用章)

时　　间：××××年××月××日

总说明

工程名称:某道路改造工程　　　　第　页　共　页

1. 工程概况:某道路全长 6km,路宽 70m。8 车道,其中大桥上部结构为预应力混凝土 T 形梁,梁高为 1.2m,跨境为 1×22m+6×20m,桥梁全长 164m。下部结构,中墩为桩接柱,柱顶盖梁;边墩为重力桥台。墩柱直径为 1.2m,转孔桩直径为 1.3m。施工工期为 1 年。

2. 招标范围:道路工程、桥梁工程和排水工程。

3. 清单编制依据:本工程依据《建设工程工程量清单计价规范》中规定的工程量清单计价的办法,依据××单位设计的施工设计图纸、施工组织设计等计算实物工程量。

4. 工程质量应达优良标准。

5. 考虑施工中可能发生的设计变更或清单有误,预留金 1500000 元。

6. 投标人在投标文件应按《建设工程工程量清单计价规范》规定的统一格式,提供"综合单价分析表"、"总价措施项目清单与计价表"。

表-01

建设项目投标报价汇总表

工程名称:某道路改造工程　　　　第　页　共　页

序号	单位工程名称	金额/元	其中:/元		
			暂估价	安全文明施工费	规费
1	某道路改造工程	62822006.65	5320000.00	1804841.08	2057518.74
合计		62822006.65	5320000.00	1804841.08	2057518.74

表-02

单项工程投标报价汇总表

工程名称:某道路改造工程　　　　第　页　共　页

序号	单位工程名称	金额/元	其中:/元		
			暂估价	安全文明施工费	规费
1	某道路改造工程	62822006.65	5320000.00	1804841.08	2057518.74
合计		62822006.65	5320000.00	1804841.08	2057518.74

表-03

单位工程投标报价汇总表

工程名称:某道路改造工程　　标段:　　第　页　共　页

序号	汇总内容	金额/元	其中:暂估价/元
1	分部分项工程	48129095.39	5320000.00
1.1	土石方工程	2275844.14	
1.2	道路工程	25444507.08	20000.00
1.3	桥涵工程	11712541.79	
1.4	管网工程	1352964.34	
1.5	钢筋工程	7343238.04	5300000.00
2	措施项目	2420510.79	—
2.1	其中:安全文明施工费	1804841.08	—
3	其他项目	8302325.00	—
3.1	其中:暂列金额	1500000.00	—
3.2	其中:专业工程暂估价	5000000.00	—
3.3	其中:计日工	1489325.00	—
3.4	其中:总承包服务费	313000.00	—
4	规费	2057518.74	—
5	税金	1912556.73	—
投标报价合计=1+2+3+4+5		62822006.65	5320000

表-04

分部分项工程和单价措施项目清单与计价表

工程名称:某道路改造工程　　标段:　　第　页　共　页

序号	项目编码	项目名称	项目特征描述	计量单位	工程量	金额/元		
						综合单价	合价	其中 暂估价
		0401 土石方工程						
1	040101001001	挖一般土方	一、二类土，4m以内	m^3	142100.00	10.70	1520470.00	
2	040101002001	挖沟槽土方	三、四类土综合，4m以内	m^3	2493.00	11.81	29442.33	
3	040101002002	挖沟槽土方	三、四类土综合，4m以内	m^3	837.00	60.18	50370.66	
4	040101002003	挖沟槽土方	三、四类土综合，6m内	m^3	2837.00	17.85	50640.45	
5	040103001001	回填方	密实度90%以上	m^3	8500.00	8.30	70550.00	

续表

序号	项目编码	项目名称	项目特征描述	计量单位	工程量	金额/元		
						综合单价	合价	其中
								暂估价
6	040103001002	回填方	二灰土 12：35：53 密实度 90%以上	m^3	7700.00	7.02	54054.00	
7	040103001003	回填方	基础回填砂砾石	m^3	208.00	65.61	13646.88	
8	040103001004	回填方	填方台后回填砂砾石，粒径 5～80mm，密实度≥96%	m^3	3631.00	31.22	113359.82	
		（其他略）						
		分部小计					2275844.14	
		0402 道路工程						
9	040201004001	掺石灰	含灰量 10%	m^3	1800.00	57.45	103410.00	20000.00
10	040202002001	石灰稳定土	厚度 15cm，含灰量：10%	m^2	84060.00	16.21	1362612.60	
11	040202002002	石灰稳定土	厚度 30cm，含灰量：11%	m^2	57320.00	12.05	690706.00	
12	040202006001	石灰、粉煤灰、碎（砾）石	二灰碎石厚度 12cm，配合比 10：20：70	m^2	84060.00	30.78	2587366.80	
13	040202006002	石灰、粉煤灰、碎（砾）石	二灰碎石厚度 20cm，配合比 10：30：60	m^2	57320.00	26.46	1516687.20	
14	040202015001	水泥稳定碎（砾）石	厚度 18cm	m^2	793.00	21.96	17414.28	
15	040203005001	黑色碎石	石油沥青，厚度：6cm	m^2	91360.00	50.97	4656619.20	
		（其他略）						
		分部小计					25444507.08	20000.00
		0403 桥涵工程						
16	040301006001	干作业成孔灌注桩	直径 1.3m，C25	m	1036.00	1251.09	1296129.24	
17	040301006002	干作业成孔灌注桩	直径 1m，C25	m	1680.00	1692.81	2843920.80	
18	040303003001	混凝土承台	C25 混凝土	m^3	1015.00	299.98	304479.70	
19	040303005001	混凝土墩（台）身	墩柱，C25 混凝土	m^3	384.00	434.93	167013.12	
20	040303005002	混凝土墩（台）身	墩柱，C30 混凝土	m^3	1210.00	318.49	385372.90	

续表

序号	项目编码	项目名称	项目特征描述	计量单位	工程量	金额/元		
						综合单价	合价	其中 暂估价
21	040303006001	混凝土支撑梁及横梁	现浇C30混凝土	m^3	973.00	401.74	390893.02	
22	040303007001	混凝土墩(台)盖梁	C35混凝土	m^3	748.00	390.63	292191.24	
		(其他略)						
		分部小计					11712541.79	
		0405管网工程						
23	040501001001	混凝土管	*DN*1650,埋深3.5m	m	456.00	387.61	176750.16	
24	040501001002	混凝土管	*DN*1000,埋深3.5m	m	430.00	125.09	53788.70	
25	040504001001	砌筑井	480mm×480mm	座	104	689.79	71738.16	
26	040504001002	砌筑井	480mm×480mm	座	52	700.43	36422.36	
27	040504001003	砌筑井	ϕ900	座	42	1057.79	44427.18	
28	040504001004	砌筑井	1200mm×1000mm	座	82	1661.53	136245.46	
29	040504001005	砌筑井	1400mm×1000mm	座	32	1790.97	57311.04	
		(其他略)						
		分部小计					1352964.34	
		0409钢筋工程						
30	040901005001	先张法预应力钢筋	ϕ8预应力钢筋	t	283.00	3801.12	1075716.96	1000000
31	040901005002	先张法预应力钢筋	ϕ20预应力钢筋	t	1195.00	3862.24	4615376.80	4300000
32	040901006001	后张法预应力钢绞线	钢绞线(高强低松弛)R＝1860MPa;预应力锚具2176套(锚头15－6,128套;锚头15－5,784套;锚头15－4,1264套);金属波纹管内径6.2cm,长17108m,C40混凝土压浆	t	138.00	11972.06	1652144.28	
		(其他略)						
		分部小计					7343238.04	5300000.00
		0411措施项目						
33	041102006001	支撑梁及楼梁模板	矩形板,支模高度5m	m^2	549	57.09	31342.41	
		(其他略)						
		分部小计					356869.42	
		合计					48485964.81	5320000.00

表-08

综合单价分析表

工程名称：某道路改造工程　　标段：　　第　页　共　页

项目编码	040202006001	项目名称	石灰、粉煤灰、碎（砾）石	计量单位	m²	工程量	84060.00

清单综合单价组成明细											
定额编号	定额名称	定额单位	数量	单价				合价			
				人工费	材料费	机械费	管理费和利润	人工费	材料费	机械费	管理费和利润
2-162	石灰：粉煤灰：碎石（10：20：70）	100m²	0.01	315.70	2164.89	86.58	566.5	3.16	21.65	0.87	5.67
人工单价		小计						3.16	21.65	0.87	5.67
22.47元/工日		未计价材料费						—			
清单项目综合单价								31.35			

材料费明细	主要材料名称、规格、型号	单位	数量	单价/元	合价/元	暂估单价/元	暂估合价/元
	生石灰	t	0.0396	120.00	4.75		
	粉煤灰	m³	0.1056	80.00	8.45		
	碎石　25～40mm	m³	0.1891	43.96	8.31		
	水	m³	0.063	0.45	0.03		
	其他材料费			—	0.09	—	
	材料费小计			—	21.65	—	

表-09

总价措施项目清单与计价表

工程名称:某道路改造工程　　标段:　　第　页　共　页

序号	项目编码	项目名称	计算基础	费率/(%)	金额/元	调整费率/(%)	调整后金额/元	备注
1	041109001	安全文明施工费	定额人工费	25	1804841.08			
2	041109002	夜间施工增加费	定额人工费	1.5	108290.46			
3	041109003	二次搬运费	定额人工费	1	72193.64			
4	041109004	冬雨季施工增加费	定额人工费	0.6	43316.19			
5	041109007	已完工程及设备保护费			35000.00			
合计					2063641.37			

编制人(造价人员):　　复核人(造价工程师):

表-11

其他项目清单与计价汇总表

工程名称:某道路改造工程　　标段:　　第　页　共　页

序号	项目名称	金额/元	结算金额/元	备注
1	暂列金额	1500000.00		明细详见表-12-1
2	暂估价	5000000.00		
2.1	材料(工程设备)暂估价	—		明细详见表-12-2
2.2	专业工程暂估价	5000000.00		明细详见表-12-3
3	计日工	1489325.00		明细详见表-12-4
4	总承包服务费	313000.00		明细详见表-12-5
合计		8302325.00		

表-12

暂列金额明细表

工程名称:某道路改造工程　　　　标段:　　　　第　页　共　页

序号	项目名称	计量单位	暂定金额/元	备注
1	政策性调整和材料价格风险	项	1000000.00	
2	其他	项	500000.00	
合计			1500000.00	—

表-12-1

材料(工程设备)暂估单价及调整表

工程名称:某道路改造工程　　　　标段:　　　　第　页　共　页

序号	材料(工程设备)名称、规格、型号	计量单位	数量		暂估/元		确认/元		差额±/元		备注
			暂估	确认	单价	合价	单价	合价	单价	合价	
1	生石灰	t	50		400	20000					用于路基掺石灰处理项目
2	ϕ8 预应力钢筋	t	200		5000	1000000					用于先张法预应力钢筋项目
3	ϕ20 预应力钢筋	t	1000		4300	4300000					用于先张法预应力钢筋项目
	其他(略)										
合计						5320000					

表-12-2

专业工程暂估价及结算价表

工程名称:某道路改造工程　　　　标段:　　　　第　页　共　页

序号	工程名称	工程内容	暂估金额/元	结算金额/元	差额±/元	备注
1	配套基础设施改造工程	合同图纸标明的道路沿线配套基础设施的安装和调试工作	5000000			
2						
	其他(略)					
合计			5000000			

表-12-3

计日工表

工程名称:某道路改造工程　　　　标段:　　　　第　页　共　页

编号	项目名称	单位	暂定数量	实际数量	综合单价/元	合价/元	
						暂定	实际
一	人工						
1	技工	工日	500		50	25000	
2	壮工	工日	750		45	33750	
人工小计						58750	
二	材料						
1	水泥 32.5	t	300		300	90000	
2	钢筋	t	260		4000	1040000	
材料小计						1130000	
三	施工机械						
1	履带式推土机 105kW	台班	50		1000	50000	
2	汽车起重机 25t	台班	300		800	240000	
施工机械小计						290000	
四、企业管理费和利润　按人工费 18%计						10575	
合计						1489325	

表-12-4

总承包服务费计价表

工程名称:某道路改造工程　　　标段:　　　第　页　共　页

序号	项目名称	项目价值/元	服务内容	计价基础	费率/(%)	金额/元
1	发包人发包专业工程	5000000	1. 按专业工程承包人的要求提供施工工作面并对施工现场统一管理,对竣工资料统一管理汇总。 2. 为专业工程承包人提供焊接电源接入点并承担电费	项目价值	5	250000
2	发包人提供材料	6300000	对发包人供应的材料进行验收及保管和使用发放	项目价值	1	63000
	合计					313000

表-12-5

规费、税金项目计价表

工程名称:某道路改造工程　　　标段:　　　第　页　共　页

序号	项目名称	计算基础	计算基数	计算费率/(%)	金额/元
1	规费	定额人工费			2057518.74
1.1	社会保险费	定额人工费			1624356.90
(1)	养老保险费	定额人工费		14	1010710.96
(2)	失业保险费	定额人工费		2	144387.28
(3)	医疗保险费	定额人工费		6	433161.84
(4)	工伤保险费	定额人工费		0.25	18048.41
(5)	生育保险费	定额人工费		0.25	18048.41
1.2	住房公积金	定额人工费		6	433161.84
1.3	工程排污费	按工程所在地环境保护部门收取标准,按实计入			—
2	税金	分部分项工程费+措施项目费+其他项目费+规费-按规定不计税的工程设备金额		3.14	1912556.73
		合计			3970075.47

编制人(造价人员):　　　复核人(造价工程师):

表-13

参 考 文 献

[1] 中华人民共和国住房和城乡建设部．GB 50500—2013 建设工程工程量清单计价规范[S]. 北京：中国计划出版社，2013.

[2] 中华人民共和国住房和城乡建设部．GB 50857—2013 市政工程工程量计算规范[S]. 北京：中国计划出版社，2013.

[3] 规范编写组．2013 建设工程计价计量规范辅导[M]. 北京：中国计划出版社，2013.

[4] 李世华，李智华．市政工程工程量清单计价手册[M]. 北京：中国建筑工业出版社，2011.

[5] 陈伯兴，张倩倩，张超．市政工程工程量清单计价与实务[M]. 北京：中国建筑工业出版社，2010.

[6] 上海市市政公路工程行业协会．市政工程工程量清单编制及应用实务[M]. 北京：建筑工业出版社，2008.